高职高专计算机类专业系列教材

U0652910

3ds max 2014 三维动画设计与制作

主　编　张　敏　段傲霜

副主编　成亚玲　李　超　孔　岚

主　审　邱丽芳

西安电子科技大学出版社

内 容 简 介

本书以 3ds max 2014 软件为工具，以若干个真实的案例为依托，以三维动画设计的工作流程为主线，介绍了三维建模、材质与贴图、灯光与摄影机、骨骼绑定、角色动画、粒子系统和空间扭曲、动力学等技术，以及基础动画和虚拟漫游的制作等内容，最后一章综合项目串联回顾了本书中所涵盖的重要知识点。

为了更好地帮助读者理解难点和重要知识点，本书将微课视频、文档等媒体资源通过二维码的形式呈现，读者可通过手机扫描二维码获取各章节案例的讲解视频、习题及解析、实验指导等。本书中丰富的媒体资源充分体现了立体化教材的特征和创新性，同时也满足了 3ds max 学习爱好者碎片化学习的需求。

本书可作为数字媒体应用技术和动漫制作技术专业的课程教材，也可为学生参加省级、国家级动漫技能大赛提供参考。

图书在版编目 (CIP) 数据

3ds max 2014 三维动画设计与制作 / 张敏，段傲霜主编. —西安：西安电子科技大学出版社，2018.10(2024.1 重印)
ISBN 978–7–5606–5078–4

Ⅰ. ① 3… Ⅱ. ① 张… ② 段… Ⅲ. ① 三维动画软件 Ⅳ. ① TP391.414

中国版本图书馆 CIP 数据核字(2018)第 194485 号

策 划 马乐惠
责任编辑 阎 彬
出版发行 西安电子科技大学出版社(西安市太白南路 2 号)
电 话 (029)88202421 88201467 邮 编 710071
网 址 www.xduph.com 电子邮箱 xdupfxb001@163.com
经 销 新华书店
印刷单位 西安日报社印务中心
版 次 2018 年 10 月第 1 版 2024 年 1 月第 2 次印刷
开 本 787 毫米×1092 毫米 1/16 印 张 16.5
字 数 392 千字
定 价 32.00 元
ISBN 978-7-5606-5078-4 / TP
XDUP 5380001-2
如有印装问题可调换

前　言

三维动画业作为近年来新兴的 CG (Computer Graphics)行业，一直受到大众的追捧，其对制作平台的要求也已逐渐由高端过渡到了低端，现在一般家庭电脑就可以设计出很专业的三维作品。

运用计算机图形技术制作动画的探索始于 20 世纪 80 年代初期。1995 年，3DS 公司推出了 3ds max 1.0，至今 3ds max 在业界仍处于垄断地位，推动着三维动画应用领域不断地拓宽与发展，其应用从建筑装潢、影视广告片头、MTV、电视栏目，直到全数字化电影制作。

为了更好地配合"十三五"期间高职院校教学改革，全面落实"质量工程"，本书选取了湖南省教育厅组织开发的动漫制作技术专业和数字媒体技术专业学生技能抽测标准中的典型案例，同时为了体现 3ds max 与当今虚拟现实(VR)相融合的技术，本书最后以全国职业院校技能大赛(高职组)电子信息专业类"虚拟现实(VR)设计与制作"的真题作为拓展案例，对赛题进行了详细的解析。从内容上看，本书将职业技术教育与技能抽测标准和技能大赛完美地加以整合，同时展现了动漫和数字媒体行业发展的最新动态，旨在培养学生的创新精神和实践能力。

本书共 7 章：第 1 章介绍了古代楼阁、卡通树、卡通猪、电风扇、电脑椅等场景建模、角色建模、道具建模的基本建模方法；第 2 章介绍了木纹、金属、玻璃等标准材质与贴图设置方法，还介绍了混合材质、多维子对象、VRMtl 等复合材质与贴图的设置方法；第 3 章介绍了标准灯光、光度学、Mentalray、Vray 灯光的创建及设置方法；第 4 章介绍了人物骨骼的创建与匹配、骨骼蒙皮、角色 UVW 贴图展开，以及行走、跑跳等角色动画的制作方法；第 5 章介绍了 MassFX 动力学，讲解了空间扭曲、风、重力等 MassFX 动力学动画的制作方法；第 6 章介绍了粒子流源创建下雨、涟漪修改器创建水波涟漪、粒子阵列创建液体流动、变化工具制作树叶飘落效果等三维特效的创建方法；第 7 章综合了 3ds max 的主要知识点，融合了虚拟现实技术，介绍了别墅建筑漫游摄影机动画、工业设计拆装动画、室内设计、校园虚拟漫游等综合项目的设计制作方法。

本书配有相关的数字资源，其中操作视频、习题与解答、实验指导等数字资源均采用二维码的形式呈现在书中，读者可以通过手机扫描二维码的方式，随时随地获取相关资料并阅读观看；其它数字资源如 3ds max 源文件、贴图素材、相关软件、资源包等，需要使用电脑登录百度网盘下载，百度网盘链接地址为 http://pan.baidu.com/s/1WsGMqgc0Kg4usYqQq37qiA，提取码为 m2pn。

本书的编者都是多年从事教学工作的骨干教师，近几年来，他们分别在湖南省和全国技能大赛中指导学生获得一等奖、二等奖、三等奖的优异成绩。他们作为动漫制作技术专业和数字媒体应用技术专业的骨干教师，按湖南省高等职业院校学生技能抽查标准进行主干课程教学，并使这两个专业的学生在全省技能抽查中获得优秀的成绩。本书 7 个章节全部由张敏编写并完成统稿工作，习题由李超完成。第 5 章动画制作的案例拓展由孔岚完成，第 6 章三维特效的案例拓展由段傲霜完成视频的制作，第 7 章综合项目由李超和成亚玲共同完成。感谢邱丽芳教授在百忙中对本书进行了审阅，并为本书立体化教学资源建设提出了非常宝贵的修改意见。感谢西安电子科技大学出版社为本书出版所做的大量工作。

编　者

2018 年 3 月

目　　录

第 1 章　三 维 建 模

在 3ds max 中，三维建模是最直接且最初级的建模方法，这种建模方法比较简单，而且容易操作。三维建模不仅可以完成一些简单建筑造型的创建，还拥有强大的创建造型与编辑修改的功能，用户可以很方便地将其创建的模型修改为场景需要的各种建筑模型、角色模型和场景模型。本章将以案例结合理论的方式，系统地讲解三维建模主要命令的使用方法和实际应用技巧。

1.1　古 代 楼 阁

制作古代楼阁三维模型(材质贴图不作要求)，如图 1.1.1 所示。

图 1.1.1　古代楼阁参考图

【设计要求】

(1) 参考图 1.1.1 导出正面视图，导出格式为 JPEG。

(2) 图片长宽为 720×576(如无特殊说明，本书中此种形式的表达，均表示两像素值的乘积)，分辨率为 150，对完成的文件命名，并规范保存。

(3) 保存一个项目源文件，对完成的文件命名，并规范保存。

(4) 场景造型的比例、结构、透视合理；布线符合三维动画场景的制作要求。

(5) 构图完整，制作细致，保证视图整体效果。

1.1　古代楼阁

【制作过程】

第一部分　　阁楼底座

步骤 1　　打开 3ds max 2014 并重置 3ds max 到默认设置即空场景，在菜单栏选择"自定义"→"单位设置"命令，设置"显示单位比例"为毫米，"系统单位比例"为毫米，如图 1.1.2 所示。

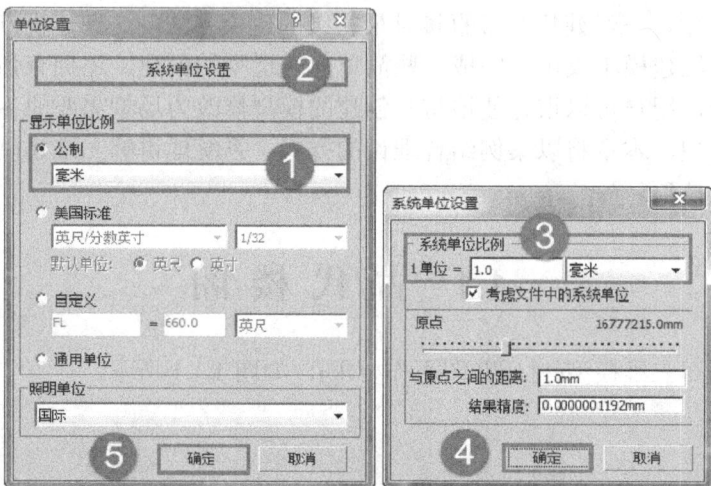

图 1.1.2　　自定义单位

步骤 2　　首先将参考图放置在 3ds max 界面的左上角，在前视图创建一个平面，按 M 键进入材质编辑器，选择第一个未使用过的材质球，设置其漫反射的位图为"古代楼阁参考图.jpg"，按 F9 键渲染前视图，在渲染对话框中单击"克隆"按钮，将古代楼阁参考图放置在屏幕的左上角，操作过程如图 1.1.3 所示。

图 1.1.3　　将参考图放置在左上角

步骤 3　　创建楼阁基座。按 P 键定位透视图，在右侧命令面板选择"创建"→"几何体"命令，在"对象类型"中选择"长方体"，单击"键盘输入"前面的"＋"，在卷展栏中输入长度 4000 mm，宽度 4000 mm，高度 1200 mm，单击"创建"按钮，并单击右下角的"最大化视口切换"按钮 ⬚，透视图以单视图方式将长方体最大化进行显示，如图 1.1.4 所示。

图 1.1.4　创建楼阁基座

步骤 4　按 Shift 键将长方体沿 Z 轴向下移动，在弹出的"克隆选项"对话框中，选择"复制"对象，单击"确定"按钮，复制建筑物的底座。单击"修改选项卡"按钮 ，将复制的长方体的长度和宽度改为 4500 mm，高度改为 200 mm，如图 1.1.5 所示。

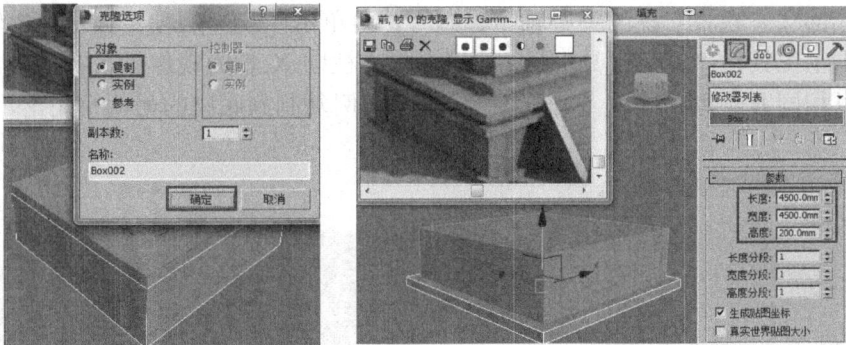

图 1.1.5　复制并修改底座

步骤 5　按 Shift 键复制底部长方体，沿 Z 轴向上移动到顶端，复制两个隔板，调整其位置，如图 1.1.6 所示。

图 1.1.6　复制并修改底座

步骤 6 在透视图中创建一个长方体作为底座的立柱，其长度和宽度都设为 450 mm，高度设为 900 mm，并将该立柱移动到底座的右下角位置，如图 1.1.7 所示。

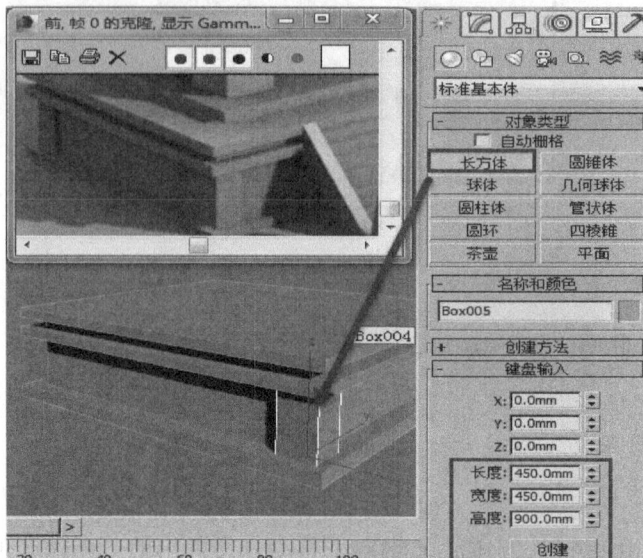

图 1.1.7　创建底座立柱

步骤 7 选择立柱，单击右侧命令面板中的"层级选项卡"按钮 ，选择"仅影响轴"按钮，在底部状态栏将立柱的空心轴坐标归零，再单击"仅影响轴"按钮退出轴坐标设置状态。单击主工具栏"镜像工具" 按钮，将立柱以 X 轴为镜像轴，实例复制到底座左上角，再以相同方式将立柱以 Y 轴为镜像轴，实例复制到底座的另两个角落，如图 1.1.8 所示。

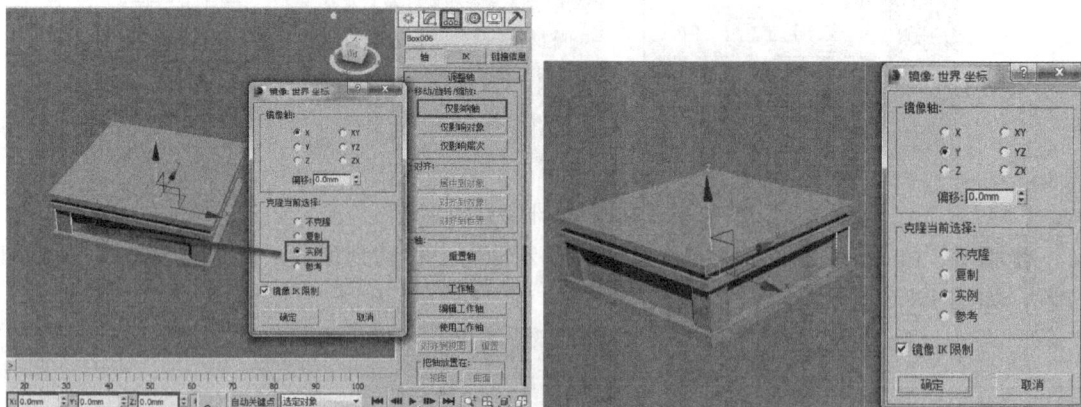

图 1.1.8　复制其他底座立柱

第二部分　阁楼第一层

步骤 1 选择基座顶部隔板，并按 Shift 键向上移动复制一个长方体作为一楼地板，单击"修改选项卡"按钮 ，将长方体的长度和宽度改为 3500 mm，高度改为 150 mm，如图 1.1.9 所示。

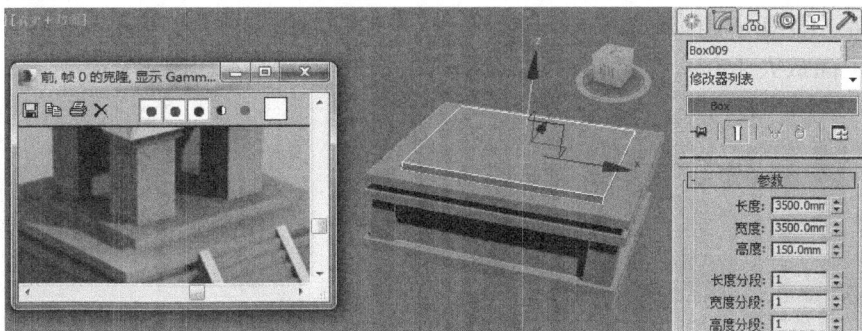

图 1.1.9　制作一楼地板

步骤 2　创建一个长方体作为一楼立柱,长度和宽度均设为 600 mm,高度设为 1500 mm,并将其位置调整到一楼楼板边缘位置,如图 1.1.10 所示。

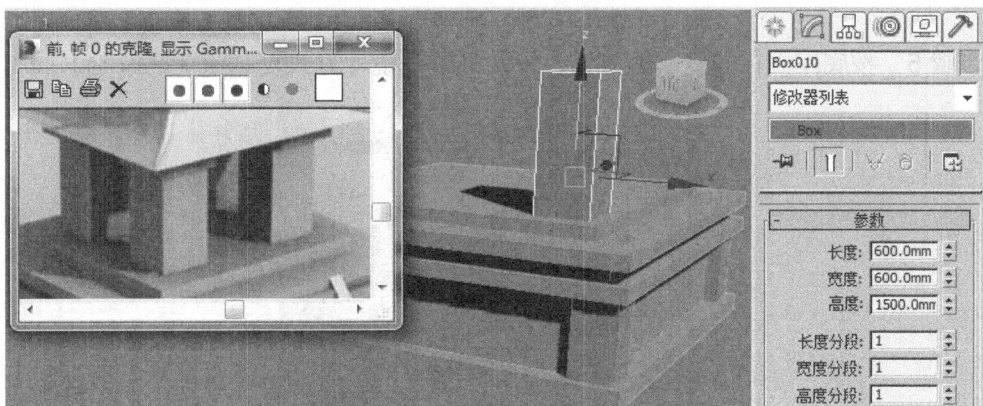

图 1.1.10　制作一楼立柱

步骤 3　在一楼立柱上单击鼠标右键,在弹出的菜单中选择"转换为可编辑多边形",按数字键 4 或单击修改命令面板中的"多边形"按钮 ▣,进入多边形编辑状态,选择立柱顶面,单击鼠标右键,在弹出的菜单中选择"挤出",将顶面按多边形挤出 0 mm,如图 1.1.11 所示。

图 1.1.11　修改立柱

步骤 4 继续对顶面进行编辑，用鼠标右键单击"缩放工具"按钮 ，在弹出的对话框中设置顶面放大 150%，将顶面扩大，再向上挤出 100mm，如图 1.1.12 所示。

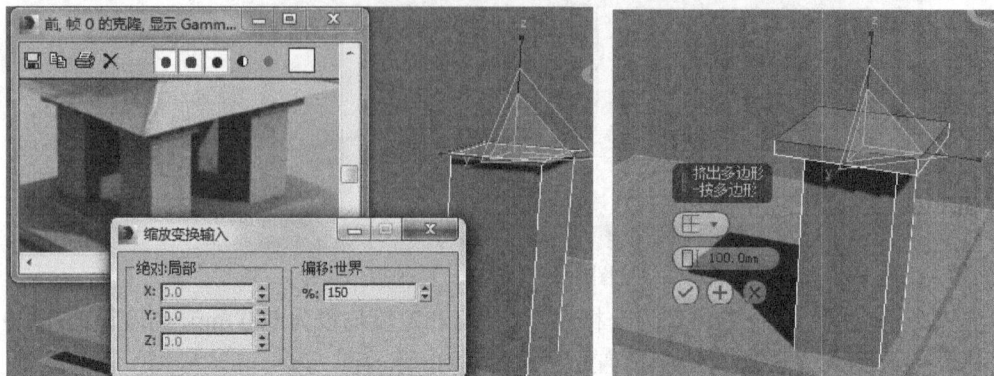

图 1.1.12 　向上挤出立柱形状

步骤 5 按底座立柱的复制方法，将一楼立柱以镜像方式复制 4 个，如图 1.1.13 所示。

图 1.1.13 　镜像方式复制一楼其他立柱

步骤 6 按 Shift 键沿 Z 轴复制一楼楼板到一楼立柱顶部，将复制的长方体的长度和宽度改为 4000 mm，高度改为 150 mm，如图 1.1.14 所示。

图 1.1.14 　制作一楼屋檐

步骤 7 将长方体转换为可编辑多边形，按数字键 4 进入多边形模式，选择顶面，按"缩放工具"按钮 将顶面缩小 75%，如图 1.1.15 所示。

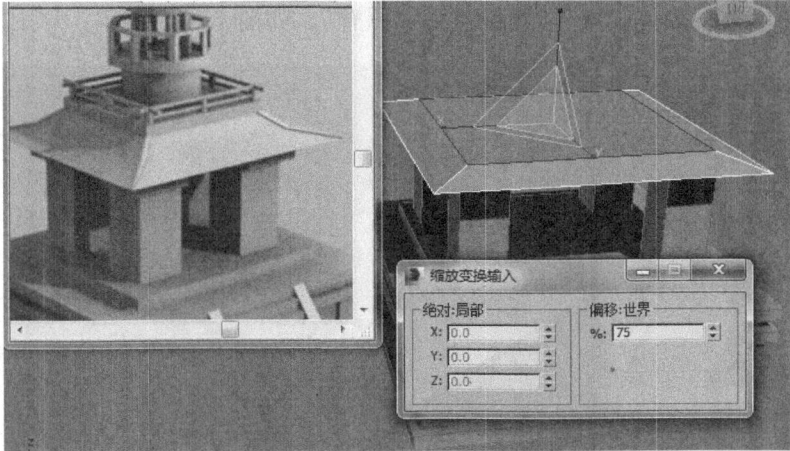

图 1.1.15 修改屋檐形状

步骤 8 再将顶面挤出 400 mm，同时缩小 75%，如图 1.1.16 所示。

图 1.1.16 挤出一楼屋檐形状

步骤 9 继续将顶面向上挤出 150 mm，如图 1.1.17 所示。

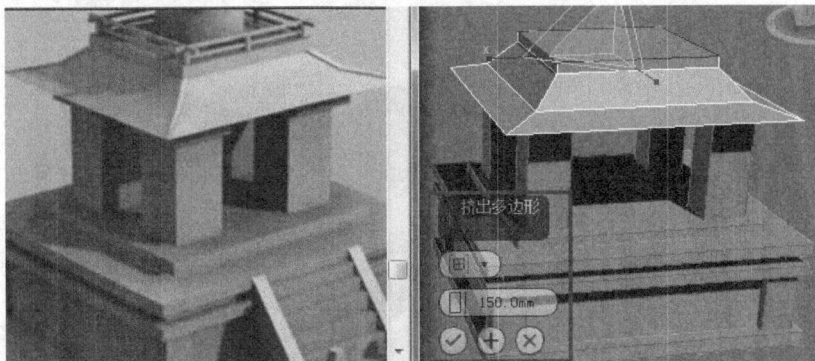

图 1.1.17 挤出屋檐边缘

第三部分　屋脊

步骤 1 按数字键 2 激活边选择模式，按 Ctrl 键的同时选择屋檐的 4 条斜边，在右侧命令面板"编辑边"面板中，单击"利用所选内容创建图形"，在弹出的"创建图形"对话框中，设置图形类型为"线性"，曲线名为"屋脊"，如图 1.1.18 所示。

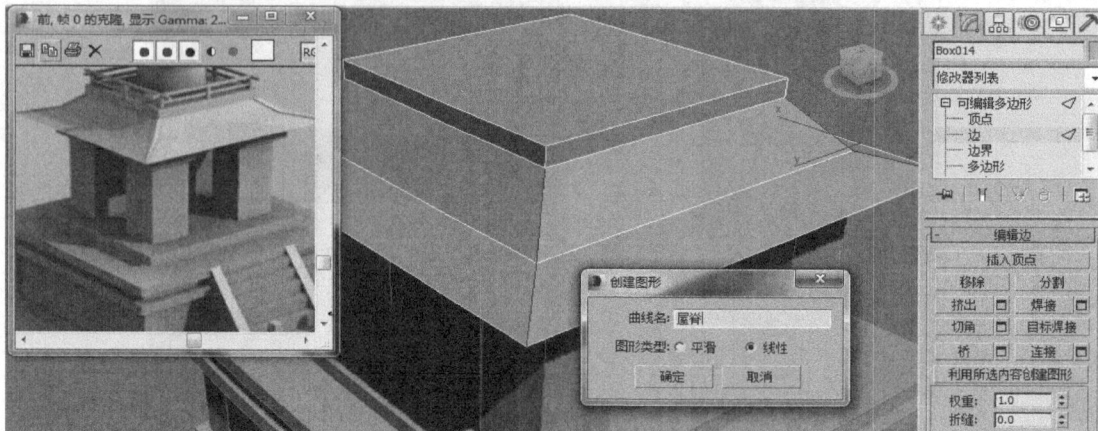

图 1.1.18　制作屋脊

注：将屋脊曲线以创建图形的方式分离出来以后，必须重新选择屋脊图形，否则被编辑的还是屋檐模型。

步骤 2　在主工具栏中单击"选择工具"按钮 ，在弹出的"从场景选择"对话框中选择"屋脊"图形，进入右侧修改命令面板，展开"渲染"卷展栏，勾选"在视口中启用"复选框，将屋脊曲线设置为在视口中以"矩形"方式显示，设置其长度和宽度为 80 mm，如图 1.1.19 所示。

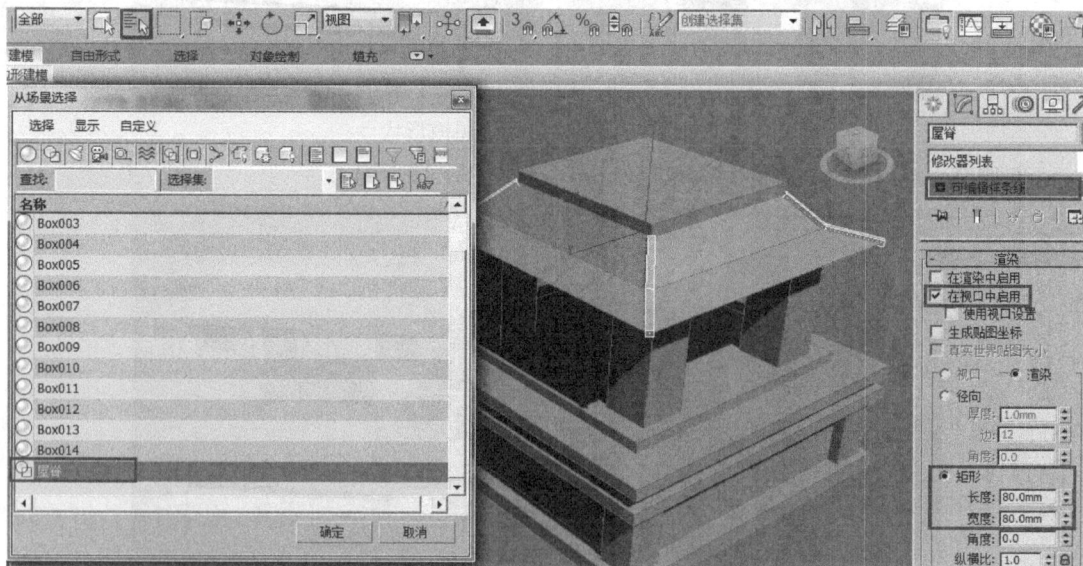

图 1.1.19　设置屋脊线条为可渲染模式

注：由于二维图形需要通过渲染设置后才可见，这里先启用视口渲染的显示方式。

步骤 3　选择屋脊图形，单击右键在弹出的菜单中选择"转换为可编辑多边形"，将二维图形转换为三维模型，按数字键 4 进入多边形模式，按 Ctrl 键选择屋脊的顶角的 4 个面，点击"缩放工具"按钮 将顶面缩小，如图 1.1.20 所示。

图 1.1.20 修改屋脊形状

第四部分 栏杆

步骤 1 选择屋檐楼板长方体中的一根线条，在"编辑边"面板中选择"利用所选内容创建图形"，将此线条命名为"栏杆 01"，如图 1.1.21 所示。

步骤 2 选择"栏杆 01"样条线，将其设置为"在视口中启用"，渲染线条设为"矩形"，长度和宽度设为 80 mm，并将该线条转换为可编辑多边形，如图 1.1.22 所示。

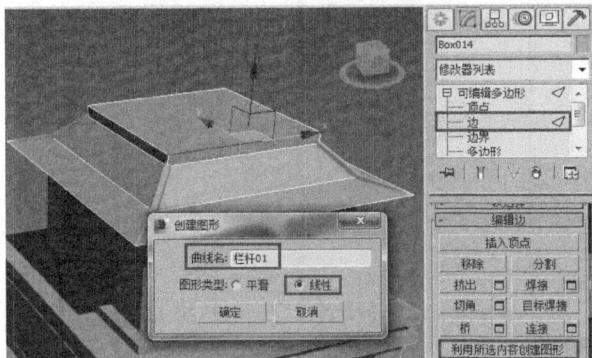

图 1.1.21 制作栏杆

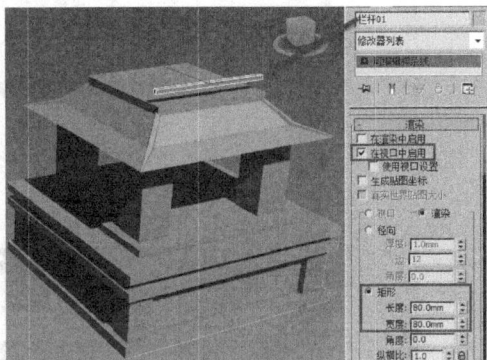

图 1.1.22 设置栏杆线条可渲染模式

步骤 3 按 Shift 键向上复制栏杆，并向左延长栏杆，如图 1.1.23 所示。

步骤 4 创建栏杆的垂直立柱，长度和宽度均设为 100 mm，高度设为 400 mm，将该立柱移到栏杆顶端，如图 1.1.24 所示。

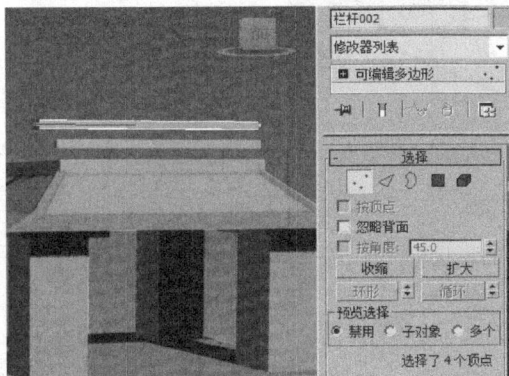

图 1.1.23 制作栏杆 002

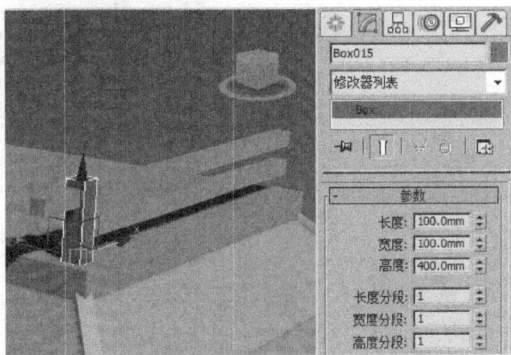

图 1.1.24 制作栏杆立柱

步骤 5　复制立柱并移到栏杆的中间位置,修改其长度和宽度为 85 mm,高度为 350 mm,如图 1.1.25 所示。

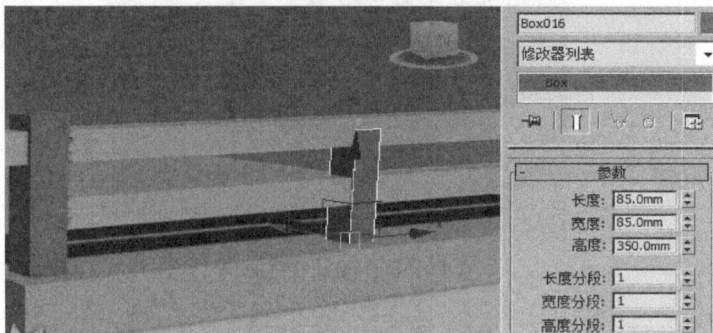

图 1.1.25　复制栏杆立柱

步骤 6　按 Ctrl + G 键将栏杆所属的 4 根方柱进行组合,以镜像的方式复制到另一边,再旋转复制两侧的栏杆,形成一个完整的围栏,如图 1.1.26 所示。

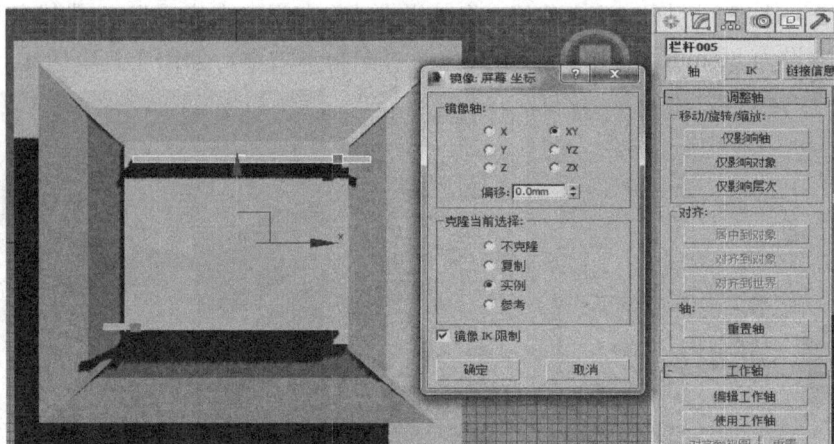

图 1.1.26　制作完整围栏

步骤 7　调整栏杆的形状与位置,如图 1.1.27 所示。

图 1.1.27　调整栏杆的形状与位置

第五部分　楼阁第二层

步骤 1　创建一个圆柱体,半径为 700 mm,高度为 1200 mm,高度分段数为 1,边数为 8,如图 1.1.28 所示。

步骤2 按 Shift 键向上复制圆柱体,修改其半径为 900 mm,高度为 200 mm,如图 1.1.29 所示。

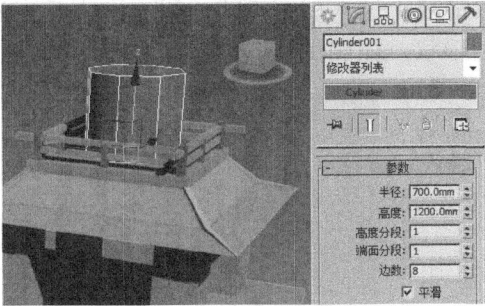

图 1.1.28 创建圆柱楼层

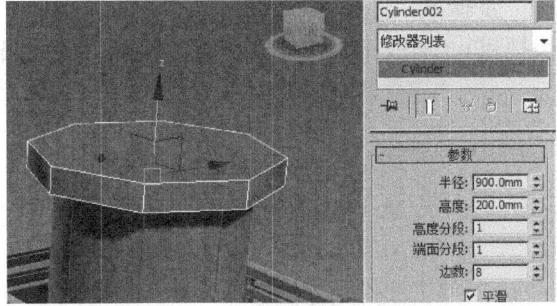

图 1.1.29 创建圆柱楼层上方楼板

步骤3 先单击圆台楼板边缘的竖线,再按 Shift 键并单击相邻的一根竖线,用此方法将圆台其余循环边同时选中,单击右侧命令面板中的"利用所选内容创建图形"按钮,创建"圆台栏杆"曲线,如图 1.1.30 所示。

步骤 4 按名称选择"圆台栏杆"图形,设置圆台栏杆线条在视口中可渲染,设置矩形长度和宽度为 100 mm,并调整栏杆向上移动到圆台顶面,如图 1.1.31 所示。

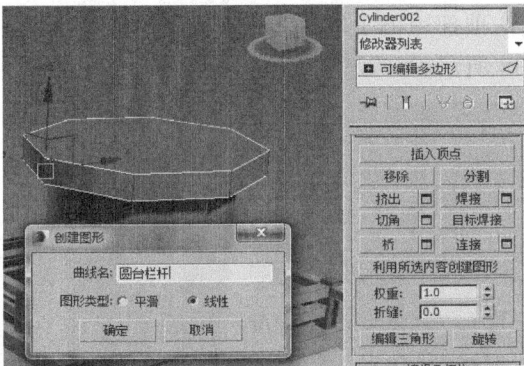

图 1.1.30 制作圆台栏杆

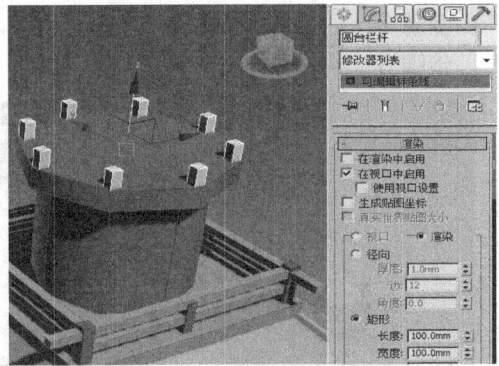

图 1.1.31 复制圆台栏杆

步骤5 以相同方法创建圆台顶边线条,并设置线条长度为 50 mm,宽度 145 mm,将圆台栏杆的几根线条转换为可编辑多边形,如图 1.1.32 所示。

步骤6 复制八根圆台立柱,进行缩小,调整其形状及位置,如图 1.1.33 所示。

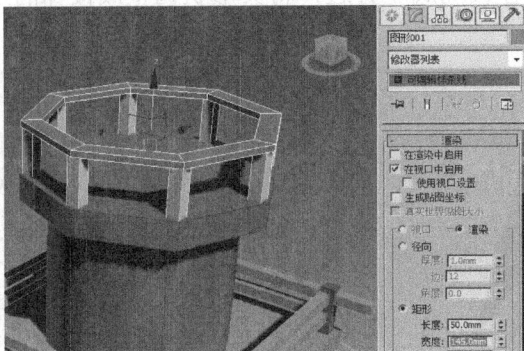

图 1.1.32 制作横栏

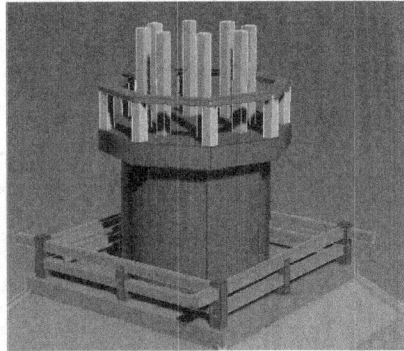

图 1.1.33 制作八根圆台立柱

步骤 7　创建圆柱体，设置其半径为 600 mm，高度为 1500 mm，高度分段为 7，边数为 8，如图 1.1.34 所示。

步骤 8　将圆柱体转换为可编辑多边形，按数字键 1 进入顶点模式，配合移动工具(W 快捷键)，缩放工具(R 快捷键)，调整出楼阁塔台的形状，如图 1.1.35 所示。

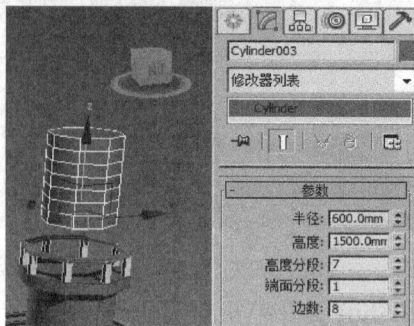

图 1.1.34　创建圆柱体　　　　　　　　　图 1.1.35　制作楼阁塔台

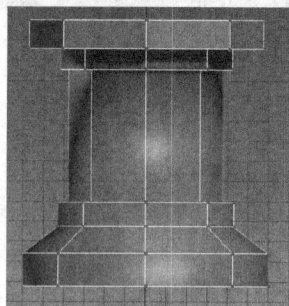

第六部分　　楼阁塔尖

步骤 1　向上挤出塔尖屋檐形状，如图 1.1.36 所示。

步骤 2　连接相隔顶点，调整其高度，制作顶部屋檐上翘的形状，如图 1.1.37 所示。

步骤 3　挤出顶部塔尖的形状，如图 1.1.38 所示。

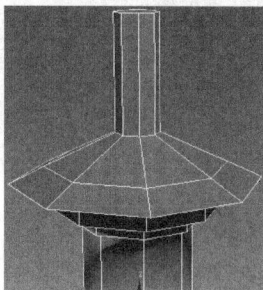

图 1.1.36　挤出塔尖屋檐形状　　　图 1.1.37　制作顶部屋檐上翘的形状　　　图 1.1.38　挤出顶部塔尖的形状

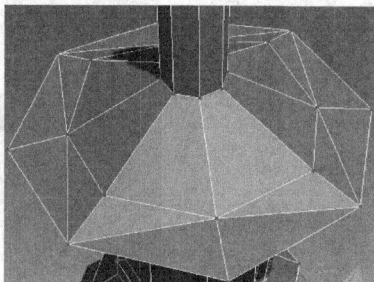

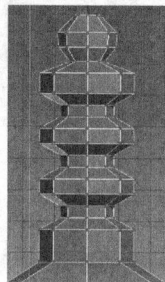

第七部分　　楼梯

步骤 1　创建长方体作为楼梯，放置在楼阁底座旁边，将其形状调整成楼梯的形状，如图 1.1.39 所示。

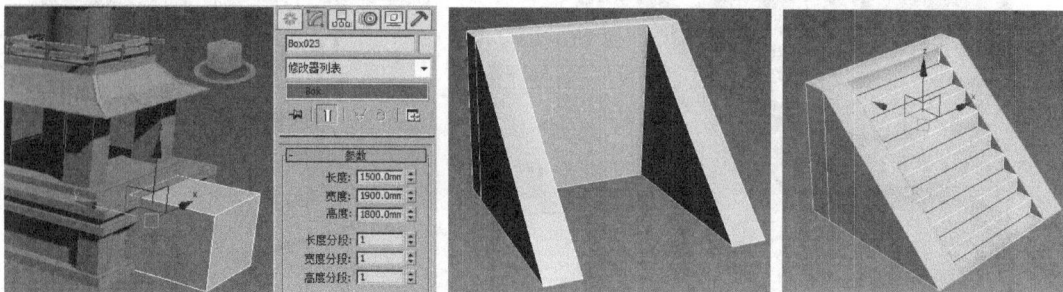

图 1.1.39　制作楼梯

步骤 2 创建长方体作为楼梯前柱，调整其形状，并复制到楼梯的另一端，如图 1.1.40 所示。

图 1.1.40 制作楼梯前立柱

第八部分 渲染输出

步骤 1 按 F10 键打开渲染对话框，选择"指定渲染器"为"V-Ray Adv 3.00.03"(资源包/软件/vray3.0_for_max2014.rar)，并打开 V-Ray 选项卡，启用"全局照明环境"、"反射/折射环境"、"折射环境" 复选框，打开 GI 选项卡，再启用"开启全局照明"、"焦散"复选框，如图 1.1.41 所示。

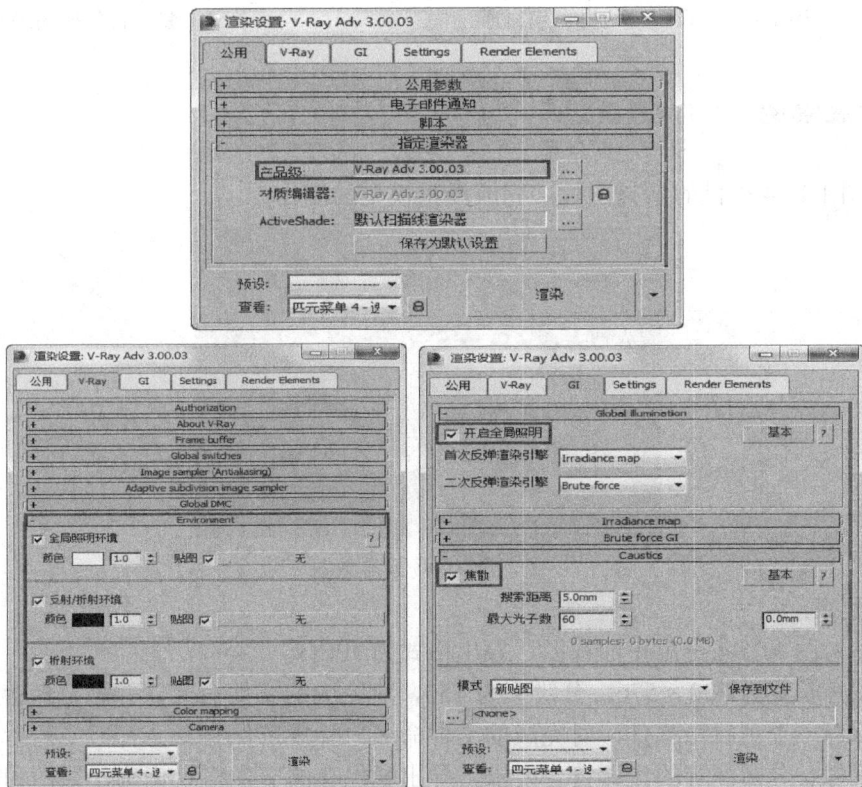

图 1.1.41 设置 V-Ray 渲染器参数

步骤 2　按 M 键打开材质编辑器，选择一个未使用过的材质球，将漫反射贴图设为"VrayEdgesTex"(Vray 线框)，线框颜色设为黑色，将该材质赋给场景中的所有物体，如图 1.1.42 所示。

步骤 3　按 F9 键渲染透视图，古代楼阁最终效果如图 1.1.43 所示。

图 1.1.42　设置带边框白模材质

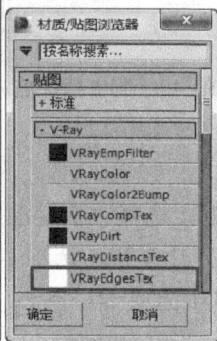

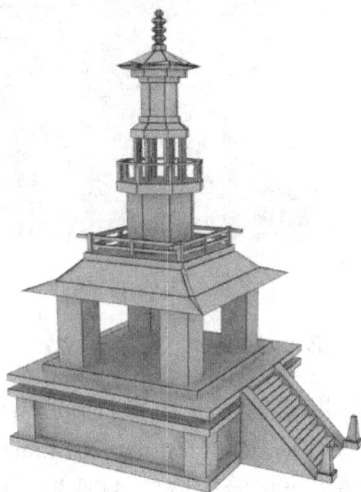

图 1.1.43　古代楼阁最终效果图

★★★

拓展案例　制作场景模型

根据图 1.1.44 提供的素材图片，完成场景模型的制作。

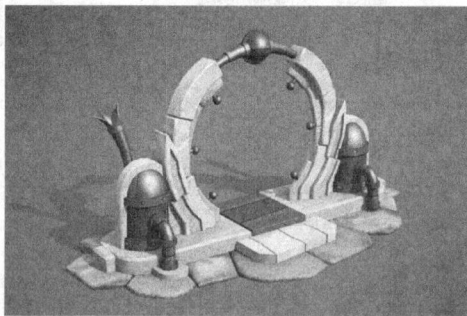

图 1.1.44　场景参考图

操作要求：

(1) 参考图 1.1.44 导出正面视图，导出格式为 JPEG。

(2) 图片长宽为 720×576，分辨率为 150，对完成的文件命名，并规范保存。

(3) 保存一个项目源文件，对完成的文件命名，并规范保存。

(4) 尺寸、分辨率等的设置符合要求，导出和保存的文件格式正确，存档和命名规范。

(5) 场景造型的比例、结构、透视基本合理，布线符合三维动画场景制作要求。

(6) 构图完整，制作细致，视图整体效果良好。

1.1 习题

1.1 实验

1.2 电 风 扇

根据如图 1.2.1 所示的素材图片，完成模型制作(材质贴图不作要求)。

图 1.2.1 电风扇参考图

1.2 电风扇

【设计要求】

(1) 参考图 1.2.1 导出正面视图，导出格式为 JPEG。

(2) 图片长宽为 720×576，分辨率为 150，对完成的文件命名，并规范保存。

(3) 保存一个项目源文件，对完成的文件命名，并规范保存。

(4) 场景造型的比例、结构、透视合理；布线符合三维动画场景制作要求。

(5) 构图完整，制作细致，视图整体效果良好。

【制作过程】

第一部分 风扇底座建模

步骤 1 创建一个半径为 320 mm，高度为 80 mm，圆角为 5 mm 的切角圆柱体作为风扇底座，如图 1.2.2 所示。

步骤 2 将切角圆柱体转换为可编辑多边形，并将其底部缩小变形，如图 1.2.3 所示。

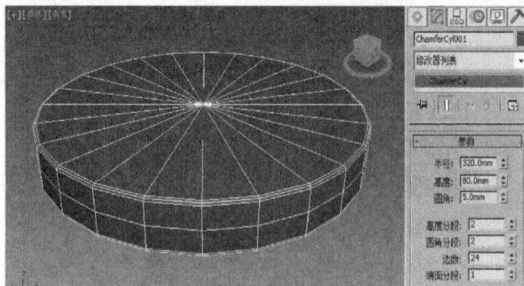

图 1.2.2　制作风扇底座　　　　　　　　　图 1.2.3　调整风扇底座

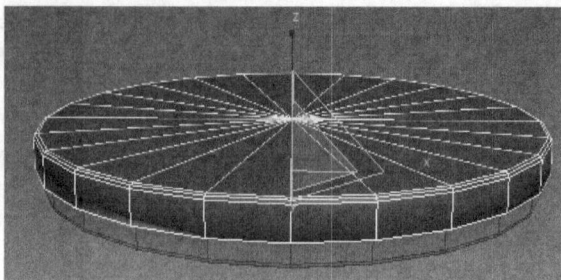

步骤 3　创建一个半径为 50 mm，高度为 550 mm，边数为 12，高度分段数为 1 的圆柱体作为风扇支柱，如图 1.2.4 所示。

步骤 4　在支柱顶部创建一个半球，将其半径设为 50 mm，分段数设为 12，半球分段数与支柱分段数必须保持一致，如图 1.2.5 所示。

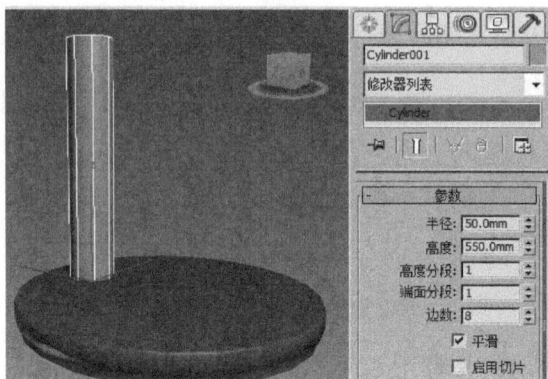

图 1.2.4　制作风扇支柱　　　　　　　　图 1.2.5　制作支柱顶部的半球

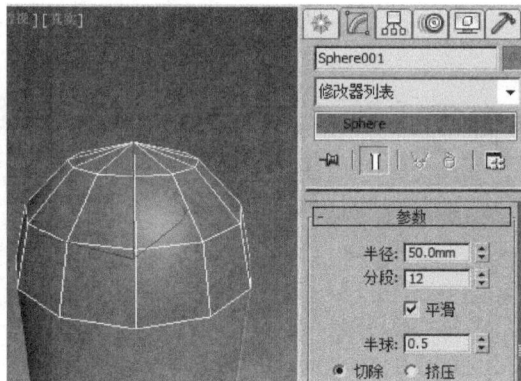

步骤 5　使用布尔并集将风扇支柱与顶部半球合并成为一个整体，如图 1.2.6 所示。

步骤 6　创建一个长方体，长度为 100 mm，宽度为 25 mm，高度为 60 mm，将长方体对齐到支柱上端，并复制该长方体，如图 1.2.7 所示。

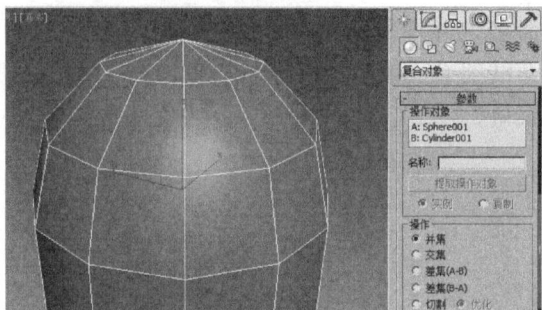

图 1.2.6　合并支柱与顶部半球　　　　　　图 1.2.7　创建长方体

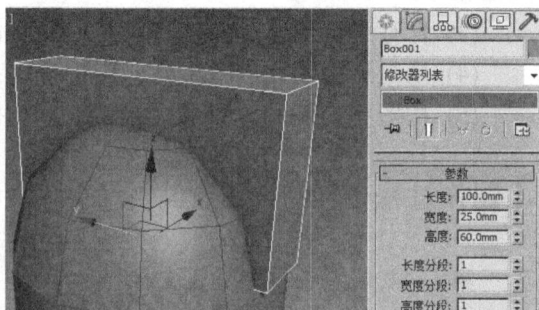

步骤 7　使用布尔差集命令，将支柱与长方体进行相减运算，使支柱顶部产生一个凹槽，如图 1.2.8 所示。

注：在进行布尔相减前，要将之前复制的长方体隐藏。

步骤 8 将复制的长方体重新显示，作为风扇支柱铰链，如图 1.2.9 所示。

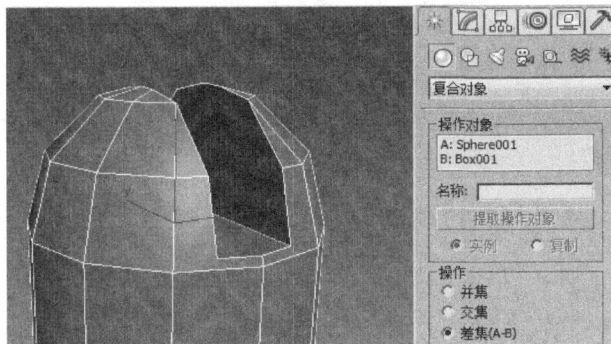

图 1.2.8 制作支柱顶部凹槽

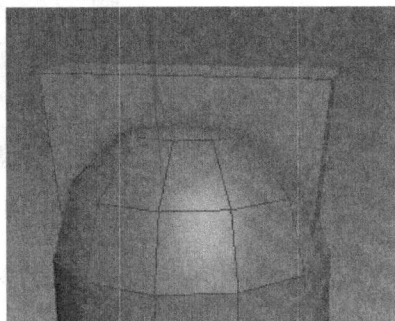

图 1.2.9 制作风扇支柱铰链

第二部分 风扇机头建模

步骤 1 在支柱上方创建一个长方体，长度为 290 mm，宽度为 60 mm，高度为 50 mm，将其对齐到支柱铰链长方体的顶部中间，作为风扇机头的底部，如图 1.2.10 所示。

步骤 2 在风扇机头长方体处再创建一个圆柱体，将其半径设为 100 mm，长度设为 290 mm，边数设为 12，高度分段数设为 1，并转换圆柱体为可编辑多边形，修改其形状，将圆柱体与电机底座顶部对齐，如图 1.2.11 所示。

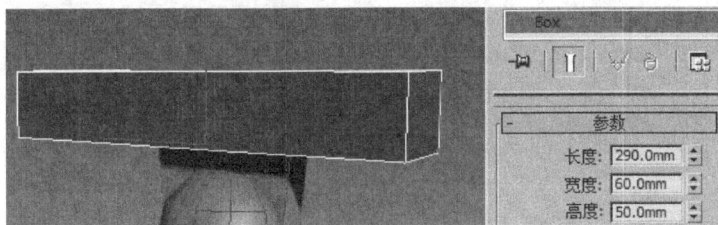

图 1.2.10 制作风扇机头的底部

图 1.2.11 制作风扇机头

步骤 3 将机柱后端形状调整为半球状，如图 1.2.12 所示。

步骤 4 创建一个半径为 15 mm，高度为 120 mm，高度分段数为 1，边数为 6 的圆柱体，并对齐到风扇电机前端，如图 1.2.13 所示。

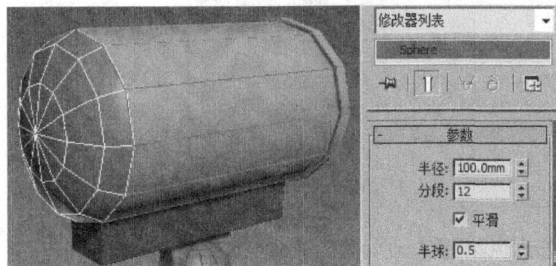

图 1.2.12 调整机头形状

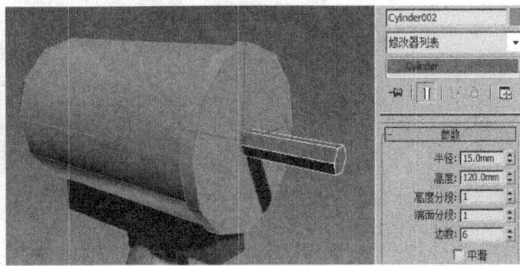

图 1.2.13 制作机头连接柱

步骤 5 制作风扇叶片中轴，创建一个圆柱体，将其半径设为 91 mm，高度设为 56 mm，高度分段数设为 1，边数设为 12，并对齐到铁杆中心位置前端，如图 1.2.14 所示。

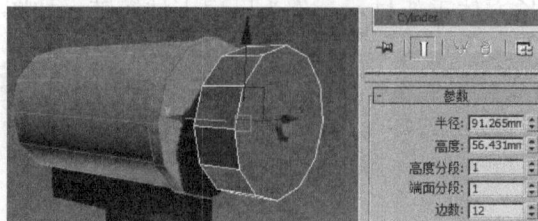

图 1.2.14　制作风扇叶片中轴

第三部分　风扇网罩建模

步骤 1　先创建一个半径为 390 mm，分段数为 50 的半球，将其转换为可编辑多边形后，删除半球底面，如图 1.2.15 所示。

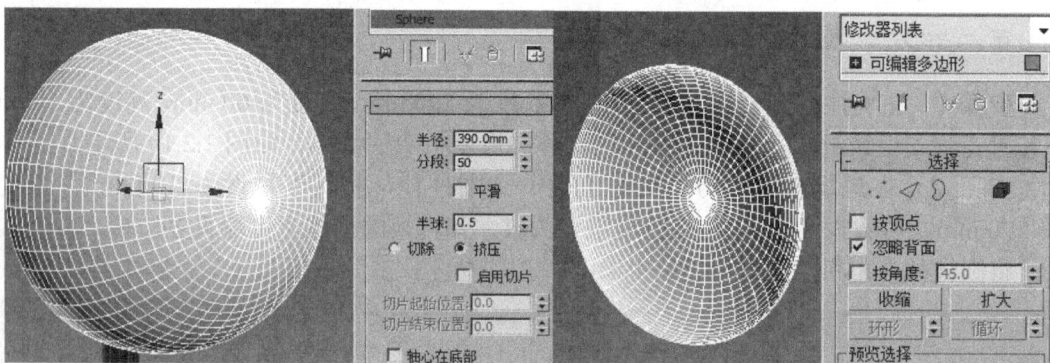

图 1.2.15　制作风扇网罩

步骤 2　调整半球前端的形状，先把中间 4 层的所有面分离成网罩的前盖，如图 1.2.16 所示。

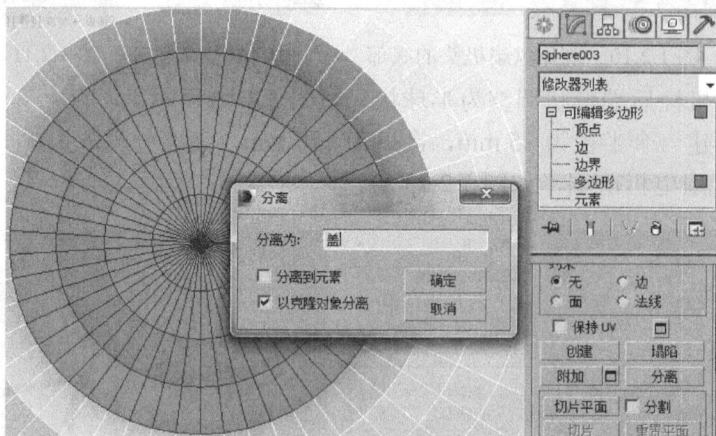

图 1.2.16　分离风扇前盖

步骤 3　选择半球形的任意一根竖线，单击右侧命令面板的"环形"，选择所有相邻的竖线，再单击"循环"按钮，将半球所有纵条线全部选中，单击"利用所选内容创建图形"，如图 1.2.17 所示。

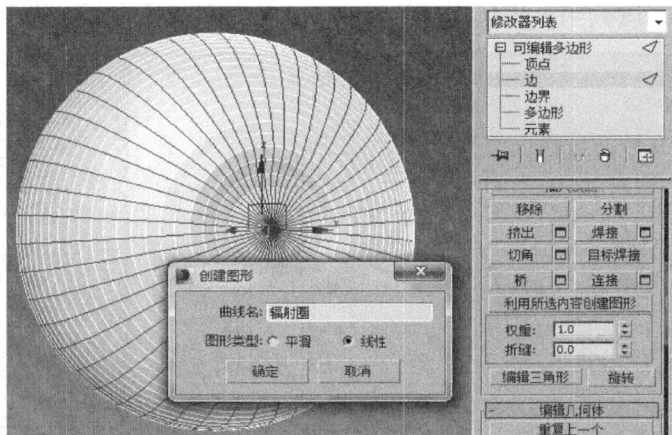

图 1.2.17 分离风扇辐射圈

步骤 4 以相同的方式创建风扇网罩的边框和中间两个圆圈，设置风扇网罩曲线的可渲染半径为 6，边数为 4，并将其转换为可编辑多边形，使其变成三维模型，如图 1.2.18 所示。

步骤 5 镜像复制风扇网罩的另一边，调整其位置，将网罩中间的边框条变形为宽边的圆环，如图 1.2.19 所示。

图 1.2.18 制作风扇网罩前半边

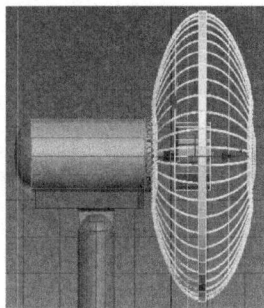

图 1.2.19 制作风扇网罩后半边

第四部分 风扇叶片建模

步骤 1 创建一个 800 mm × 800 mm 的平面，将风扇叶片的部分图片赋给平面，以平面图作为参考绘制一个风扇叶片形状，并将其转换为可编辑多边形，调整该叶片到风扇中轴位置，如图 1.2.20 所示。

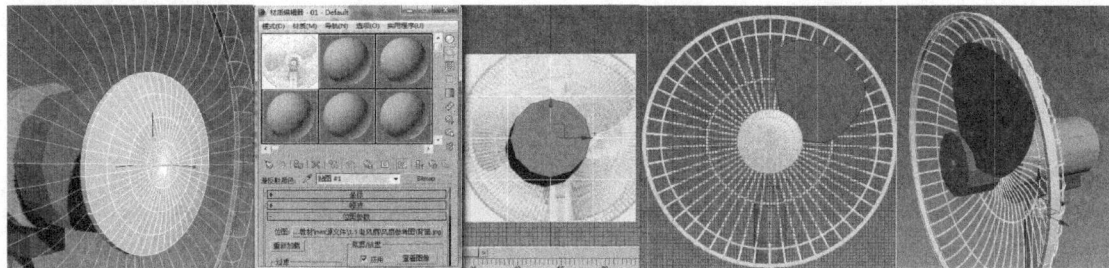

图 1.2.20 制作风扇叶片

步骤 2　使用阵列工具将风扇叶片以实例方式旋转复制三片，如图 1.2.21 所示。

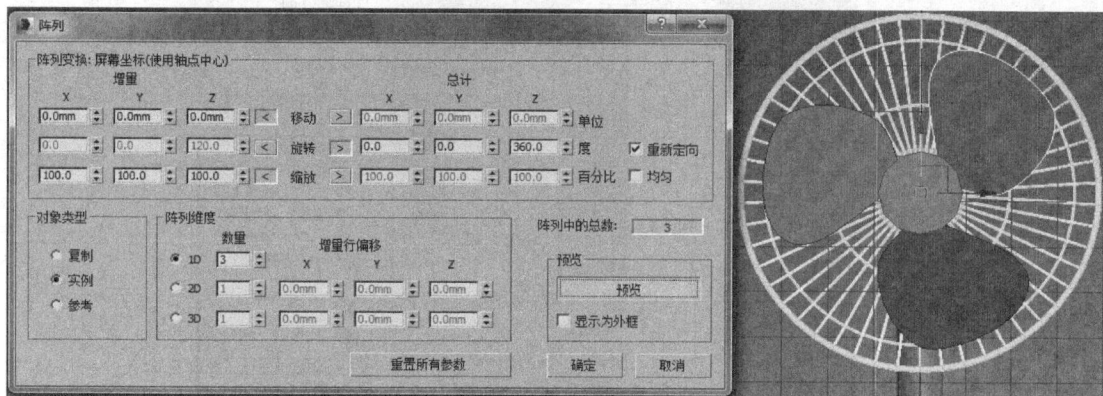

图 1.2.21　复制风扇叶片

步骤 3　以线框白模的方式渲染风扇的最终效果图，如图 1.2.22 所示。

拓展案例

根据图 1.2.23 提供的素材图片，完成青花瓷模型制作。

图 1.2.22　风扇效果图　　　　　　图 1.2.23　青花瓷模型参考图

操作要求：

(1) 参考提供图片导出正面视图，导出格式为 JPEG。

(2) 图片长宽为 720×576，分辨率为 150，对完成的文件命名，并规范保存。

(3) 保存一个项目源文件，对完成的文件命名，并规范保存。

(4) 尺寸、分辨率等设置符合要求，导出和保存格式正确，存档和命名规范。

(5) 场景造型的比例、结构、透视基本合理，布线符合三维动画场景制作要求。

(6) 构图完整，制作细致，视图整体效果良好。

1.2 习题　　　　　　　　　　　　1.2 实验

1.3　电　脑　椅

根据图 1.3.1 所示的图片，完成模型制作(材质贴图不作要求)。

图 1.3.1　电脑椅参考图

【设计要求】

(1) 制作电脑椅座凳、椅背、伸缩杆、支架、滚轮的模型。

(2) 保存模型效果图片文件(800×600)及源文件(归档 zip 文件)。

1.3 电脑椅

【制作过程】

第一部分　电脑椅座凳建模

步骤 1　创建一条曲线，通过修改相应顶点将曲线形状调整成座椅的形状，如图 1.3.2 所示。

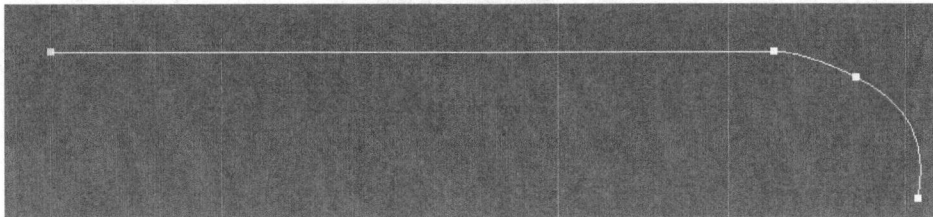

图 1.3.2　创建座椅形状线条

步骤 2　在前视图中创建一个矩形，其长度为 550 mm，宽度为 40 mm，角半径为 20 mm，作为座椅板，如图 1.3.3 所示。

步骤 3　先选择曲线，然后选择复合物体的放样类型，单击"获取图形"，在视图中点选矩形，放样成电脑椅的座凳部分，在放样命令修改面板的蒙皮参数中，设置图形步数和路径步数均为 1，并优化图形，如图 1.3.4 所示。

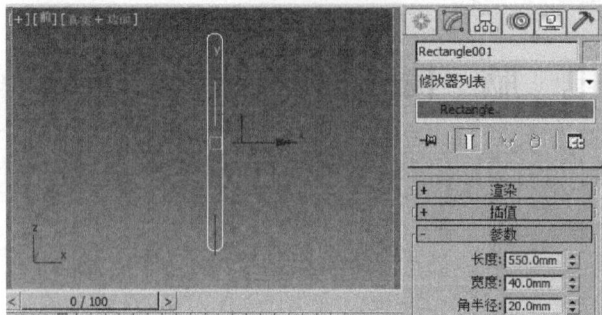

图 1.3.3　创建座椅板

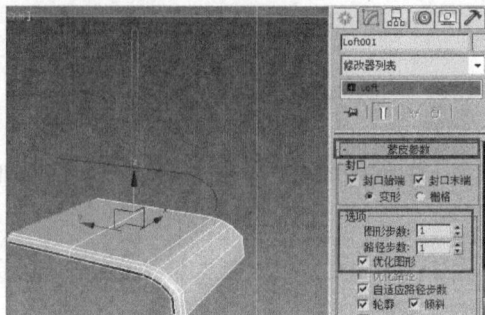

图 1.3.4　放样座椅模型

第二部分　电脑椅椅背建模

步骤 1　按相同方法制作椅背。先创建一条 S 型的曲线，将曲线的插值步数设置为 24，以此曲线作为放样路径，单击矩形作为放样图形，制作出椅背模型，如图 1.3.5 所示。

步骤 2　对放样变形后的椅背和座凳添加"补洞"命令，对两端封口，并调整两者之间的位置，如图 1.3.6 所示。

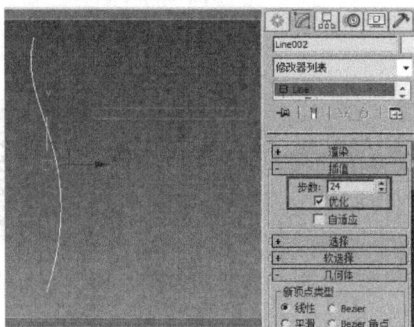

图 1.3.5　创建椅背线条

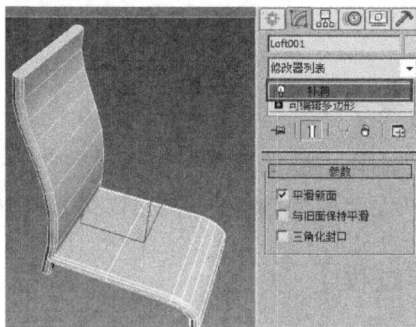

图 1.3.6　放样椅背模型

步骤 3　创建圆柱体作为电脑椅中轴，将圆柱体的多边形底面向下挤出并逐级放大，如图 1.3.7 所示。

图 1.3.7　制作电脑椅中轴

第三部分　电脑椅底座建模

步骤 1　在前视图中，按电脑椅底座设计勾画出凳脚的形状，将该封闭的曲线挤出 8 mm，如图 1.3.8 所示。

步骤 2　制作滚轮。创建一个圆柱放置在凳脚右端底部，将圆柱两端的面向外调整形成半球状，如图 1.3.9 所示。

图 1.3.8　创建凳脚　　　　　　　　　　图 1.3.9　制作滚轮

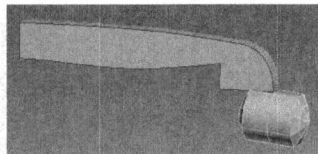

步骤 3　按 Ctrl + G 组合键将凳脚和滚轮进行打组，调整该组轴心与电脑椅中轴轴心对齐，以阵列方式旋转复制五个凳脚，如图 1.3.10 所示。

步骤 4　制作旋钮，先创建一个六角星形，将其挤出一定厚度成星形旋钮模型，再创建一个圆柱体对齐到旋钮中心位置，将该旋钮放置在电脑椅中轴中间位置，如图 1.3.11 所示。

图 1.3.10　复制五个凳脚　　　　　　　　图 1.3.11　制作旋钮

步骤 5　将电脑椅各部件进行调整，渲染成带线框的白模图，如图 1.3.12 所示。

图 1.3.12　电脑椅效果图

拓展案例　制作长尾类模型

根据图 1.3.13 所示的图片，完成长尾夹模型制作。

图 1.3.13　长尾夹参考图

操作要求：

(1) 参考提供图片导出正面视图，导出格式为 JPEG。

(2) 图片长宽为 720×576，分辨率为 150，对完成的文件命名，并规范保存。

(3) 保存一个项目源文件，对完成的文件命名，并规范保存。

(4) 尺寸、分辨率等设置符合要求，导出和保存格式正确，存档和命名规范。

(5) 造型比例协调，质感逼真。

1.3 习题　　　　　　　　1.3 实验

1.4　卡　通　树

根据图 1.4.1 所示的图片，完成模型制作。

1.4 卡通树

图 1.4.1　卡通树参考图

【设计要求】

(1) 参考图 1.4.1 导出正面视图，导出格式为 JPEG。

(2) 图片长宽为 720×576，分辨率为 150，对完成的文件命名，并规范保存。

(3) 保存一个项目源文件，对完成的文件命名，并规范保存。

(4) 树造型的比例、结构、透视合理；布线符合三维模型制作要求。

(5) 构图完整，制作细致，保证视图整体效果。

【制作过程】

第一部分　树干部分建模

步骤 1　在透视图中创建一个长方体，长、宽、高都为 100 mm，如图 1.4.2 所示。

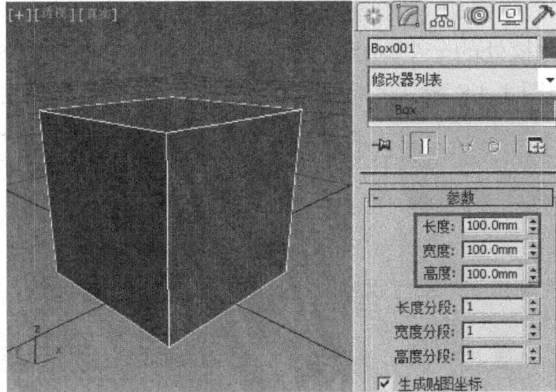

图 1.4.2　创建树干

步骤 2　在长方体上单击鼠标右键，在弹出菜单中选择"转换为"→"转换为可编辑多边形"命令，如图 1.4.3 所示。

步骤 3　按数字键 4 激活多边形选择模型，单击长方体顶面并在"编辑多边形"面板中，单击"挤出"命令后的小按钮，将顶面按多边形面向上挤出 100 mm，如图 1.4.4 所示。

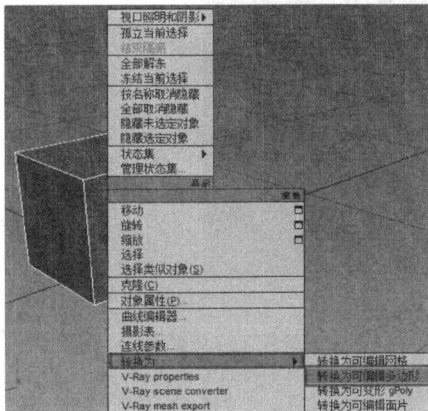

图 1.4.3　将长方体转换为可编辑多边形

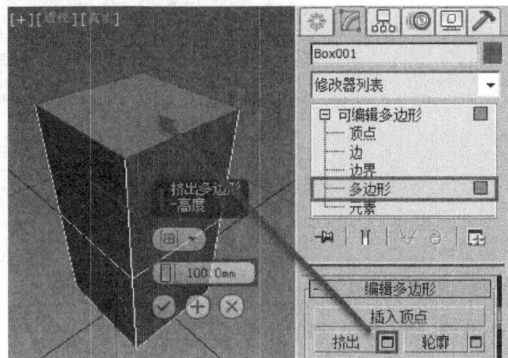

图 1.4.4　继续制作树干部分

步骤 4　再次将顶面向上挤出 80 mm，并扩大顶面，如图 1.4.5 所示。

步骤 5　选择长方体相对的两个面，并向外挤出，焊接相近的两个顶点，形成大的树杈，如图 1.4.6 所示。

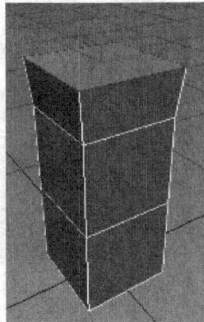

图 1.4.5　挤出树干

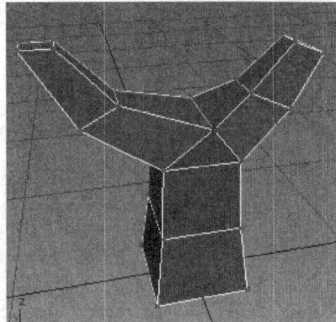

图 1.4.6　制作树干

步骤 6　再选择两个树杈相应的面向外挤出，形成上端分支的树杈，如图 1.4.7 所示。

步骤 7　选择右边树杈处的一个顶点，单击编辑顶点命令面板中的"切角"按钮，在树叉顶点处拉出一个面，如图 1.4.8 所示。

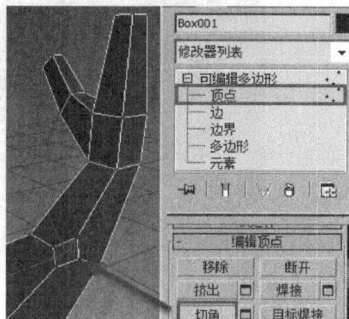

图 1.4.7　制作树杈　　　　　　图 1.4.8　树干分枝切角

步骤 8　按相同的方法分出树干上端的分支，并向外挤出 2～3 次，并对树枝顶点作相应移动和旋转，使树枝向上生长，如图 1.4.9 所示。

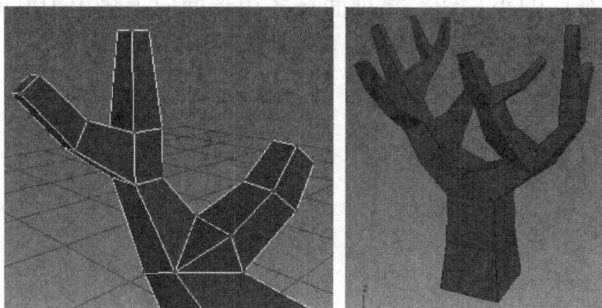

图 1.4.9　制作完整树干部分

第二部分　树根部分建模

步骤 1　选择树干底部的面，向下挤出 80 mm，如图 1.4.10 所示。

步骤 2　先把被挤出的四个侧面，按多边形模式向外挤出 80 mm，并再次挤出 2～3 次，调整各树根的大小及形态，将整个大树所有面进行网格平滑，如图 1.4.11 所示。

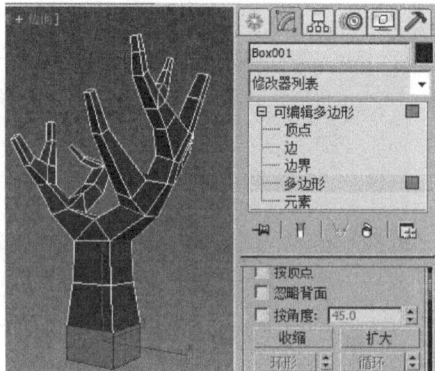

图 1.4.10　选择树根　　　　　　图 1.4.11　挤出树根

第三部分 树叶部分建模

步骤 1 在前视图中创建图形"圆",半径设为 5 mm,如图 1.4.12 所示。

步骤 2 将圆转换为可编辑样条线,如图 1.4.13 所示。

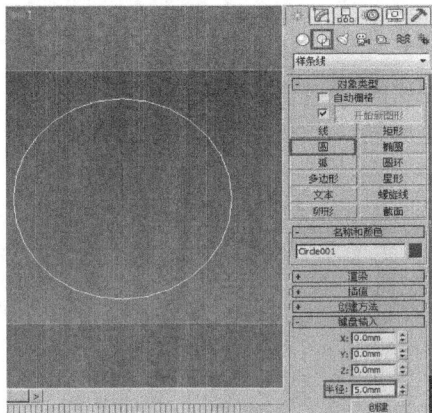

图 1.4.12 创建圆

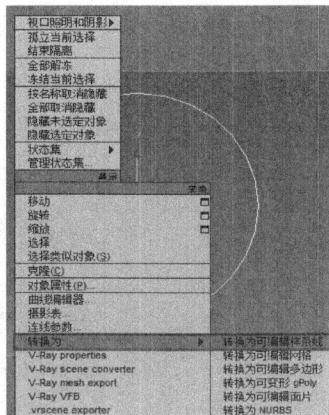

图 1.4.13 将圆转换为可编辑样条线

步骤 3 按数字键 1 启用顶点模式,调整圆的 4 个顶点成树叶的形状,如图 1.4.14 所示。

步骤 4 将圆转换为编辑多边形,树叶转换为 3D 物体,如图 1.4.15 所示。

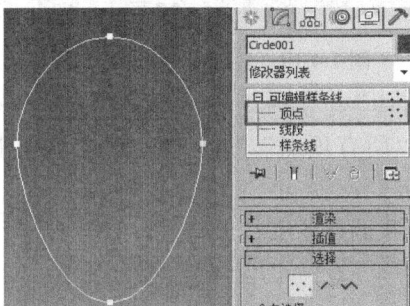

图 1.4.14 将圆调整成树叶形状

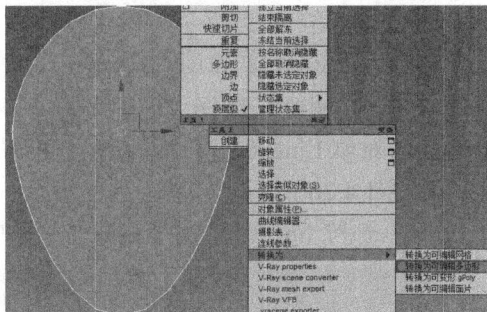

图 1.4.15 将树叶转换为可编辑多边形

步骤 5 创建一个长度和宽度为 1 mm,高 0.1 mm 的长方体,将长方体移到树叶底部,作为树叶根部,如图 1.4.16 所示。

步骤 6 将长方体转换为可编辑多边形,单击"附加"按钮,点击树叶,使其成为树叶的整体,如图 1.4.17 所示。

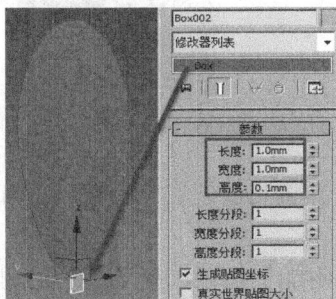

图 1.4.16 制作树叶根部

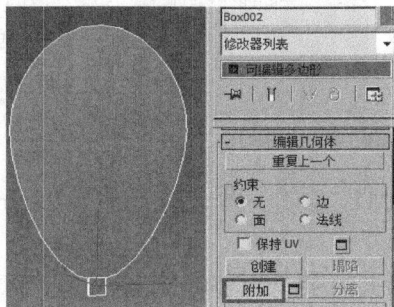

图 1.4.17 附加为整体

步骤 7　在前视图中创建一根长为 50 mm 的直线，将直线顶点设置为 Bezier 角点，使直线弯曲，如图 1.4.18 所示。

步骤 8　在 Line001 的渲染面板中勾选"在视口中启用"，以长度和宽度为 1.5 mm 的矩形方式显示，再将其转换为可编辑多边形，如图 1.4.19 所示。

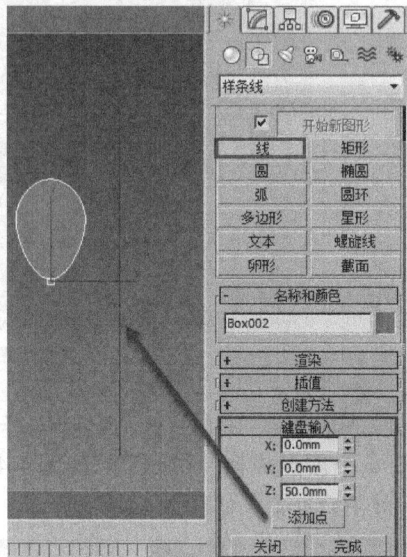

图 1.4.18　创建曲线　　　　　　　　　　图 1.4.19　转成多边形

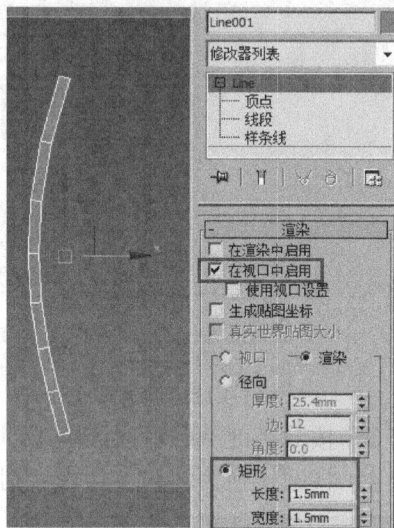

步骤 9　选择树叶，选择"创建" → "几何体" → "复合对象" → "散布"命令，拾取散布对象 Line001 直线，设置分布方式为"所有顶点"，旋转"129.6"度，将叶片向上翻，如图 1.4.20 所示。

步骤 10　删除 line001 直线，删除多余的叶片，并调整各叶片的位置，如图 1.4.21 所示。

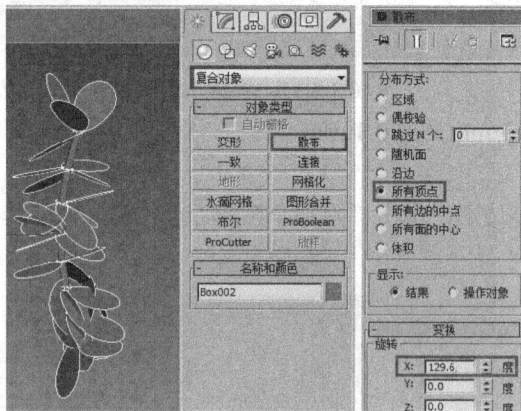

图 1.4.20　复制树叶　　　　　　　　　　图 1.4.21　调整树叶

步骤 11　创建一个长宽高都为 2 mm 的长方体，并将其放置在树枝底部，如图 1.4.22 所示。

步骤 12　将长方体转换为可编辑多边形，单击"附加"按钮选择场景中的树枝，将树枝与长方体附加成为一个整体，如图 1.4.23 所示。

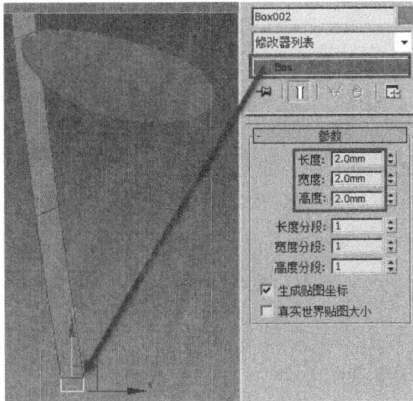

图 1.4.22　创建树枝

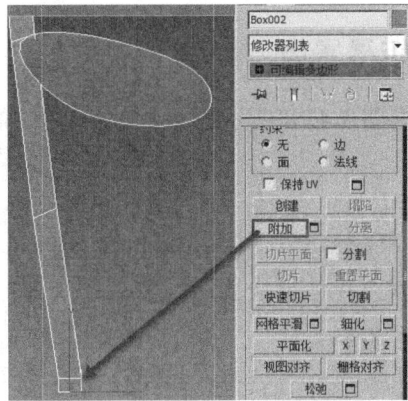

图 1.4.23　附加树枝和树叶

第四部分　大树合并调整部分建模

　　步骤 1　单击选择场景中的树干，按多边形选择树干的左右两个分支的所有面，单击"分离"按钮，将树枝与树根分离成两个物体，将分离出来的树枝命名为"树干上部"，如图 1.4.24 所示。

　　步骤 2　选择树叶，选择"创建" ![icon] →"几何体" ![icon] →"复合对象"→"散布"命令，拾取散布对象为"树干上部"，设置分布方式为"所有顶点"，如图 1.4.25 所示。

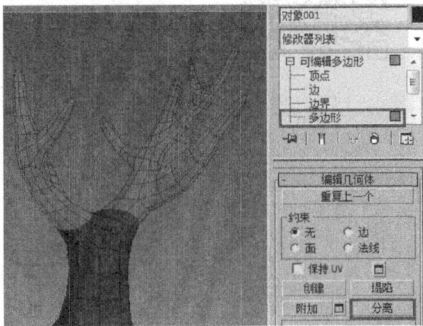

图 1.4.24　分离树枝与树根

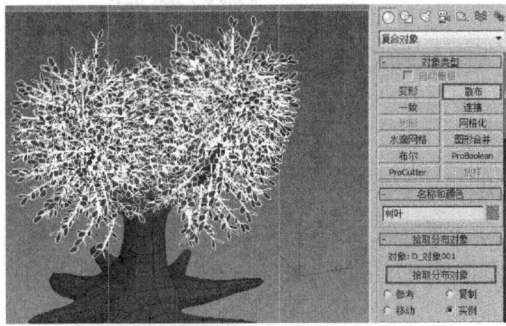

图 1.4.25　将树叶散布到树枝

　　步骤 3　选择散布生成的树顶，激活元素选择模式，单击树干上部，将其删除，如图 1.4.26 所示。

　　步骤 4　给树干赋咖啡色材质，树叶赋绿色材质，渲染效果如图 1.4.27 所示。

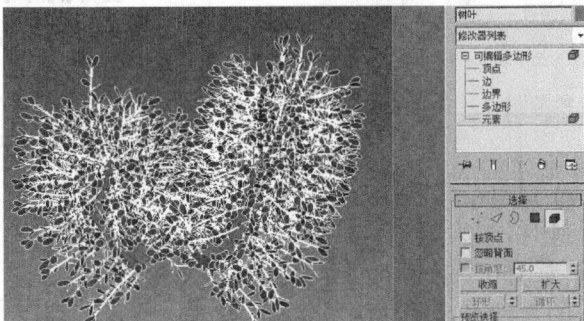

图 1.4.26　删除多余树干

图 1.4.27　卡通树效果图

拓展案例　　制作首饰盒模型

根据图 1.4.28 所示的图片，完成首饰盒模型制作。

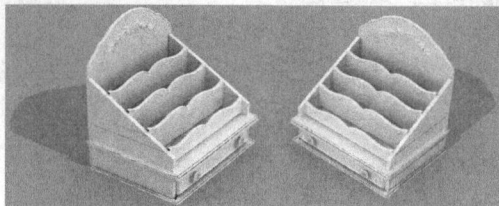

图 1.4.28　首饰盒参考图

操作要求：

(1) 参考图 1.4.28 导出正面视图，导出格式为 JPEG。

(2) 图片长宽为 720×576，分辨率为 150，对完成的文件命名，并规范保存。

(3) 保存一个项目源文件，对完成的文件命名，并规范保存。

(4) 尺寸、分辨率等设置符合要求，导出和保存格式正确，存档和命名规范。

(5) 造型比例协调，质感逼真。

1.4 习题　　　　　　　　1.4 实验

1.5　卡　通　猪

根据图 1.5.1 所示的素材，完成模型制作。

1.5 卡通猪

图 1.5.1　卡通猪参考图

【设计要求】

(1) 参考图 1.5.1 导出正面视图，导出格式为 JPEG。

(2) 图片长宽为 720×576，分辨率为 150，对完成的文件命名，并规范保存。

(3) 保存一个项目源文件，对完成的文件命名，并规范保存。

(4) 造型的比例、结构、透视合理；布线符合三维模型制作要求。

(5) 构图完整，制作细致，保证视图整体效果。

【制作过程】

第一部分 卡通猪头部建模

步骤 1 在前视图中，选择"创建"→"几何体"命令，在"标准基本体"面板中选择"平面"，在"键盘输入"面板中设置长度为 217 mm，宽度为 450 mm，最后单击"创建"按钮，在前视图中创建出一个 217 mm × 450 mm 的平面作为参考图背景平面，如图 1.5.2 所示。

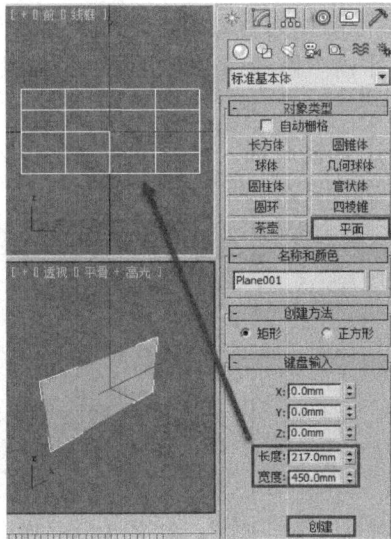

图 1.5.2 创建参考图背景

步骤 2 按快捷键 M 打开材质编辑器，选择一个未使用的材质球，设置漫反射位图为卡通猪(资源包/第 1 章三维建模/1.5 卡通猪/卡通猪参考图.jpg)，将材质赋给场景中的平面，如图 1.5.3 所示。

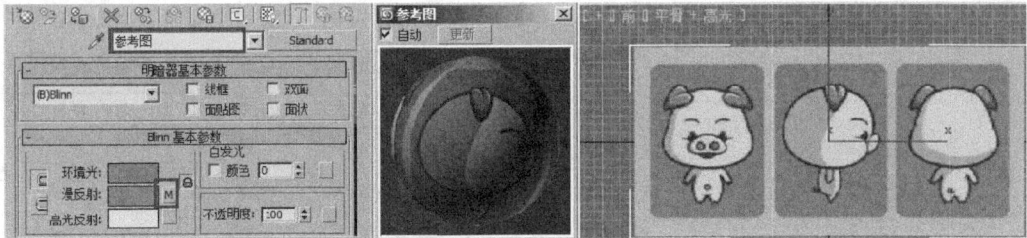

图 1.5.3 将卡通猪参考图赋给平面

步骤 3 为了使建模过程中参考背景平面不受影响，需要将背景平面冻结，选择平面单击鼠标右键，在弹出的菜单中选择"对象属性"，勾选"以灰色显示冻结对象"，切换到左视图复制背景平面，调整两个参考平面的位置，使创建的模型位于原点处，单击"显示"面板，在冻结选项面板中单击"冻结选定对象"，将两个参考平面冻结，如图 1.5.4 所示。

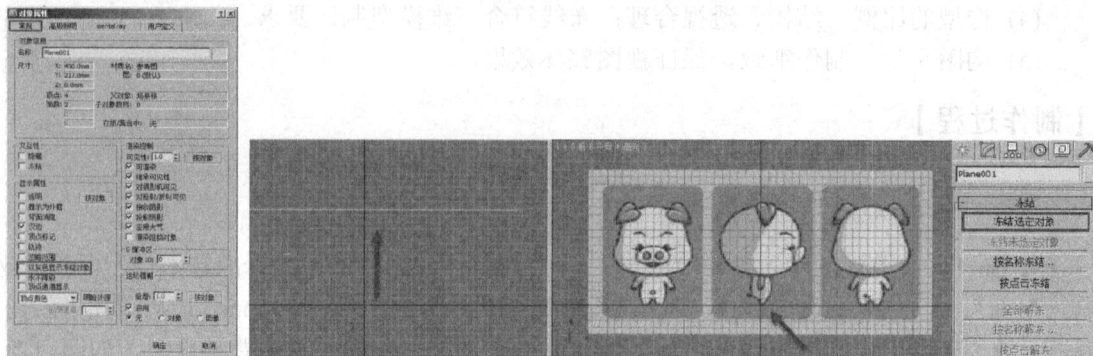

图 1.5.4　冻结参考平面

步骤 4　在前视图中以参考图作为背景在卡通猪头部位置创建一个长方体，调整长方体的大小及位置，执行"网格平滑"修改命令，设置"细分量"的迭代次数为 2，如图 1.5.5所示。

步骤 5　在命令面板中单击鼠标右键，在弹出的菜单中选择"塌陷全部"，将修改命令从缓冲区中清除，优化内存，如图 1.5.6 所示。

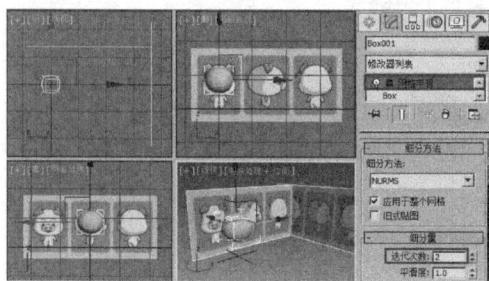

图 1.5.5　将头部网格平滑

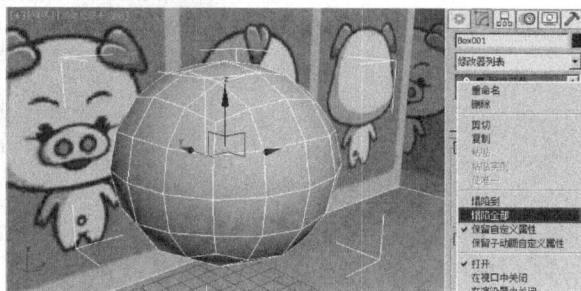

图 1.5.6　塌陷全部置换为可编辑多边形

步骤 6　执行"FFD 4×4×4"修改命令，展开命令，选择"控制点"，在前视图和左视图中调整头部的形状，如图 1.5.7 所示。

步骤 7　按快捷键 4 激活多边形选择模式，框选头部右侧部分，删除头部右边所有的面，如图 1.5.8 所示。

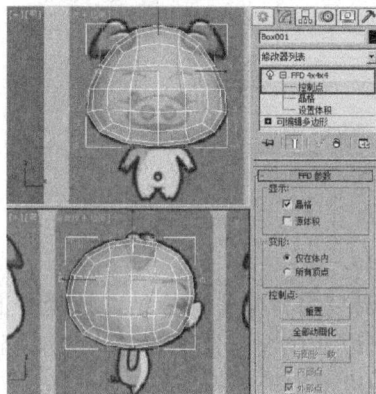

图 1.5.7　使用控制点调整头部形状

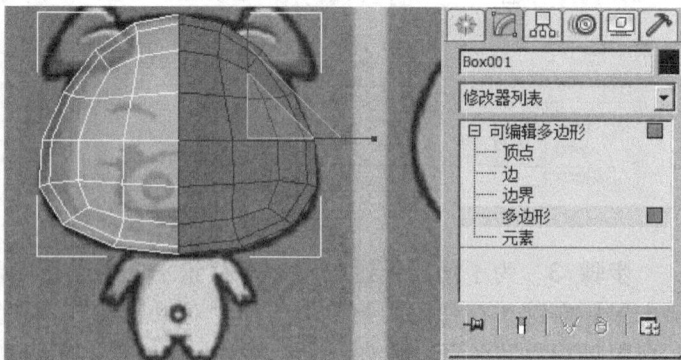

图 1.5.8　删除头部右边所有面

步骤 8 执行"对称"修改命令,将头部沿 X 轴镜像轴翻转复制到右边,如图 1.5.9 所示。

步骤 9 在右侧命令面板中选择"剪切"命令,在前视图头部脸的位置切出相应的边,如图 1.5.10 所示。

步骤 10 切换到左视图再切出 3 条边,如图 1.5.11 所示。

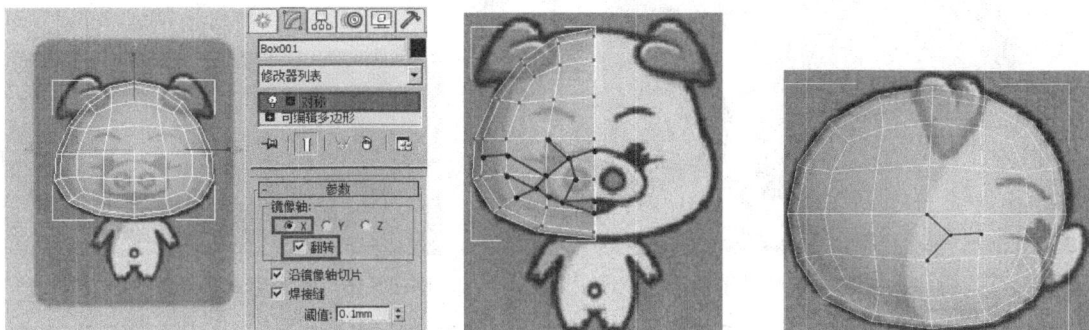

图 1.5.9 对称复制头部右侧　　图 1.5.10 在脸部正面切出线条　　图 1.5.11 在脸部侧面切出线条

步骤 11 选择"可编辑多边形"命令,单击"显示最终结果开/关切换"按钮，可以直接观察到多边形调整的状态,选择"多边形"模式,勾选"忽略背面"选项,选择卡通猪鼻子的五个面,如图 1.5.12 所示。

步骤 12 将选中的卡通猪鼻子面在左视图中向外挤出 10 mm,如图 1.5.13 所示。

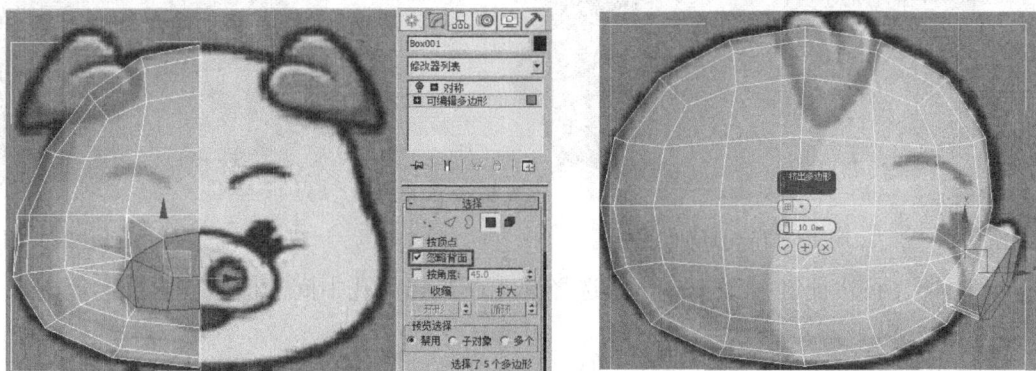

图 1.5.12 选择卡通猪鼻子面　　　　　图 1.5.13 挤出卡通猪的鼻子

步骤 13 在前视图中调整脸部相应顶点,制作出卡通猪脸颊部分向外鼓出的形状,如图 1.5.14 所示。

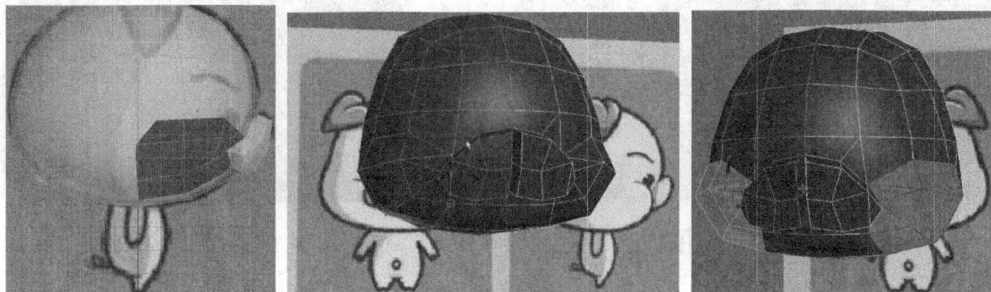

图 1.5.14 调整卡通猪脸颊部分的形状

步骤 14　删除猪鼻子中间的面，将中间部分顶点位置的 X 坐标归零，缝合猪鼻，如图 1.5.15 所示。

步骤 15　按快捷键 2 进入"边"选择模式，按 Ctrl 键，将猪鼻和脸颊交界处的边选中，按快捷键 R 激活"选择并均匀缩放"工具，将选择的线条向内收缩，如图 1.5.16 所示。

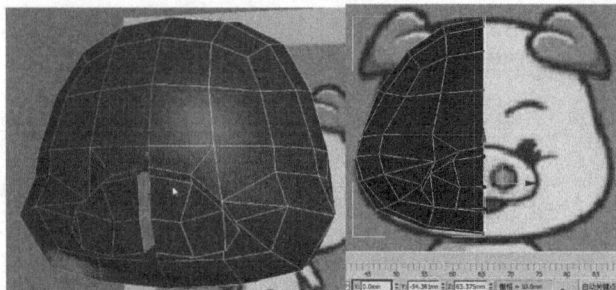

图 1.5.15　调整鼻子的形状　　　　　　　　图 1.5.16　收紧猪鼻和脸颊交界处的边

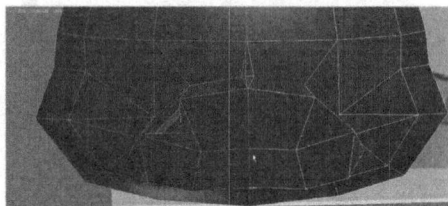

步骤 16　按快捷键 1 激活顶点选择模式，选择鼻子中间的顶点，单击"切角"命令，使顶点张开成一个四边形，如图 1.5.17 所示。

步骤 17　使用"剪切"命令连接鼻孔边与周围的顶点，将鼻孔调圆，如图 1.5.18 所示。

图 1.5.17　切角形成鼻孔　　　　　　　　图 1.5.18　剪切鼻孔边线并调圆

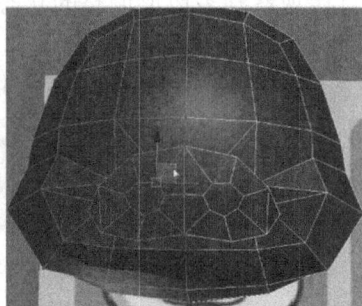

步骤 18　按快捷键 4 激活多边形选择模式，选择鼻孔中间的面，向内挤出 5 mm，如图 1.5.19 所示。

步骤 19　按快捷键 R 激活缩放工具，将鼻孔中间的面缩小，如图 1.5.20 所示。

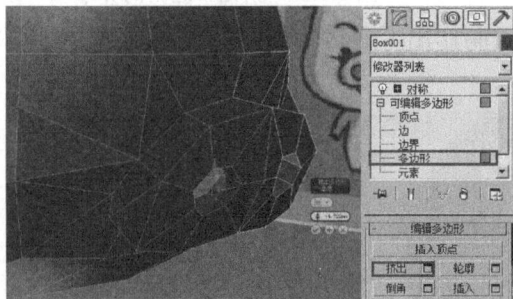

图 1.5.19　向内挤出鼻孔　　　　　　　　图 1.5.20　缩小鼻孔

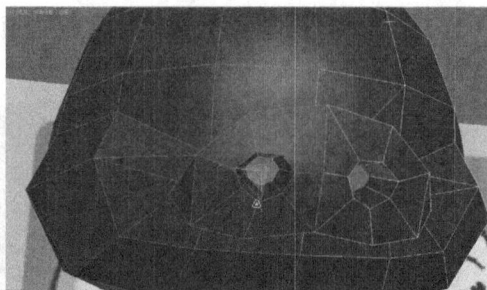

步骤 20　使用剪切工具，在卡通猪脸部切出一条完整的曲线，如图 1.5.21 所示。

步骤 21 单击鼠标右键，在弹出的菜单中选择"NURMS 切换"，显示出头部圆滑形状，如图 1.5.22 所示。

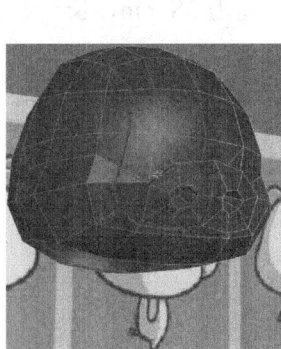

图 1.5.21 剪切脸部曲线

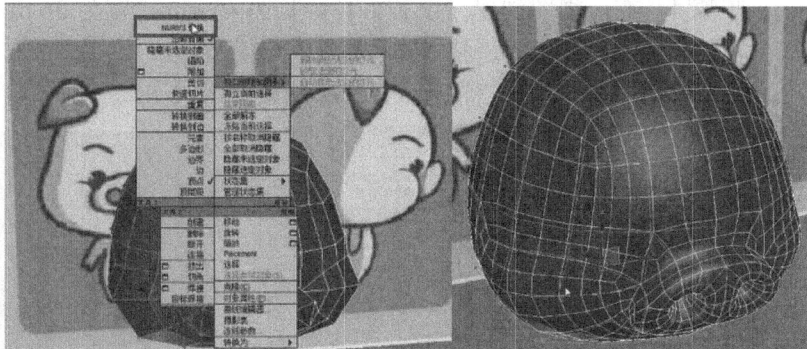

图 1.5.22 NURMS 切换头部圆滑形状

第二部分 制作耳朵

步骤 1 在顶视图创建一个长方体，长为 25 mm，宽为 50 mm，高为 10 mm，长宽分段数为 4，命名为"耳朵"，如图 1.5.23 所示。

步骤 2 将耳朵的长方体进行对称处理，并调整成叶子的形状，如图 1.5.24 所示。

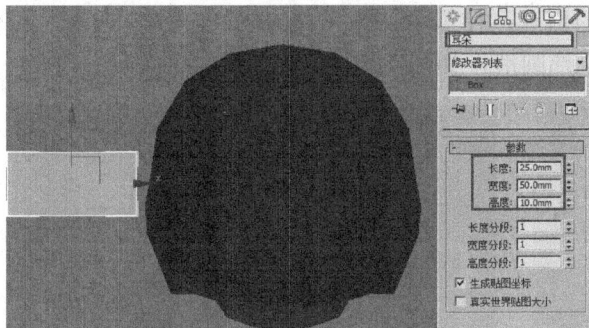

图 1.5.23 创建长方体作为耳朵

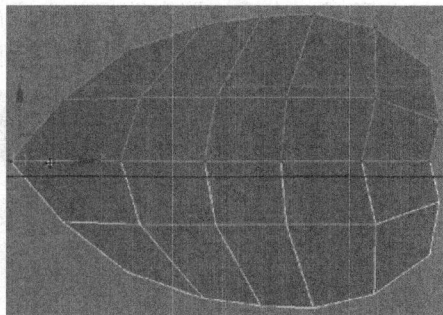

图 1.5.24 对称化耳朵形状

步骤 3 调整耳朵相应顶点的形状。使用"软选择"工具调整顶点，使耳朵形状自然圆滑，如图 1.5.25 所示。

步骤 4 镜像复制耳朵到卡通猪头部的另一侧，如图 1.5.26 所示。

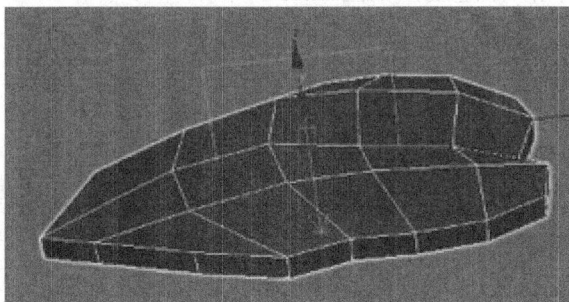

图 1.5.25 制作耳朵形状

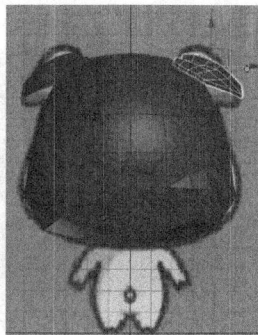

图 1.5.26 复制另一侧耳朵

第三部分　制作猪身

步骤 1　在前视图创建一个长方体，长为 41 mm，宽为 36 mm，高为 38 mm，长、宽、高分段数均为 1，命名为"猪身"，如图 1.5.27 所示。

步骤 2　对猪身进行"网格平滑"，设置"迭代次数"细分量为 2，如图 1.5.28 所示。

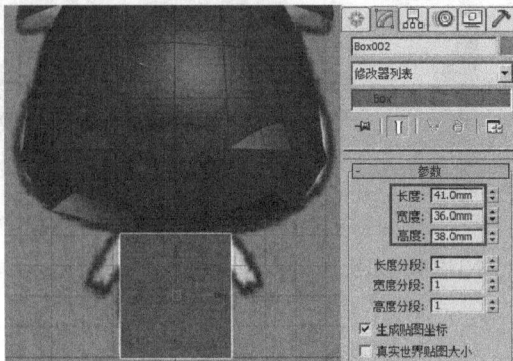

图 1.5.27　创建猪身　　　　　　　　　　图 1.5.28　网格平滑猪身

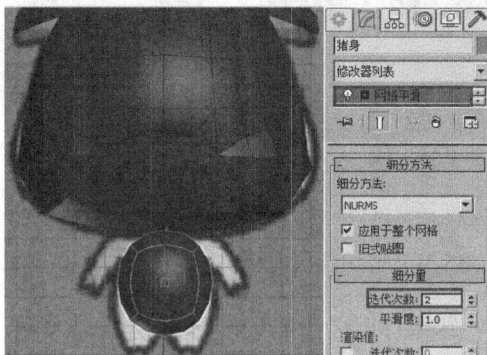

步骤 3　删除猪身右半边，对称到左边，以参考图作为背景，按快捷键 Alt + X 切换至模型透明，分别在前视图和左视图调整猪身的形状，如图 1.5.29 所示。

步骤 4　在透视图中选择猪身底部的顶点，使用"切角"命令切出一个四边形，再使用"剪切"工具连接顶点与边，使猪腿根部圆滑，如图 1.5.30 所示。

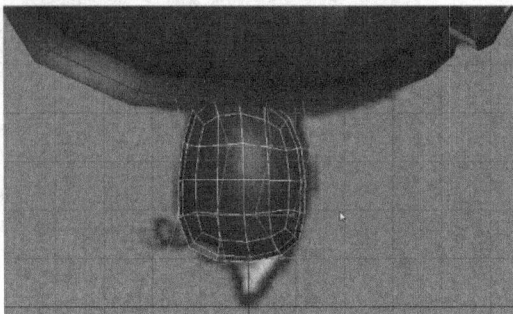

图 1.5.29　调整猪身　　　　　　　　　　图 1.5.30　切出腿根部

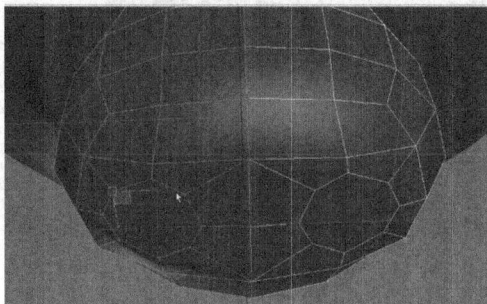

步骤 5　选择腿根部的面向下挤出，如图 1.5.31 所示。并按快捷键 R 非等比对齐腿根底线，并使用"连接"命令在腿部中间产生连线，如图 1.5.32 所示。

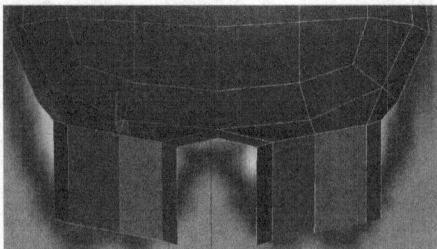

图 1.5.31　挤出腿部　　　　　　　　　　图 1.5.32　调整腿部形状

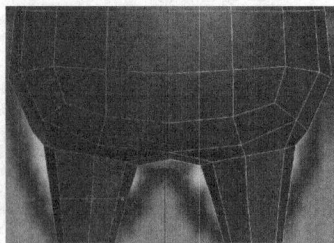

步骤 6　在左视图中调整猪身肚子的形状，如图 1.5.33 所示。

步骤 7 在透视图中剪切猪脚底部的线条，如图 1.5.34 所示。

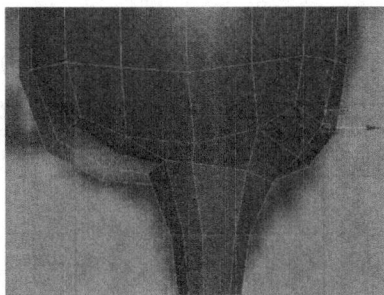

图 1.5.33 调整猪身肚子形状

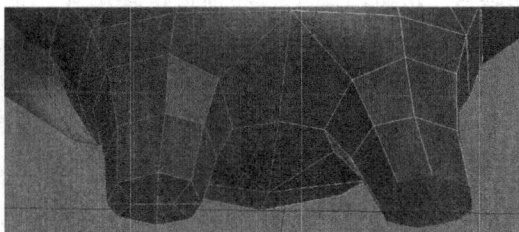

图 1.5.34 剪切猪脚线条

步骤 8 调整猪脚底部相应的顶点，如图 1.5.35 所示。

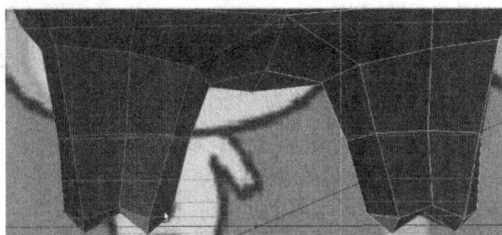

图 1.5.35 制作猪脚形状

第四部分 制作手臂

步骤 1 切换到左视图，使用切角命令切出手臂形状，如图 1.5.36 所示。

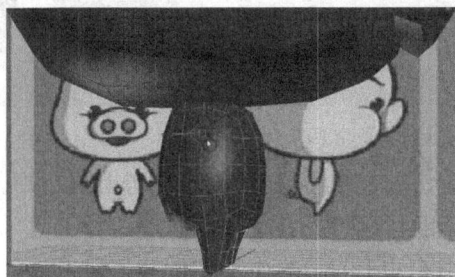

图 1.5.36 切出手臂形状

步骤 2 使用剪切命令，连接手臂与周围顶点，如图 1.5.37 所示。

步骤 3 调整手臂根部形状使手臂根部圆滑，如图 1.5.38 所示。

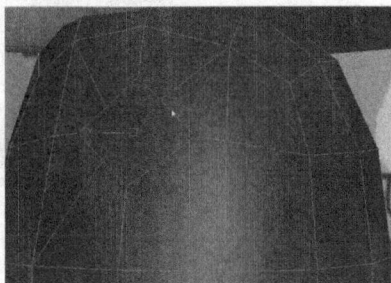

图 1.5.37 剪切连接线

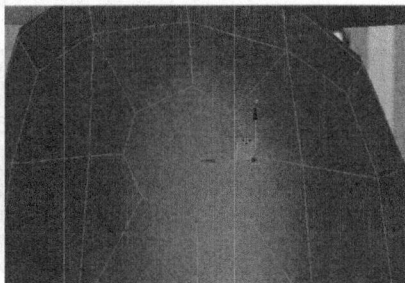

图 1.5.38 调整手臂根部形状

步骤 4　按快捷键 4 激活多边形选择模式，选择手臂根部的多边形面，向外挤出几次，调整手臂的形状，如图 1.5.39 所示。

步骤 5　按快捷键 1 激活顶点选择模式，调整猪手部的相应顶点，如图 1.5.40 所示。

图 1.5.39　调整手臂形状　　　　　　　　　图 1.5.40　调整猪手的形状

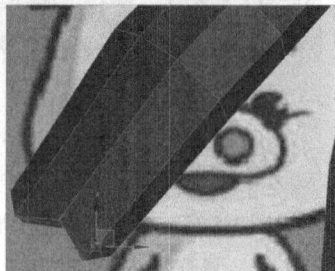

步骤 6　选择"创建"→"图形"命令，创建一条半径 1 为 20 mm，半径 2 为 10 mm，高度为 37 mm，圈数为 2 的螺旋线，命名为"猪尾"，如图 1.5.41 所示。

步骤 7　将螺旋线设置为"在视口中显示"，设置显示半径为 1.5 mm，转换为可编辑多边形，将螺旋线放置在猪身后，如图 1.5.42 所示。

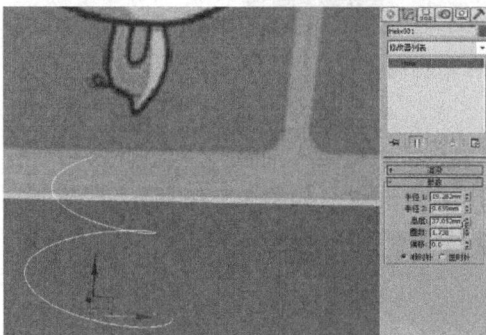

图 1.5.41　创建螺旋线　　　　　　　　　　图 1.5.42　制作猪尾

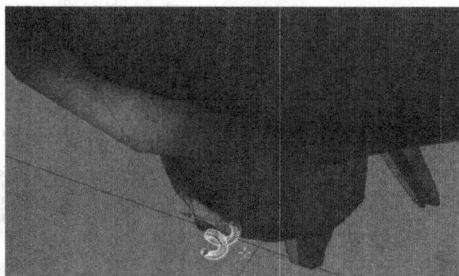

步骤 8　使用切角命令，将猪肚子中间的顶点切出四边形，再使用剪切命令连接顶点与边产生连接线，调整肚脐形状，如图 1.5.43 所示。

步骤 9　将肚脐中间的面向外挤出两次，如图 1.5.44 所示。

步骤 10　保存卡通猪源文件，其效果如图 1.5.45 所示。

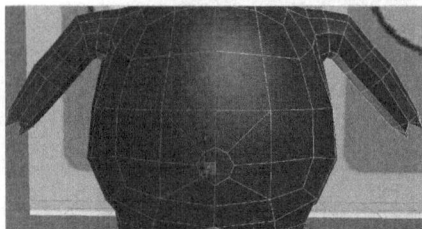

图 1.5.43　切角形成肚脐　　　图 1.5.44　挤出肚脐形状　　　图 1.5.45　卡通猪最终效果图

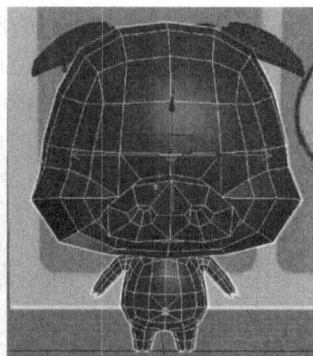

拓展案例 制作老和尚模型

根据图 1.5.46 所示的图片，完成老和尚模型的制作。

图 1.5.46 老和尚模型参考图

操作要求：

(1) 参考图 1.5.46 导出正面视图，导出格式为 JPEG。

(2) 图片长宽为 720 × 576，分辨率为 150，对完成的文件命名，并规范保存。

(3) 保存一个项目源文件，对完成的文件命名，并规范保存。

(4) 造型的比例、结构、透视合理；布线符合三维模型制作要求。

(5) 构图完整，制作细致，保证视图整体效果。

1.5 习题　　　　　　　1.5 实验

第 2 章　材质与贴图

完成了三维建模后，就需要为模型赋上相应的材质，如瓷器、玻璃、不锈钢、木头等。材质是反映模型质感的重要因素之一，3ds max 提供了强大的材质编辑功能，经过反复调整参数可以制作出质感很真实的材质。

2.1 茶　几

根据图 2.1.1 所示的茶几 3D 模型和贴图素材，完成场景材质。

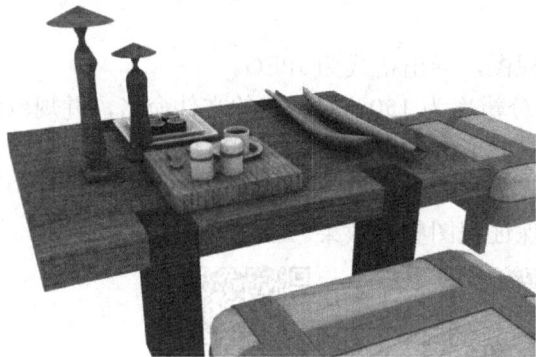

图 2.1.1　茶几参考图

2.1 茶几

【设计要求】

(1) 渲染出两张以上该模型的透视图图片，导出格式为 JPEG。

(2) 图片长宽为 720×576，分辨率为 150，对完成的文件命名并规范保存。

(3) 模型 UV 编辑准确，材质搭配合理，模型的材质、凹凸表现得当，制作细致，整体效果好。

(4) 构图完整，制作细致，渲染输出整体效果好。

(5) 保存一个项目源文件，对完成的文件命名，并规范保存。

【制作过程】

第一部分　茶几和凳子材质

步骤 1　打开"茶几.max"源文件，如图 2.1.2 所示。

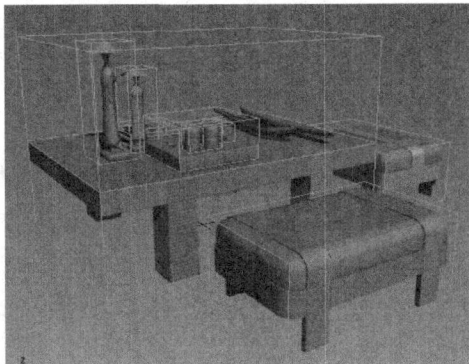

图 2.1.2　茶几源文件

步骤 2　按 M 键打开材质编辑器，选择第 1 个材质球并命名为"胡桃木"，将其高光
级别设为 60，光泽度设为 30，漫反射颜色贴图类型设为"胡桃木.jpg"，因为胡桃木图片右
下角贴有商标，需要在"漫反射颜色"位图参数卷展栏中，单击"查看图像"按钮，重新
框选图片，单击"应用"复选框去掉商标，将漫反射贴图类型拖放到凹凸贴图按钮处，实
例复制该贴图，将"胡桃木"材质赋给茶几的四条腿，如图 2.1.3 所示。

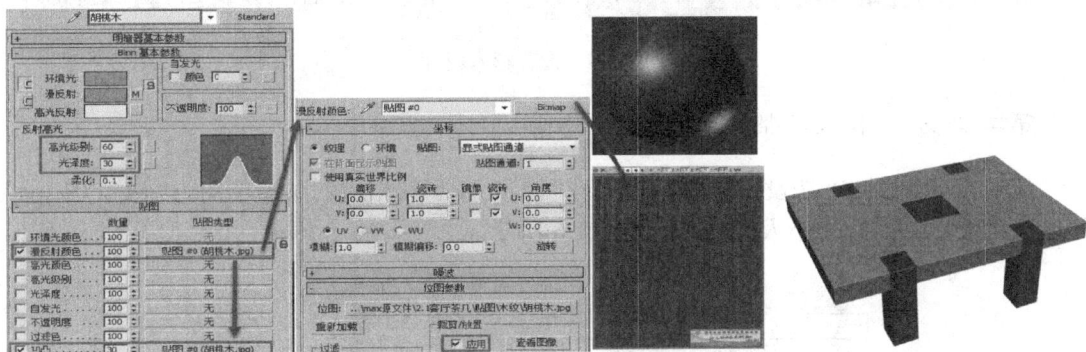

图 2.1.3　设置胡桃木材质

步骤 3　选择第 2 个材质球，将其命名为"黄柚木"，按与上一步相同的方法将"黄柚
木.jpg"图片设置为漫反射颜色贴图类型和凹凸贴图，将"黄柚木"材质赋给茶几的桌面，
如图 2.1.4 所示。

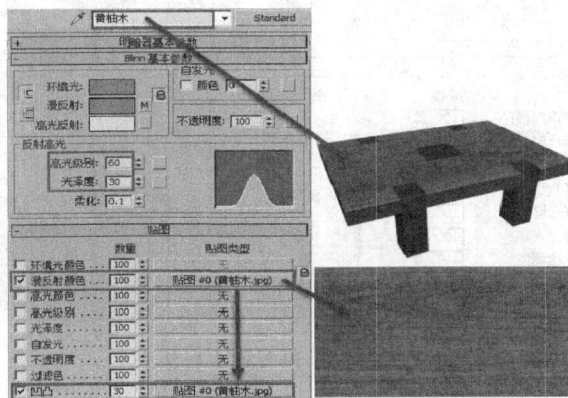

图 2.1.4　设置黄柚木材质

步骤 4　以相同方法设置第 3 个材质球"杉木 01"和第 4 个材质球"杉木 02"，相应的贴图分别为"杉木 01.jpg"和"杉木 02.jpg"，并将"杉木 01"材质赋给茶几边凳子的凳面，"杉木 02"材质赋给凳子的边框，如图 2.1.5 所示。

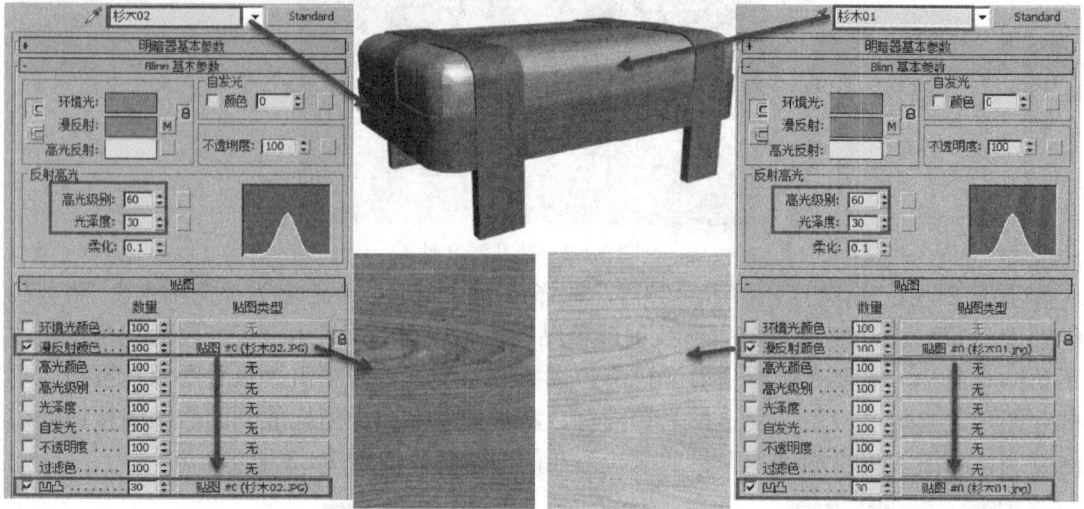

图 2.1.5　设置杉木材质

第二部分　木人及茶托材质

步骤 1　以相同方法设置第 5 个材质球"橡木 01"，其相应的贴图位图为"橡木 01.jpg"，并将该材质赋给茶几上小人摆件，如图 2.1.6 所示。

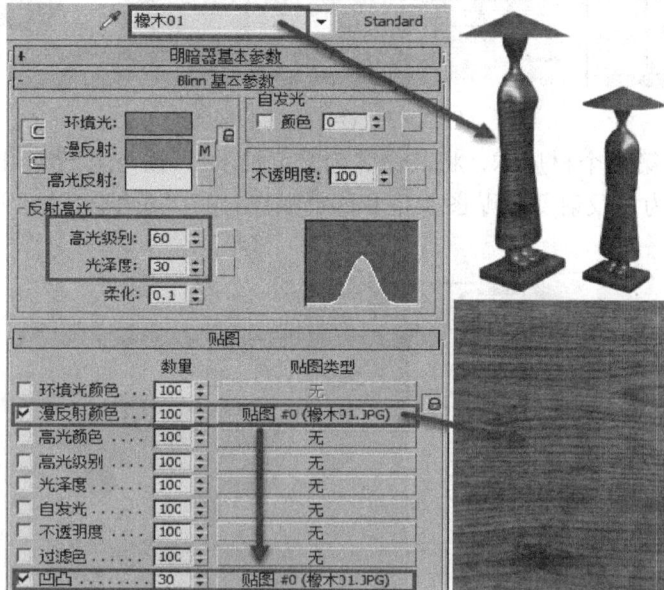

图 2.1.6　设置橡木材质

步骤 2　选择第 6 个材质球并将其命名为"竹制品"，将其高光级别设为 45，光泽度设为 20，漫反射颜色贴图类型设为"竹席.jpg"，设置位图坐标瓷砖为"U：1.0，V：2.0"，并把漫反射贴图位图实例复制给凹凸贴图，并将该材质赋给茶几上的茶杯垫，如图 2.1.7 所示。

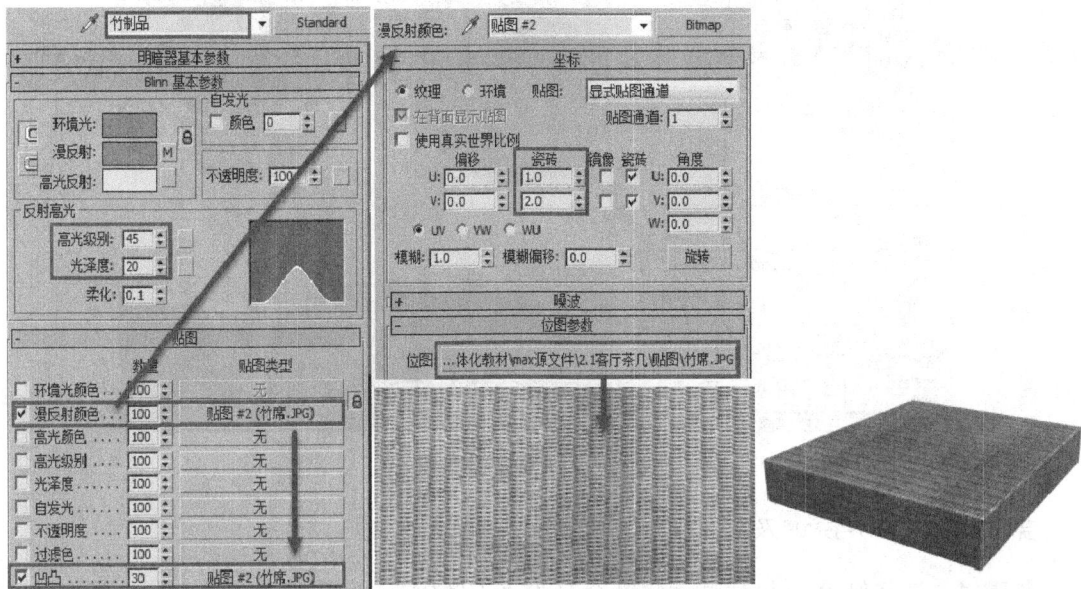

图 2.1.7 设置竹制品材质

第三部分 陶瓷及咖啡材质

步骤 1 选择第 7 个材质球并将其命名为"陶瓷"，将其高光级别设为 100，光泽度设为 90，反射贴图设为"Falloff(衰减)"，衰减类型设为"Fresnel"，环境贴图设为位图"环境背景.hdr"，如图 2.1.8 所示。

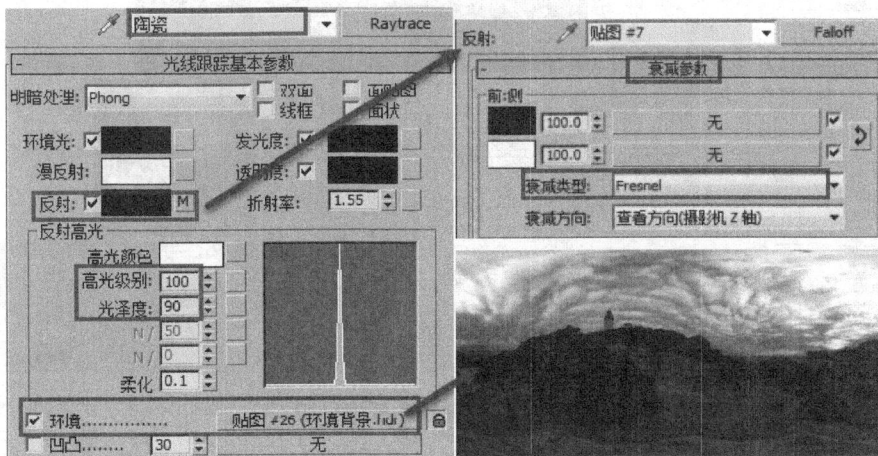

图 2.1.8 设置陶瓷材质

步骤 2 选择第 8 个材质球并将其命名为"咖啡"，将其高光级别和光泽度设为 0，漫反射颜色贴图设为位图"咖啡.bmp"，反射贴图设为位图"环境背景.hdr"，反射数量设为 40，将该材质赋给茶杯里的平面，如图 2.1.9 所示。

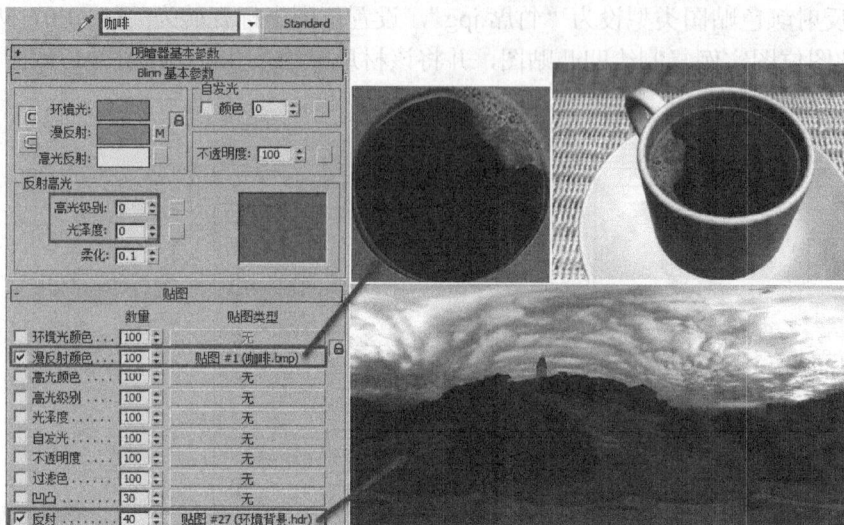

图 2.1.9　设置咖啡材质

第四部分　不锈钢及铝材质

步骤 1　选择第 9 个材质球并将其命名为"不锈钢"，将其明暗器设为"金属"，漫反射颜色设为"白色"，高光级别设为 120，光泽度设为 75，反射贴图设为位图"环境背景.hdr"，反射坐标设为"球形环境"，将该材质赋给场景中的 2 个铁勺，如图 2.1.10 所示。

图 2.1.10　设置不锈钢材质

步骤 2　选择第 10 个材质球并将其命名为"铝制品"，其材质为 Raytrace 光线跟踪复合材质，明暗处理器为"Phong"，漫反射颜色为"白色"，高光级别为 120，光泽度为 25，反射贴图为"Mix(混合)"，颜色#2 为深灰色(RGB(60, 60, 60))，混合量贴图为"Falloff(衰减)"，衰减类型为"Fresnel"；环境贴图位图为"环境背景.hdr"，凹凸贴图为"Noise(噪波)"，噪波类型为"规则"，大小为 1。将该材质赋给茶勺，如图 2.1.11 所示。

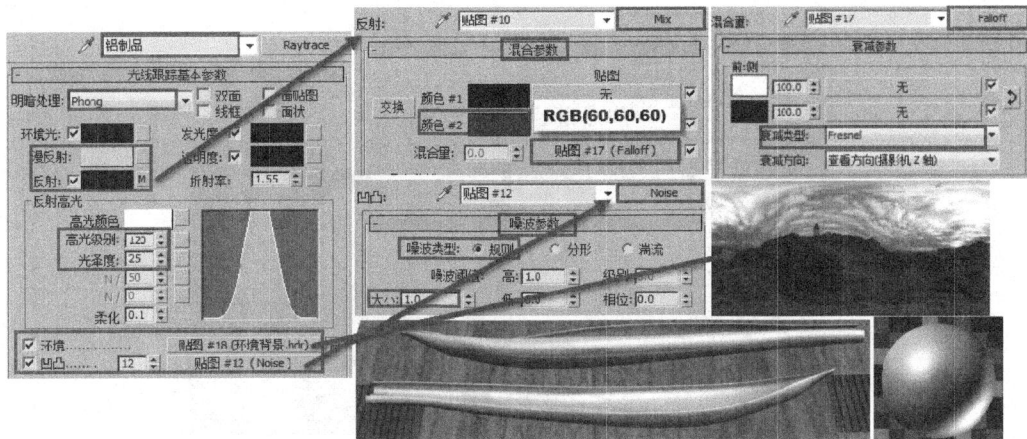

图 2.1.11 设置铝制品材质

第五部分 寿司及蜡烛材质

步骤 1 选择第 11 个材质球并将其命名为 "寿司"，其材质为多维/子对象复合材质，ID1 为 "紫菜"，ID2 为 "饭"。紫菜子材质漫反射颜色为 "黑色"，高光级别为 65，光泽度为 15；饭子材质高光级别和光泽度为 0，漫反射贴图为 "Cellular(细胞)"，其细胞颜色为 "白色"，分界颜色为白色和橙色(RGB(255，72，0))，细胞特性为圆形，大小为 1。将该材质赋给场景中的寿司，如图 2.1.12 所示。

步骤 2 将多维/子对象材质赋给寿司时，必须要设置其相应的 ID 面，选择场景中的"寿司 01"，按数字键 4 激活多边形选择模式，框选寿司的所有面将其设置为 ID1，将主工具栏中的区域选择按钮改为 "圆形选择区域" ◯，激活 "窗口/交叉" 按钮 ▣，将视口切换到顶视图，框选寿司的中心部分，将其设置为 ID2，设置完 2 个 ID 区域后，取消多边形选择模式，如图 2.1.13 所示。

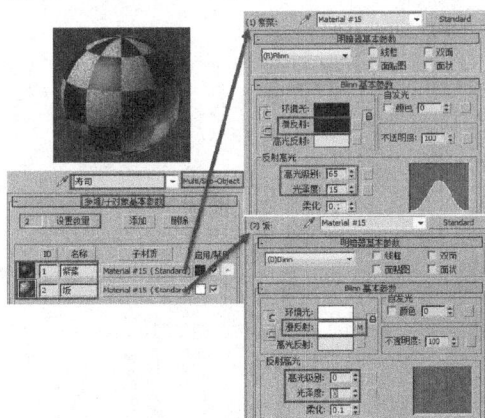

图 2.1.12 设置寿司材质

图 2.1.13 给寿司赋材质

步骤 3 选择第 12 个材质球并将其命名为 "蜡烛"，将其明暗器设置为 "半透明明暗器"，漫反射颜色设为 "白色"，高光级别设为 80，光泽度设为 37，自发光贴图设为 "Falloff(衰减)"，衰减类型设为 "朝向/背离"，将材质赋给场景中的蜡烛，如图 2.1.14 所示。

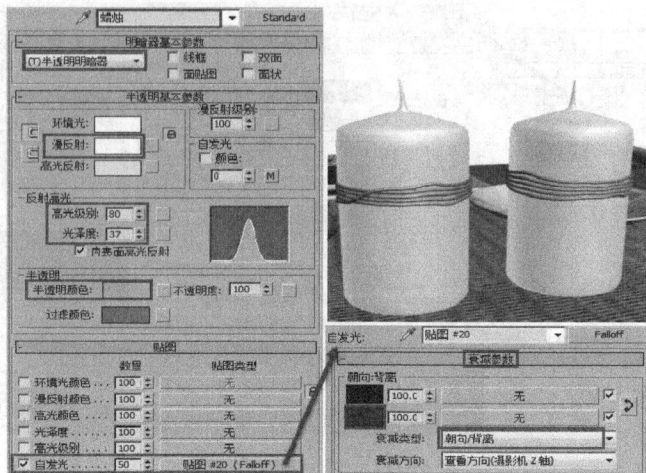

图 2.1.14　设置蜡烛材质

第六部分　渲染输出

在场景中任意位置添加一盏天光，启用阴影，按 F9 键快速渲染透视图，客厅茶几效果如图 2.1.15 所示。

图 2.1.15　茶几效果图

★★★
拓展案例　完成塔楼 3D 模型材质

根据图 2.1.16 所示的塔楼 3D 模型和贴图素材，完成模型材质。

图 2.1.16　塔楼参考图

操作要求:

(1) 渲染出两张以上该模型的透视图图片,导出格式为 JPEG。

(2) 图片长宽为 720×576,分辨率为 150,对完成的文件命名,并规范保存。

(3) 模型 UV 编辑准确,材质搭配合理,模型的材质、凹凸表现得当,制作细致,整体效果好。

(4) 构图完整,制作细致,渲染输出整体效果好。

(5) 保存一个项目源文件,对完成的文件命名,并规范保存。

2.1 习题　　　　　　　　2.1 实验

2.2　香　蕉

根据图 2.2.1 所示的香蕉 3D 模型和贴图素材,完成场景材质。

图 2.2.1　香蕉参考图

2.2 香蕉

【设计要求】

(1) 渲染出两张以上该模型的透视图图片,导出格式为 JPEG。

(2) 图片长宽为 720×576,分辨率为 150,对完成的文件命名,并规范保存。

(3) 模型 UV 编辑准确,材质搭配合理,模型的材质、凹凸表现得当,制作细致,整体效果好。

(4) 构图完整,制作细致,渲染输出整体效果好。

(5) 保存一个项目源文件,对完成的文件命名,并规范保存。

【制作过程】

第一部分　创建灯光

步骤 1　打开"香蕉.max"文件,场景中有地面、香蕉 01、香蕉 02、香蕉 03 四个物体,如图 2.2.2 所示。

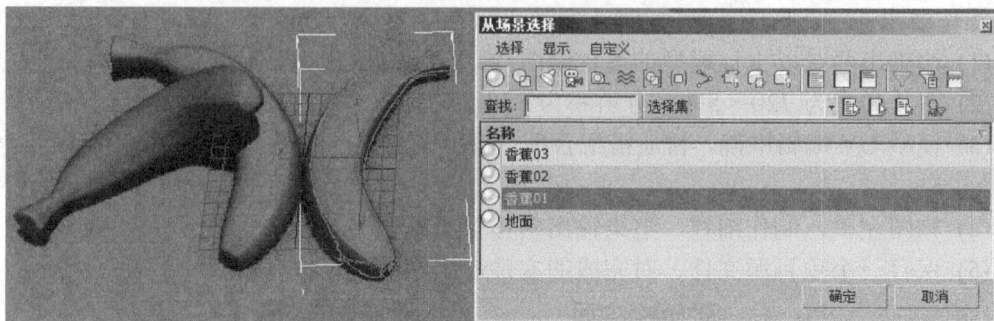

图 2.2.2　香蕉源文件

步骤 2　在场景中任意位置创建一盏天光，如图 2.2.3 所示。

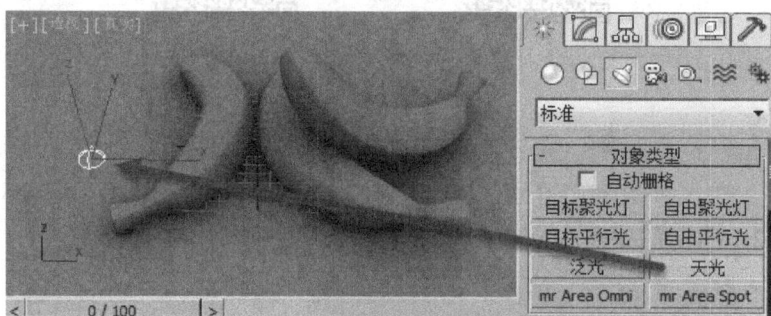

图 2.2.3　创建天光

步骤 3　按 F10 键进入"渲染设置"对话框，单击"高级照明"选项卡，在选择高级照明列表框中选择"光跟踪器"，在参数的常规设置中启用"天光"，如图 2.2.4 所示。

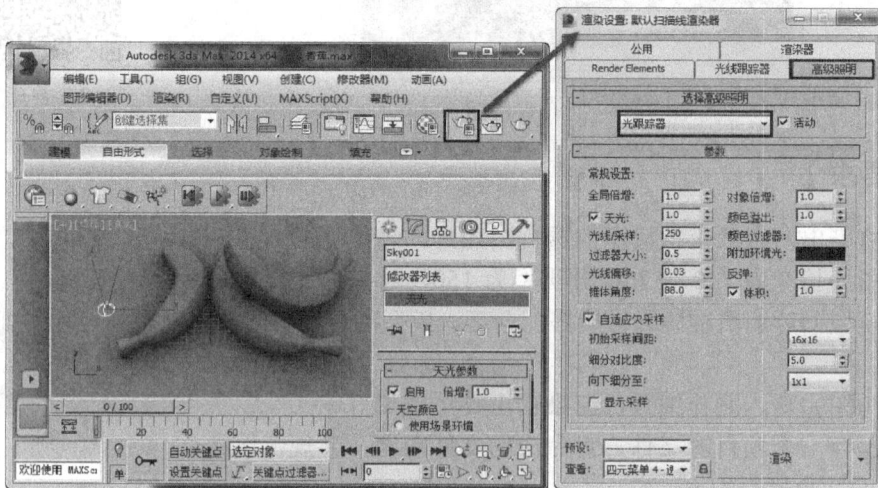

图 2.2.4　设置渲染参数

第二部分　设置香蕉材质

步骤 1　按 M 键进入材质编辑器，选择一个未使用过的材质球，单击"Standard"(标准)"按钮，在"材质/贴图浏览器"对话框中选择"混合"复合材质，如图 2.2.5 所示。

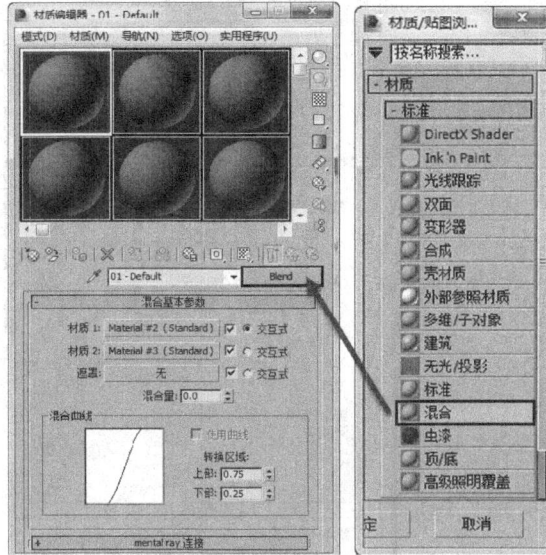

图 2.2.5　选择混合复合材质

步骤 2　将混合复合材质的材质 1 漫反射贴图设为"Banana.jpg"，材质 2 漫反射贴图设为"BananaMark.jpg"，并将材质 2 设置为交互式，遮罩贴图设为"heta.jpg"，如图 2.2.6所示。

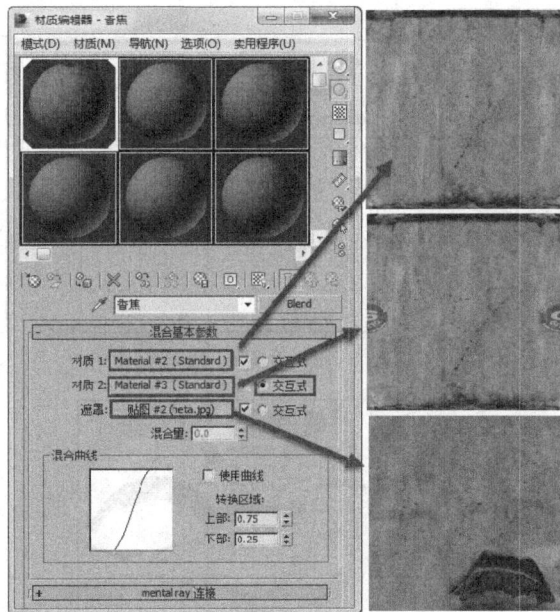

图 2.2.6　设置混合材质

步骤 3　按数字键 0 打开"渲染到纹理"对话框，展开"常规设置"面板，设置输出路径为桌面，在烘焙对象展开面板中，按名称选择场景中的地面、香蕉 01、香蕉 02、香蕉03 四个物体，在"输出"面板中添加 CompleteMap 元素，目标贴图位置设为漫反射颜色，使用自动贴图大小为 512×512，单击"渲染"按钮，自动烘焙场景中四个物体的贴图，如图 2.2.7 所示。

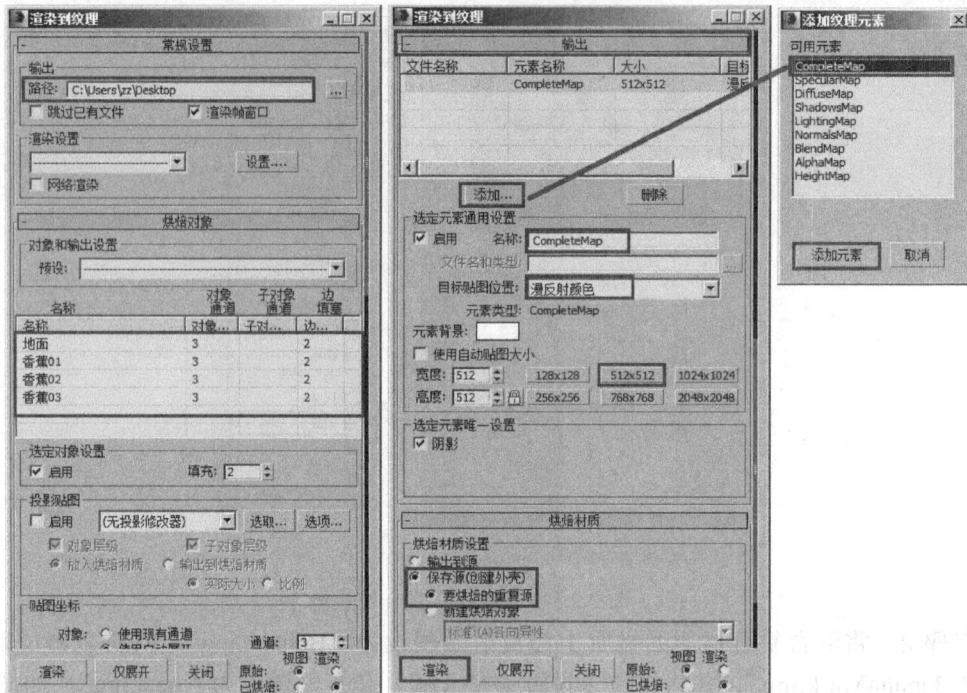

(a) "渲染到纹理"对话框

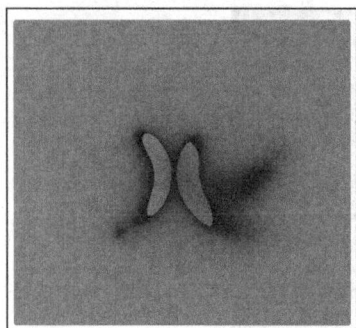

(b) 地面烘焙材质

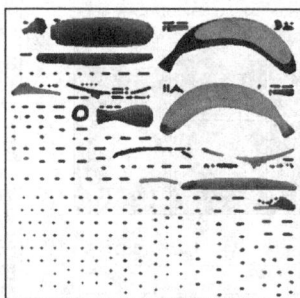

(c) 香蕉 01 烘焙材质

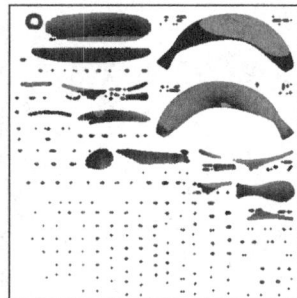

(d) 香蕉 02 烘焙材质

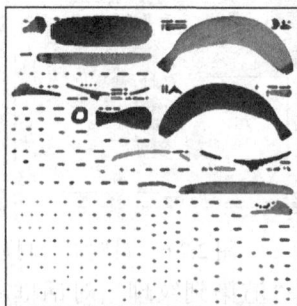

(e) 香蕉 03 烘焙材质

图 2.2.7　烘焙香蕉、地面材质

步骤 4　材质烘焙完成后，再次打开材质编辑器，选择一个未使用过的材质球，单击

"从对象拾取材质"按钮 ![pen]，在场景中单击"香蕉 01"，将"壳材质参数"渲染参数设置为"烘焙材质"，即可将"香蕉 01"的材质改为烘焙后的材质贴图，该贴图带高光和投影等效果，"香蕉 02"、"香蕉 03"、"地面"等材质也按相同方法赋予相应物体，如图 2.2.8 所示。

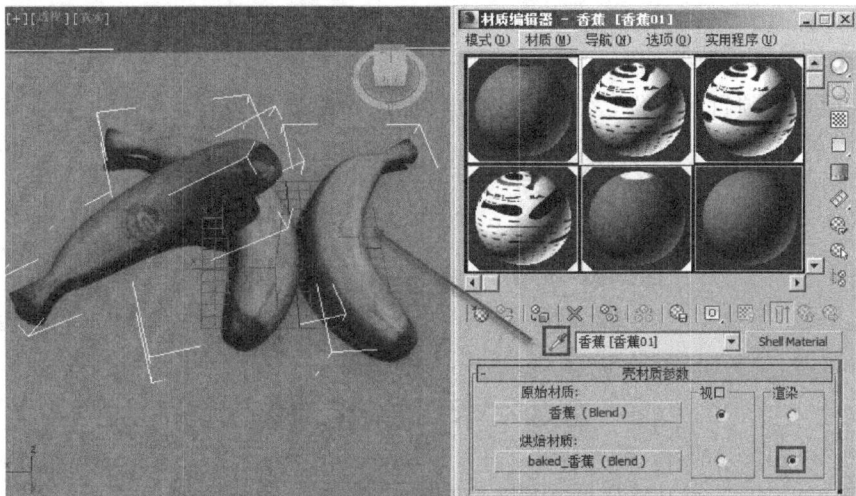

图 2.2.8　赋材质给香蕉

步骤 5　删除天光，按 F9 键渲染透视图，效果如图 2.2.9 所示。

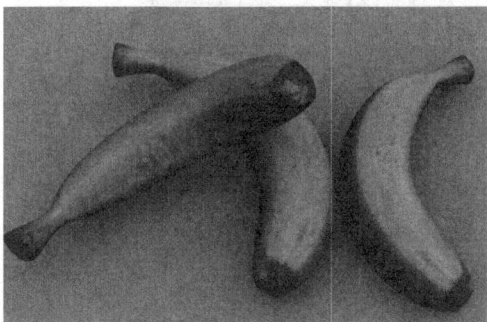

图 2.2.9　香蕉效果图

拓展案例　完成蝴蝶 3D 模型材质

根据图 2.2.10 所示的蝴蝶 3D 模型和贴图素材，完成模型材质。

图 2.2.10　蝴蝶参考图

操作要求：

(1) 渲染出两张以上该模型的透视图图片，导出格式为 JPEG。

(2) 图片长宽为 720×576，分辨率为 150，对完成的文件命名，并规范保存。

(3) 模型 UV 编辑准确，材质搭配合理，模型的材质、凹凸表现得当，制作细致，整体效果好。

(4) 构图完整，制作细致，渲染输出整体效果好。

(5) 保存一个项目源文件，对完成的文件命名，并规范保存。

2.2 习题　　　　　　　　　2.2 实验

2.3　卡　通　娃　娃

根据图 2.3.1 所示的卡通娃娃 3D 模型和贴图素材，完成模型材质。

图 2.3.1　卡通娃娃参考图

2.3 卡通娃娃

【设计要求】

(1) 渲染出两张以上该模型的透视图图片，导出格式为 JPEG。

(2) 图片长宽为 720×576，分辨率为 150，对完成的文件命名，并规范保存。

(3) 模型 UV 编辑准确，材质搭配合理，模型的材质、凹凸表现得当，制作细致，整体效果好。

(4) 构图完整，制作细致，渲染输出整体效果好。

(5) 保存一个项目源文件，对完成的文件命名，并规范保存。

【制作过程】

第一部分　金属材质

步骤 1　打开"卡通娃娃.max"源文件，场景中物体未被赋予任何材质，如图 2.3.2 所示。

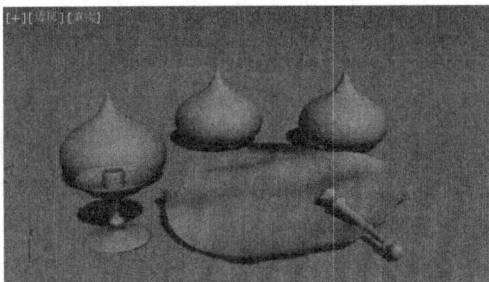

图 2.3.2 卡通娃娃源文件

步骤 2 按 M 键进入材质编辑器，选择第 1 个材质球，将其命名为"黄金"，并将其明暗器设置为"金属"，环境光颜色设为"黄色 RGB(255，221，0)"，漫反射颜色设为"橙色 RGB(198，121，0)"，高光级别设为 100，光泽度设为 80，反射贴图设为"CHROMIC.JPG"，设置模糊偏移值为 0.2，将该材质赋给场景中的灯盏和金属棒，如图 2.3.3 所示。

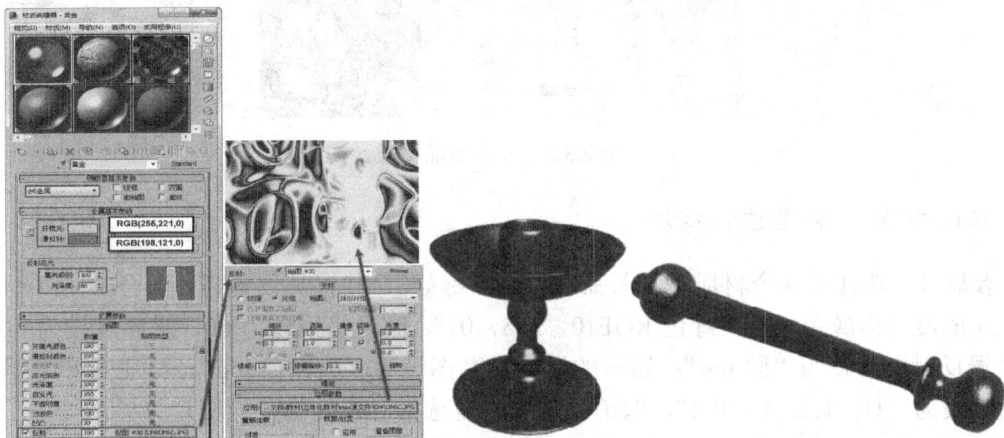

图 2.3.3 设置黄金材质

第二部分 地图双面材质

选择第 2 个材质球将其命名为"地图"，并将其设置为"双面复合材质"，正面材质的漫反射贴图设为"藏宝图正面.jpg"，背面材质的漫反射贴图设为"藏宝图反面.jpg"，并将该材质赋给场景中的地图，如图 2.3.4 所示。

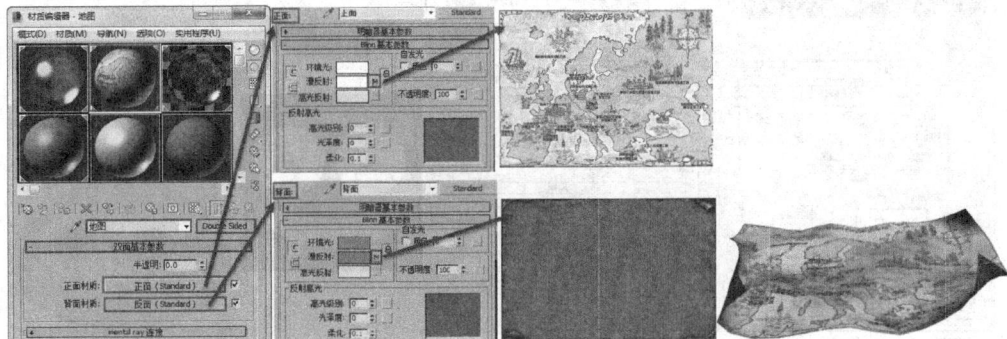

图 2.3.4 设置地图材质

第三部分　玻璃材质

选择第 3 个材质球将其命名为"水晶",并将其设置为"光线跟踪(Raytrace)材质",明暗处理器设置为"金属",环境光、漫反射、反射和发光度都设置为"黑色",透明度设为"白色",折射率设为 1.7,高光级别设为 200,光泽度设为 80,反射贴图位图设为"丝绸.jpg",模糊偏移设为 0.2,凹凸贴图设为"噪波(Noise)",噪波类型设为"规则",大小设为 1,将该材质赋给场景中的金属棒前的水晶球,如图 2.3.5 所示。

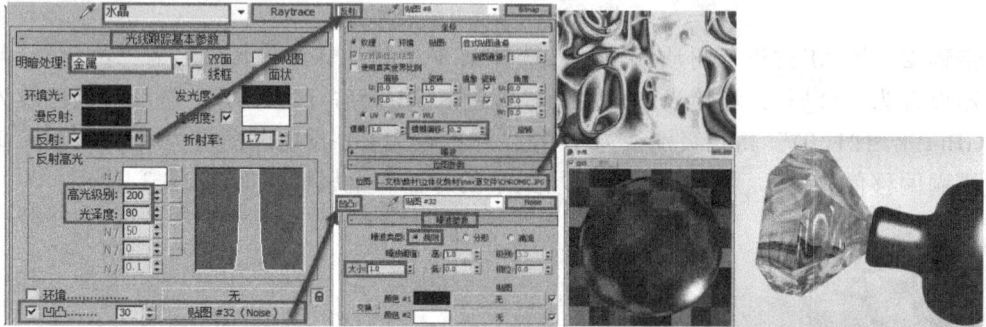

图 2.3.5　设置水晶材质

第四部分　卡通娃娃材质

步骤 1　选择第 4 个材质球将其命名设为"绿娃",并将其设置为"混合(Blend)材质",材质 1 的漫反射颜色设为"绿色 RGB(0,255,0)",高光级别设为 60,光泽度设为 30;材质 2 漫反射贴图设为"脸.jpg";遮罩的漫反射贴图设为"脸黑白.jpg",材质 2 和遮罩的坐标偏移设为"U:1.2,V:0.2",取消勾选瓷砖复选框,使娃娃脸的图片只显示一个,将该材质赋予左侧第一个球形体,并且利用娃娃脸的贴图设置坐标偏移转至相应位置,如图 2.3.6所示。

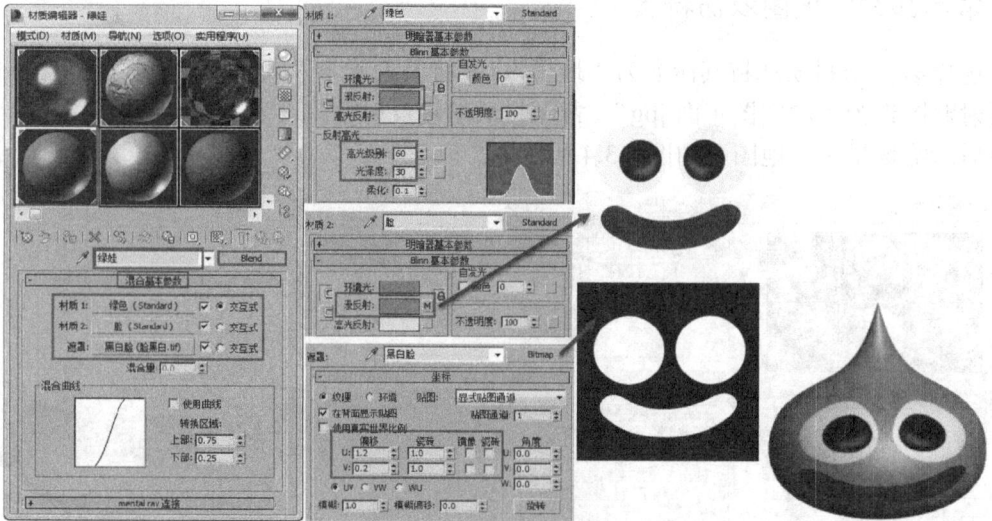

图 2.3.6　设置绿娃材质

步骤 2 以相应方式设置第 5 和第 6 个材质球,分别命名为"黄娃"和"橙娃"的材质,并赋给场景中的黄娃娃和橙娃娃,如图 2.3.7 所示。

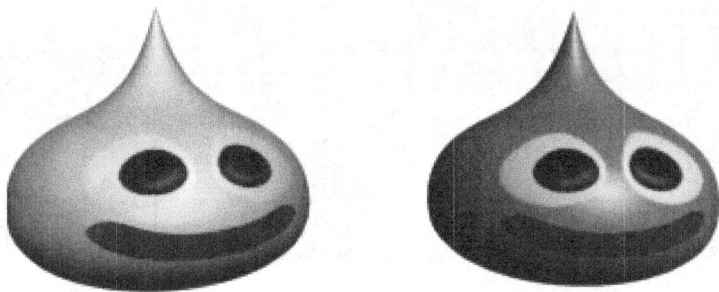

图 2.3.7 设置"黄娃"和"橙娃"的材质

第五部分 地面材质

选择第 7 个材质球将其命名为"地面",并将其高光级别设为 60,光泽度设为 30,漫反射颜色的贴图类型设为"平铺(Tiles)",图案设置为"连续砌合",展开设为"高级控制",平铺设置纹理设置为"地面.jpg",将地面的平铺瓷砖设置为 1.5,砖缝纹理颜色设置为"黑色",水平间距和垂直间距设置为 0.3。返回父级,将漫反射的平铺贴图拖放到凹凸贴图上,将应用设为"实例",凹凸值设为 30;反射贴图类型设为"光线跟踪(Raytrace)",反射数量设为 12,将地面材质赋给场景中的地面,如图 2.3.8 所示。

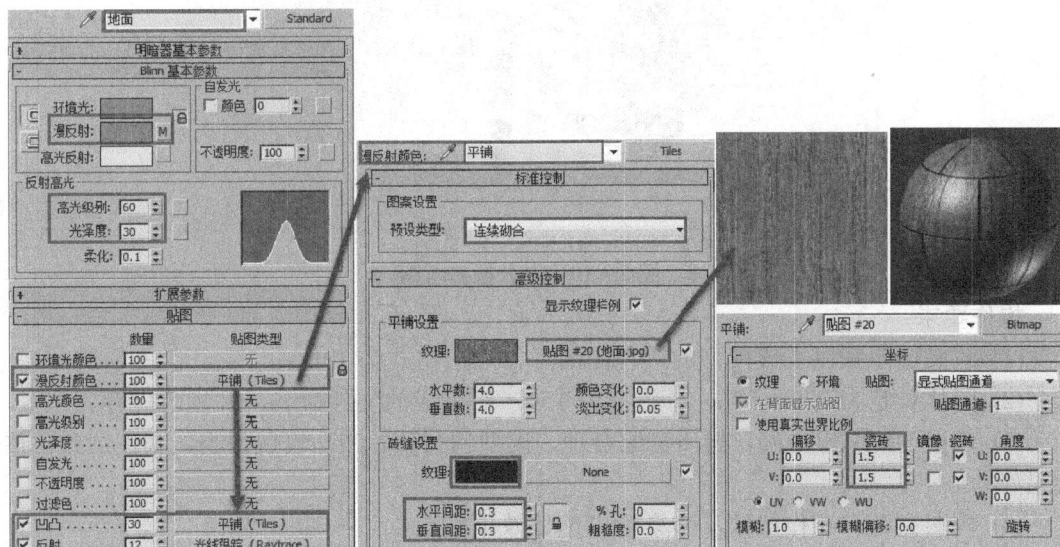

图 2.3.8 设置地面材质

第六部分 渲染输出

创建三盏泛光灯,将其中一盏启用投影作为主光源,另两盏作为辅光源,将倍增设置为 0.3,按 F9 键渲染透视图,如图 2.3.9 所示。

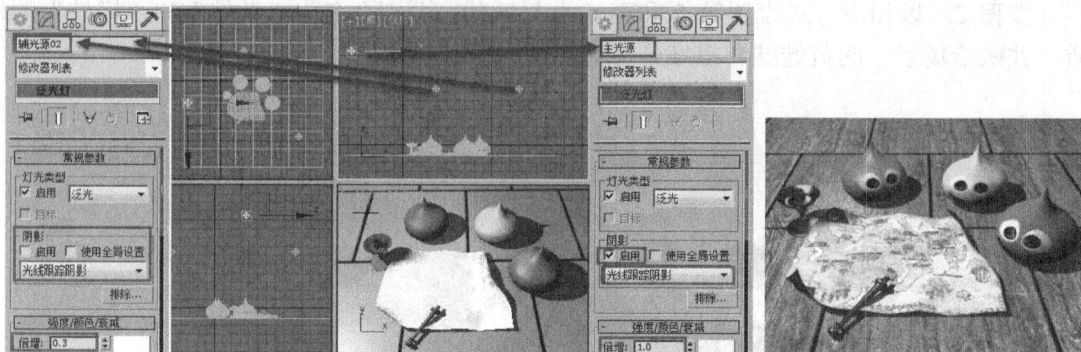

图 2.3.9　创建泛光灯

拓展案例　完成办公楼 3D 模型材质

根据图 2.3.10 所示的办公楼 3D 模型和贴图素材，完成模型材质。

图 2.3.10　办公楼参考图

操作要求：

(1) 渲染出两张以上该模型的透视图图片，导出格式为 JPEG。

(2) 图片长宽为 720×576，分辨率为 150，对完成的文件命名，并规范保存。

(3) 模型 UV 编辑准确，材质搭配合理，模型的材质、凹凸表现得当，制作细致，整体效果好。

(4) 构图完整，制作细致，渲染输出整体效果好。

(5) 保存一个项目源文件，对完成的文件命名，并规范保存。

2.3 习题　　　　　　　　　　　　　2.3 实验

2.4 护 肤 品

根据图 2.4.1 所示的护肤品 3D 模型和贴图素材，完成场景材质。

图 2.4.1 护肤品参考图

【设计要求】

(1) 渲染出两张以上该模型的透视图图片，导出格式为 JPEG。

(2) 图片长宽为 720 × 576，分辨率为 150，对完成的文件命名，并规范保存。

(3) 模型 UV 编辑准确，材质搭配合理，模型的材质、凹凸表现得当，制作细致，整体效果好。

(4) 构图完整，制作细致，渲染输出整体效果好。

(5) 保存一个项目源文件，对完成的文件命名，并规范保存。

第一部分 关于 HDR 贴图在 VR 中的使用

HDR 即高动态范围，全称是 High Dynamic Range，可产生超越普通光照的颜色和强度的光照。一般计算机在表示图像的时候是用 8 bit(256)级或 16 bit(65 536)级来区分图像的亮度的，超过这个范围时就需要用到 HDR 贴图。

步骤 1 打开 VR，然后建立一个简单的场景创建两个球体，半径均为 35，如图 2.4.2 所示。

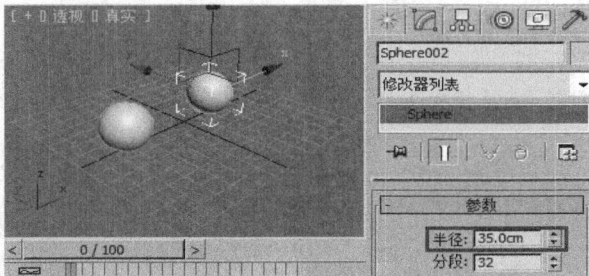

图 2.4.2 创建两个球体

步骤 2 创建一个绿色的平面，如图 2.4.3 所示。

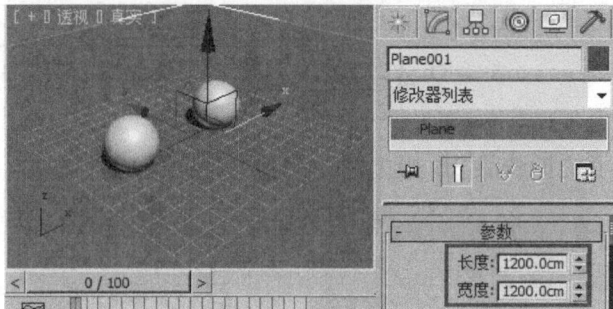

图 2.4.3　创建平面

　　步骤 3　用 VR 设置两个简单的材质，一个是玻璃，由于玻璃是透明的，所以将其设置为"折射"，颜色设为"浅色"，可将细分设置到 10 以上；一个是金属，金属材质具有反射特性，应将反射颜色设置为"浅色"，调整高光光泽度和反射光泽度为 0.8，启用彩色背景，可以观察玻璃和金属材质的效果，如图 2.4.4 所示。

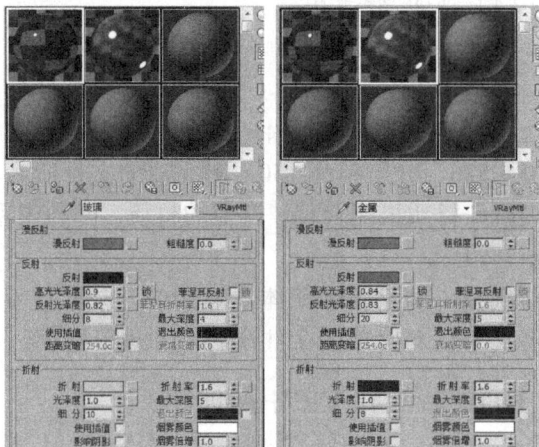

图 2.4.4　玻璃和金属材质的设置方法

　　步骤 4　单击"渲染设置"按钮，在"公用"选项卡中的"指定渲染器"中选择"V-Ray Adv 2.10.01"，在"VR_基项"选项卡中取消"隐藏灯光"复选框，如图 2.4.5 所示。

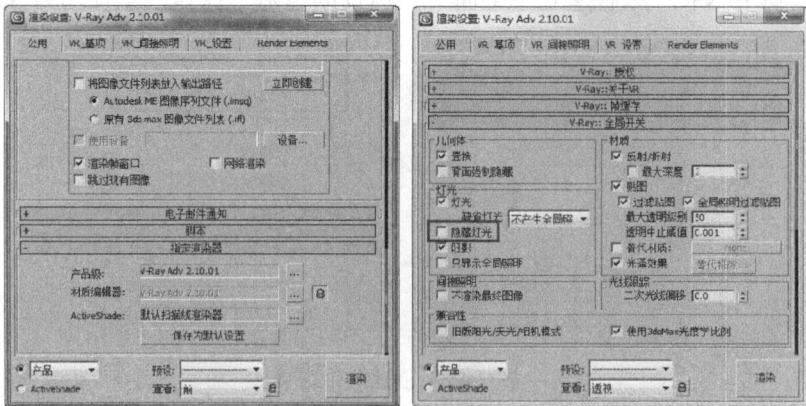

图 2.4.5　选择 VRay 渲染器并隐藏灯光

步骤 5　展开"V-Ray::环境"卷展栏，勾选"全局照明环境(天光)覆盖"和"反射/折射环境覆盖"复选框，设置其材质为"VR_HDRI"，如图 2.4.6 所示。

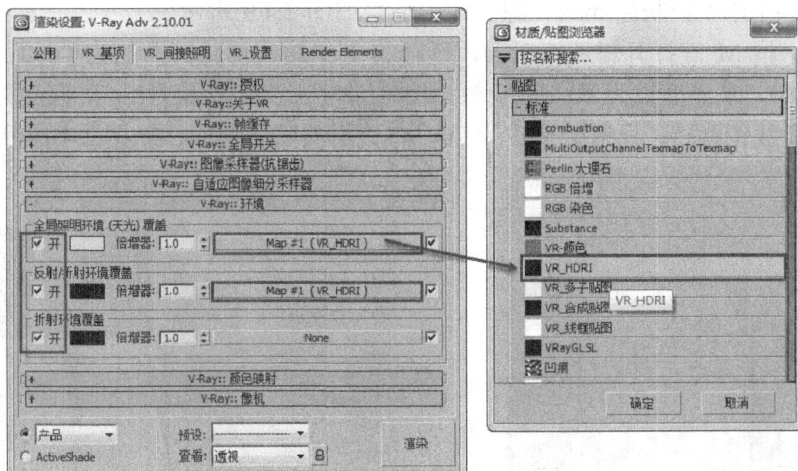

图 2.4.6　设置环境贴图为 VR_HDRI

步骤 6　将 VR_HDRI 环境贴图拖至一个未使用过的材质球，采用实例复制的方式复制。选择天空、道路、夜景等作为环境贴图，如图 2.4.7 所示。

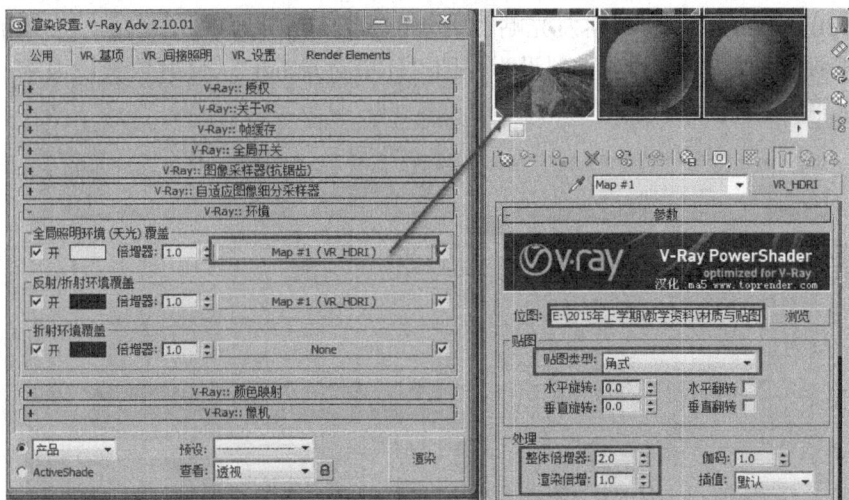

图 2.4.7　设置环境贴图及参数

步骤 7　天空和夜景环境贴图的效果图如图 2.4.8 所示。

天空环境　　　　　　　　　　　　　　　　　　　　夜景环境

图 2.4.8　天空和夜景环境效果图

第二部分　护肤品材质制作过程

步骤 1　打开"护肤品.max"源文件，场景如图 2.4.9 所示。

步骤 2　按 M 键打开材质编辑器，选择第 1 个材质球将其命名为"地面"，并将其高光级别设为 80，光泽度设为 60，漫反射贴图位图设为"桌面木头.jpg"，反射贴图类型设为"Raytrace(光线跟踪)"，反射数量设为 20，将该材质赋给地面，如图 2.4.10 所示。

图 2.4.9　护肤品源文件　　　　　　图 2.4.10　制作地面材质

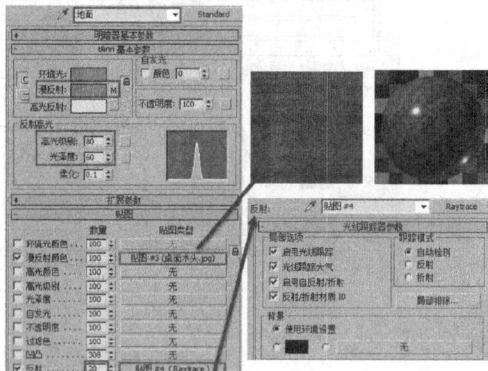

步骤 3　选择第 2 个材质球将其命名为"金属"，并将其明暗器设置为"金属"，高光级别设为 120，光泽度设为 75，自发光贴图类型设为"Falloff(衰减)"，衰减类型设为"Fresnel"，自发光数量设为 80；反射贴图类型设为位图"环境背景.hdr"，反射数量设为 45，将该材质赋给护肤品瓶盖的金属环，如图 2.4.11 所示。

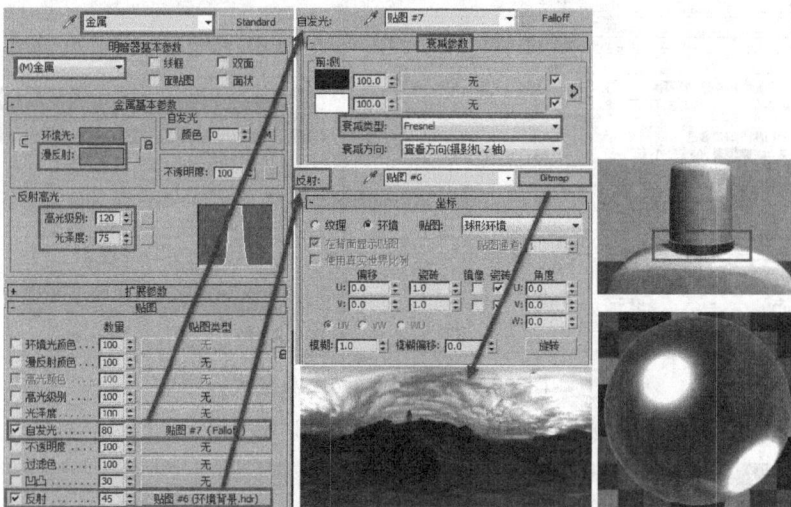

图 2.4.11　制作金属材质

步骤 4　选择第 3 个材质球将其命名为"瓶"，将其材质设置为"多维/子对象复合材质"，设置 ID 数为 2，ID1 为"瓶体"，将其材质设置为"光线跟踪材质"，漫反射设为"白色"，高光级别设为 215，光泽度设为 85，环境贴图设为位图"环境背景.hdr"，反射贴图设为"衰减"，衰减类型设为"Fresnel"；将 ID1"瓶体"材质复制到 ID2"商标"材质上，将漫反射贴图类型设置为位图"商标.psd"，将该材质赋给护肤瓶的瓶盖和瓶身，如图 2.4.12 所示。

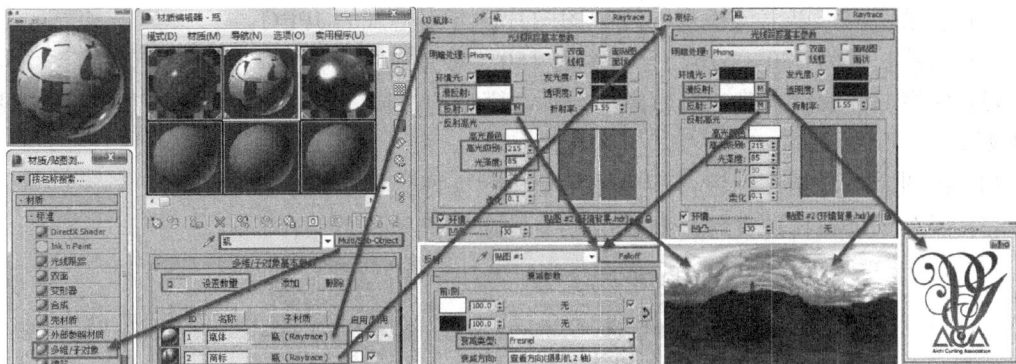

图 2.4.12　制作瓶材质

步骤 5　选择瓶体，按数字键 4 激活"多边形"模式，框选瓶身贴商标的面，将其 ID 设置为 2，再取消多边形激活状态，可以预览商标显示在瓶身上的效果图，如图 2.4.13 所示。

步骤 6　在顶视图创建一盏泛光灯，调整泛光灯的位置，启用灯光阴影，设置为"区域阴影"，衰退类型设为"平方反比"，开始数值设为 1500，使泛光灯显示球形光圈，如图 2.4.14 所示。

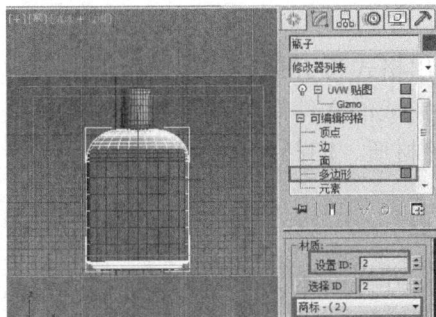

图 2.4.13　设置瓶身商标

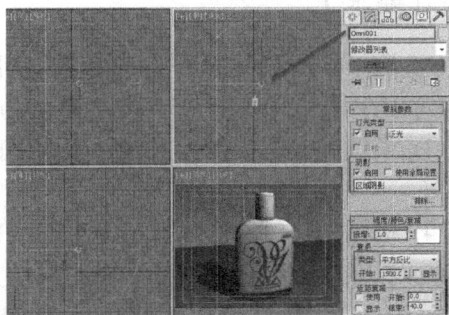

图 2.4.14　创建泛光灯

拓展案例　完成单车 3D 模型材质

根据如图 2.4.15 所示的单车 3D 模型和贴图素材，完成模型材质。

图 2.4.15　单车参考图

操作要求：

(1) 渲染出两张以上该模型的透视图图片，导出格式为 JPEG。

(2) 图片长宽为 720×576，分辨率为 150，对完成的文件命名，并规范保存。

(3) 模型 UV 编辑准确，材质搭配合理，模型的材质、凹凸表现得当，制作细致，整体效果好。

(4) 构图完整，制作细致，渲染输出整体效果好。

(5) 保存一个项目源文件，对完成的文件命名，并规范保存。

2.4 习题　　　　　　　　　　2.4 实验

2.5　斑　点　狗

根据如图 2.5.1 所示的斑点狗 3D 模型和贴图素材，完成场景材质。

【设计要求】

(1) 渲染出两张以上该模型的透视图图片，导出格式为 JPEG。

(2) 图片长宽为 720×576，分辨率为 150，对完成的文件命名，并规范保存。

(3) 模型 uv 编辑准确，材质搭配合理，模型的材质、凹凸表现得当，制作细致，整体效果好。

(4) 构图完整，制作细致，渲染输出整体效果好。

(5) 保存一个项目源文件，对完成的文件命名，并规范保存。

图 2.5.1　斑点狗参考图　　　　　　2.5 斑点狗

第一部分　材质烘焙相关知识

制作一个茶壶，并对其材质进行烘焙。此操作可实现在不创建灯光的情况下，在地面上看到阴影，一般用于游戏场景。

步骤 1 创建一个茶壶和地面的场景，并赋予相关材质，如图 2.5.2 所示。

图 2.5.2 创建茶壶场景

步骤 2 将以下两张贴图分别赋给茶壶和地面，如图 2.5.3 所示。

图 2.5.3 赋材质给物体

步骤 3 将茶壶和地面附加成为一个整体，执行 UVW 编辑，打开"编辑 UVW"窗口，展开贴图，如图 2.5.4 所示。

图 2.5.4 展开贴图

步骤 4 按数字键 0，执行"渲染到纹理"命令，设置渲染通道为 2，添加阴影贴图，将其目标贴图设为"自发光"，渲染大小设为 512 × 512 像素，如图 2.5.5 所示。渲染得到的纹理如图 2.5.6 所示。

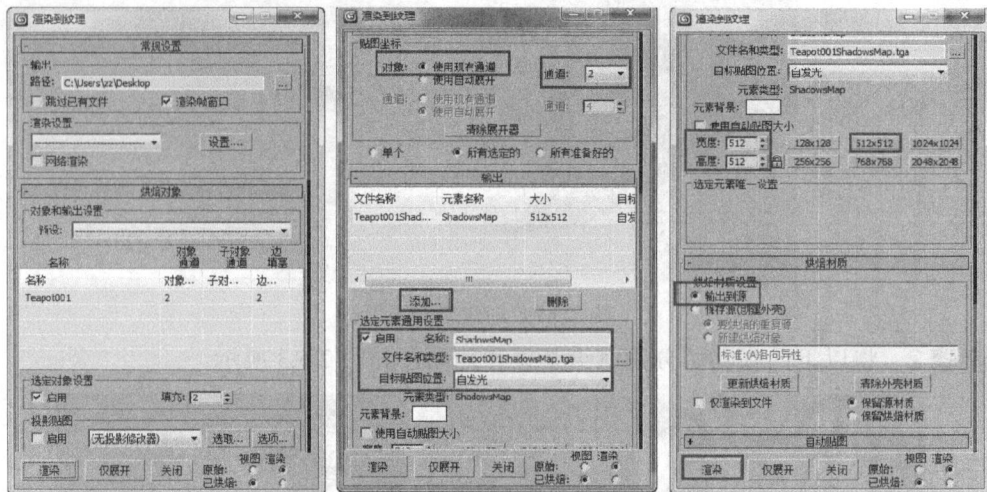

图 2.5.5　渲染阴影贴图到纹理

图 2.5.6　渲染的贴图纹理

步骤 5　保存贴图坐标，塌陷全部命令，将该纹理赋给场景物体，发现纹理全部乱了，如图 2.5.7 所示。

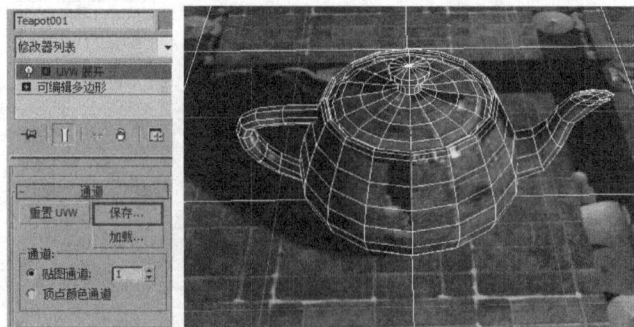

图 2.5.7　赋贴图纹理

步骤 6　重新加载保存的贴图坐标，如图 2.5.8 所示。

图 2.5.8　加载贴图坐标

步骤 7　下载纹理贴图库，如图 2.5.9 所示。

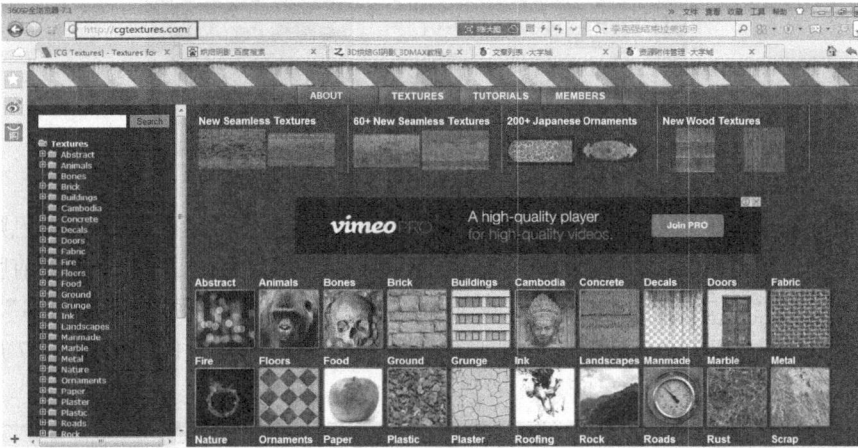

图 2.5.9　纹理网站

第二部分　斑点狗材质制作过程

步骤 1　打开"狗.max"源文件，如图 2.5.10 所示。

步骤 2　按 M 键打开材质编辑器,选择第 1 个材质球将其命名为"狗",单击"Standard(标准)"按钮，在"材质/贴图浏览器"窗口中选择"多维/子对象"，将狗的材质球设置为"多维/子对象复合材质"，将该材质赋给场景中的狗，如图 2.5.11 所示。

图 2.5.10　狗源文件

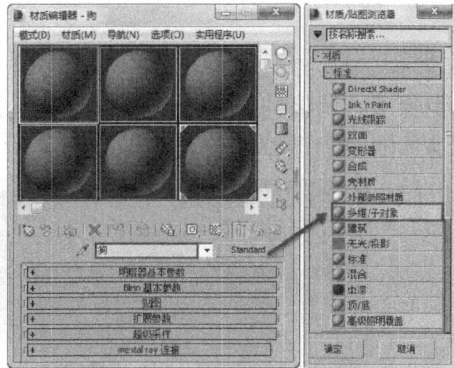

图 2.5.11　选择多维/子对象

步骤 3　在狗的"多维/子对象基本参数"面板中设置其数量为 7，将 ID1 子材质设置为"标准材质"，颜色设置为"橙色"，则场景中狗的后腿变成了橙色，将 ID1 命名为"后腿"；将 ID1 的子材质拖放到 ID2 的子材质上，并将 ID2 命名为"右侧"，颜色改为黄色；按相同的方法分别将 ID3 命名为"前腿"，ID4 命名为"鼻"，ID5 命名为"眼"，ID6 命名为"左侧"，ID7 命名为"爪"，分别给 7 个 ID 设置不同的颜色，则场景中的狗会呈现不同的颜色，如图 2.5.12 所示。

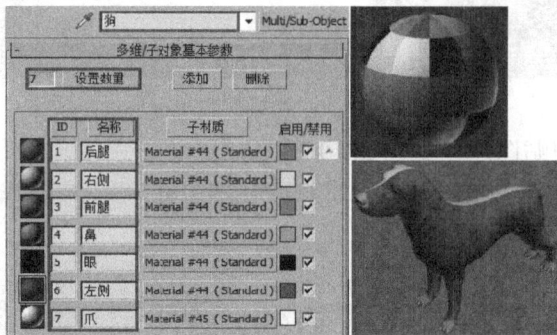

图 2.5.12　设置 7 个 ID 颜色

步骤 4　给狗的各个 ID 的漫反射贴图指定相应位图，ID1 后腿漫反射颜色贴图设为位图"狗_后腿.JPG"，ID2 右侧漫反射颜色贴图设为位图"狗右侧.JPG"，ID3 前腿漫反射颜色贴图设为位图"狗_前腿.JPG"，ID4 鼻漫反射颜色贴图设为位图"狗鼻.JPG"，ID5 眼漫反射颜色设为"黑色"，ID6 左侧漫反射颜色贴图设为位图"狗左侧.JPG"，ID7 爪的漫反射颜色设为"白色"，如图 2.5.13 所示。

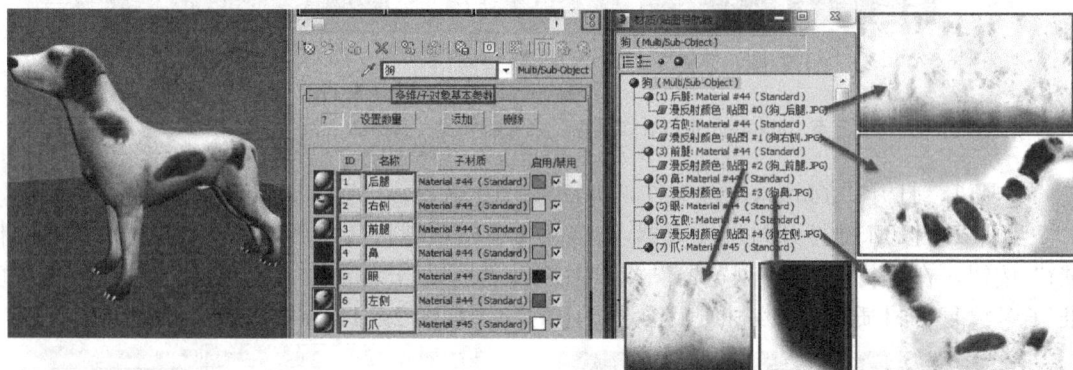

图 2.5.13　设置 7 个 ID 材质

步骤 5　调整狗的左侧和右侧身体漫反射贴图坐标，将角度 W 设置为 90 度，将狗左右侧身体的纹理调整到位，如图 2.5.14 所示。

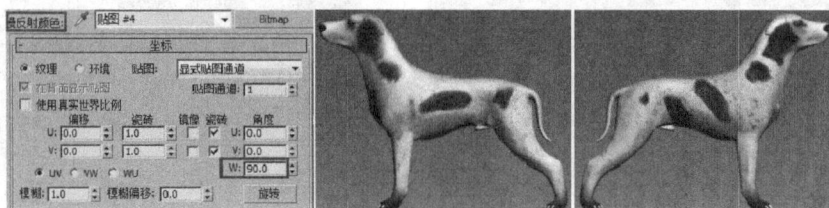

图 2.5.14　调整贴图角度

步骤 6　选择第 2 个材质球将其命名为"地面"，将地面的反射贴图设置为"光线跟踪 (Raytrace)"，数量设为"35"，将该材质赋给场景中的地面，渲染出的效果图中显示出了狗在地面上的倒影，如图 2.5.15 所示。

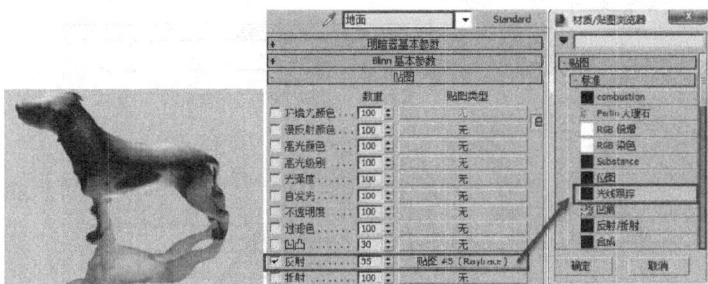

图 2.5.15　设置地面材质

步骤 7　创建一盏泛光灯，启用"阴影"，将倍增设为 1.0，将泛光灯的位置调整到狗的上方，使狗的阴影投射到地面，如图 2.5.16 所示。

图 2.5.16　创建泛光灯

步骤 8　先选择场景中的地面和狗，选择菜单栏的"渲染"→"渲染到纹理"命令，打开"渲染到纹理"窗口，将输出路径改为"F:\"，烘焙对象设为"地面"和"狗"，添加输出元素为"CompleteMap"，设置目标贴图位置为漫反射颜色，像素大小设为"512×512"，单击"渲染"按钮进行渲染，如图 2.5.17 所示。

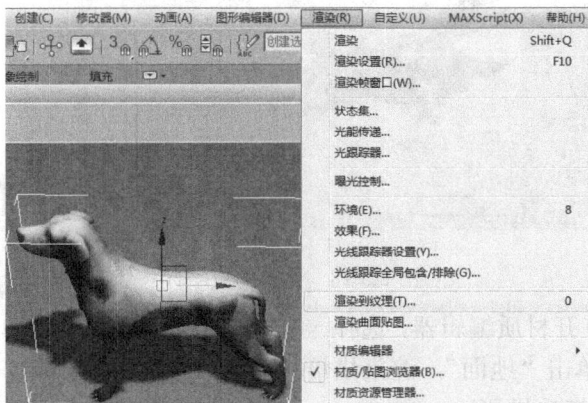

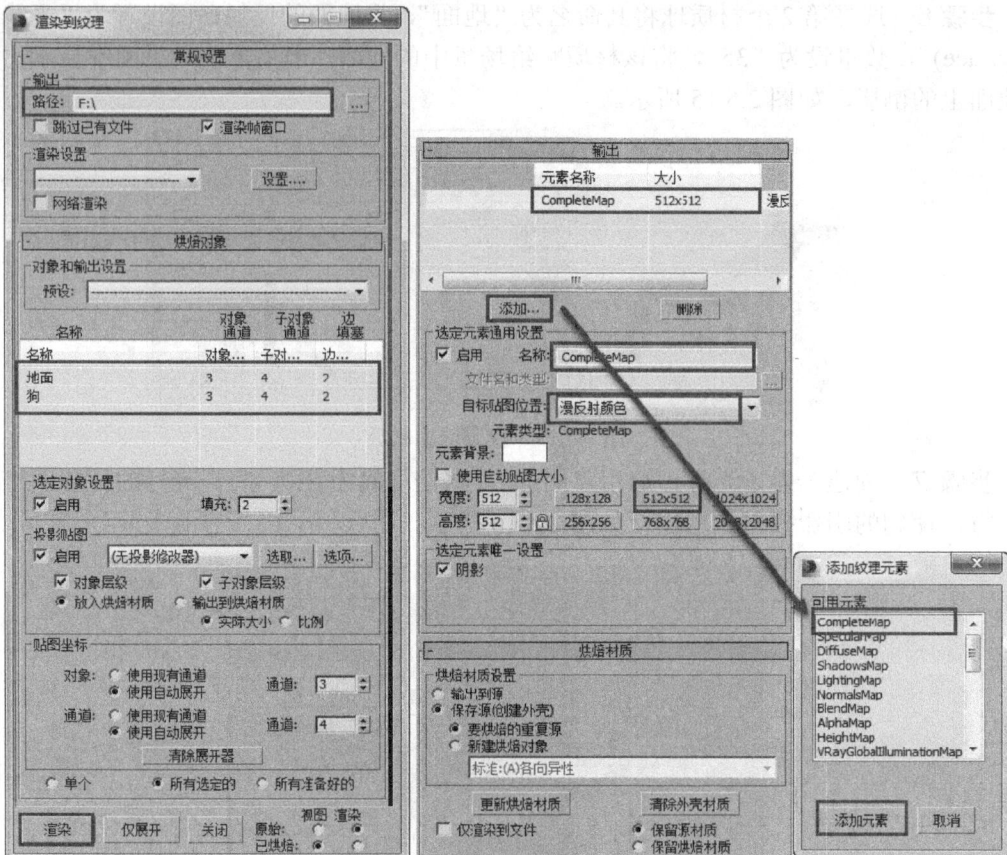

图 2.5.17　渲染地面纹理

步骤 9　选择场景中的狗，单击"自动展平 UVs"，在"编辑 UV"面板中点击"打开 UV 编辑器"，则编辑 UVW 窗口中会展开烘焙好的狗的各个面，保存通道的 UV 坐标，如图 2.5.18 所示。

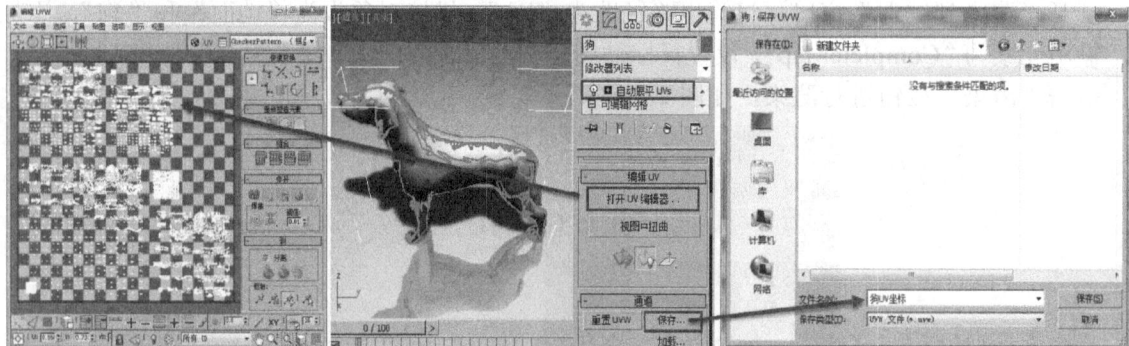

图 2.5.18　保存 UV 坐标

步骤 10　再次打开材质编辑器，选择一个未使用过的材质球，单击"从对象拾取材质"按钮 🖊，在场景中单击"地面"，渲染烘焙材质，如图 2.5.19 所示，此时地面材质多出了一个狗的镜面倒影和灯光投影。

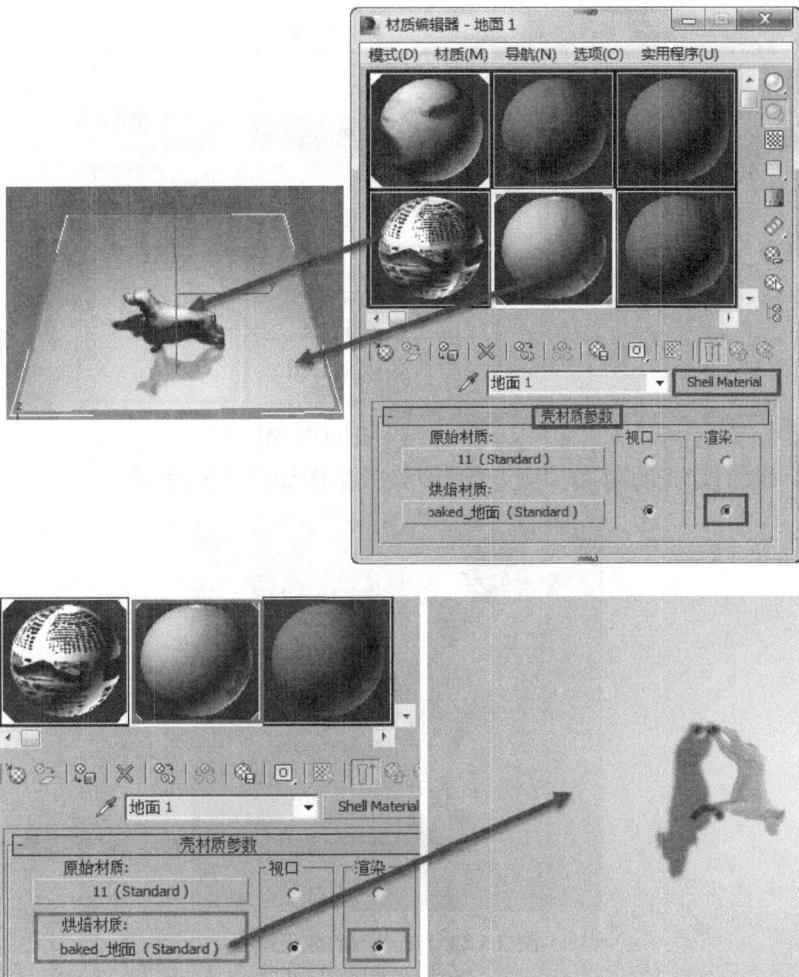

图 2.5.19　烘焙地面倒影和灯光投影

步骤 11　再选择一个未使用过的材质球将其命名为"狗"，将漫反射贴图设为位图"狗 CompleteMap"，此贴图为烘焙出的狗的贴图，自带阴影、高光等，将该材质赋给场景中的狗，如图 2.5.20 所示。

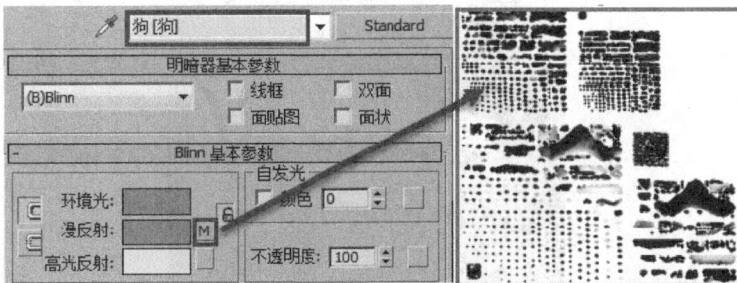

图 2.5.20　将烘焙材质赋给狗

步骤 12　单击场景中的狗，添加"UVW 展开"命令，然后加载"狗 UV 坐标.uvw"，将贴图坐标定位到狗的纹理，如图 2.5.21 所示。

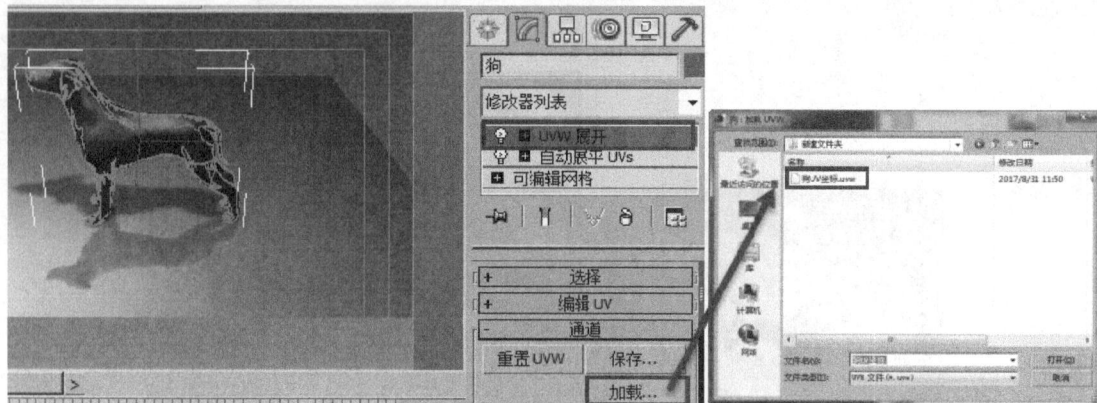

图 2.5.21　加载狗的 UV 坐标

步骤 13　取消灯光的阴影，按 **F9** 键渲染效果图如图 2.5.22 所示。

图 2.5.22　斑点狗的效果图

拓展案例　完成热带鱼 3D 模型材质

根据如图 2.5.23 所示的热带鱼 3D 模型和贴图素材，完成模型材质。

图 2.5.23　热带鱼参考图

操作要求：

(1) 渲染出两张以上该模型的透视图图片，导出格式为 JPEG。

(2) 图片长宽为 720×576，分辨率为 150，对完成的文件命名，并规范保存。

(3) 模型 UV 编辑准确，材质搭配合理，模型的材质、凹凸表现得当，制作细致，整体效果好。

(4) 构图完整，制作细致，渲染输出整体效果好。

(5) 保存一个项目源文件，对完成的文件命名，并规范保存。

2.5 习题　　　　　　　　　2.5 实验

第 3 章　灯光与摄影机

　　3ds max 所营造的三维空间与实际生活中的场景一样，造型、材质都可通过照明体现。由此可见，在用 3ds max 制作动画时，灯光效果的设置是非常重要的，光线的强弱、颜色、投射方式都可以显著地影响其空间感染力，照明的设计要和整个空间的性质相协调，要符合空间的总体艺术要求，形成一定的环境气氛。如果科学地掌握光和色彩的基本知识，然后结合空间大小、室内外功能需求、灯光明暗色调的相互搭配等进行精心设计安排，一定会给居室增添无限的情趣和许多意想不到的艺术效果。

3.1　烟囱厂房

　　根据如图 3.1.1 所示的烟囱厂房 3D 模型和贴图素材，完成场景材质，并根据提供的模型进行灯光布置。

图 3.1.1　烟囱厂房参考图

3.1 烟囱厂房

【设计要求】

　　(1) 创建灯光，进行灯光照明设计、处理与调整。

　　(2) 构图基本完整，照明设计基本合理。

　　(3) 布光合理，根据要求用渲染器对场景等进行渲染输出，整体效果好。

　　(4) 渲染输出两张不同角度的 JPEG 格式的图片文件，长宽为 720×576，分辨率为 150。

　　(5) 保存一个项目源文件，对完成的文件命名，并规范保存。

【制作过程】

　　步骤 1　打开 "fangzi.max" 源文件，如图 3.1.2 所示。

图 3.1.2 厂房源文件

步骤 2 按名称选择第 1 个物体——烟囱，并将其名称修改为"1"，如图 3.1.3 所示。

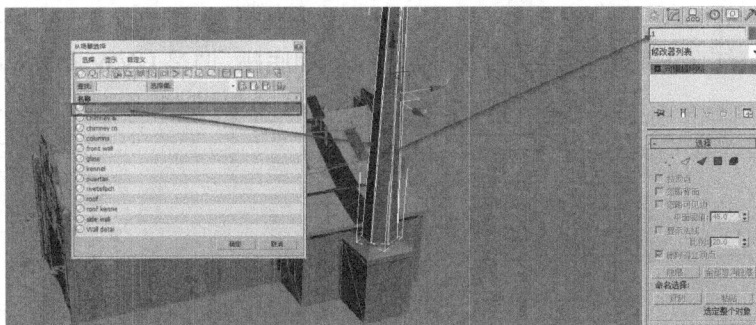

图 3.1.3 选择烟囱

步骤 3 给烟囱赋以红砖的贴图，漫反射用带颜色的"BRICKL.JPG"，自发光和凹凸贴图用黑白的"BRICKLM.JPG"，如图 3.1.4 所示。

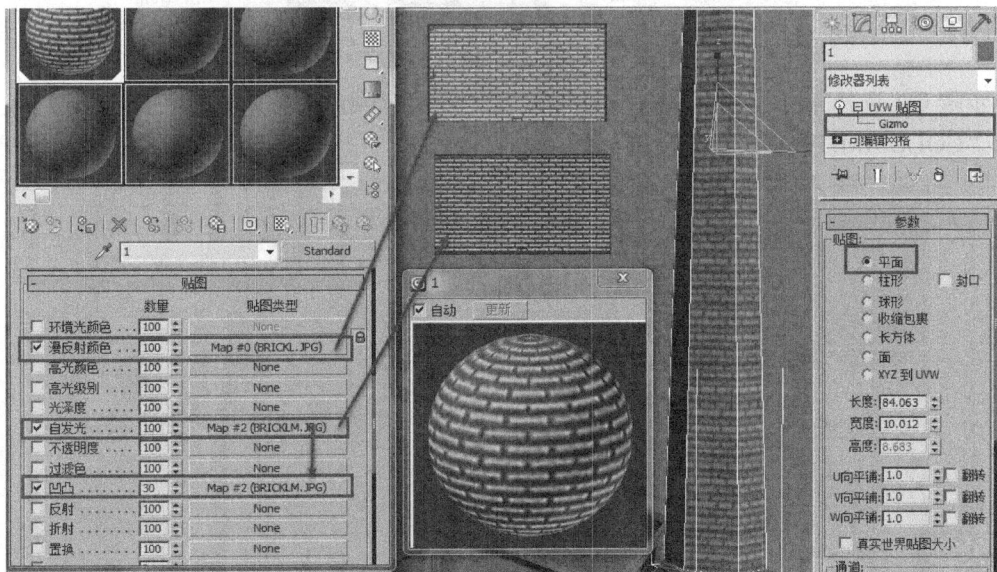

图 3.1.4 设置红砖的材质

步骤 4 选择第 2 个物体——带灯具的金属物体，将其材质设为"VRayMtl"，将其反射参数调为"浅灰色"，如图 3.1.5 所示。

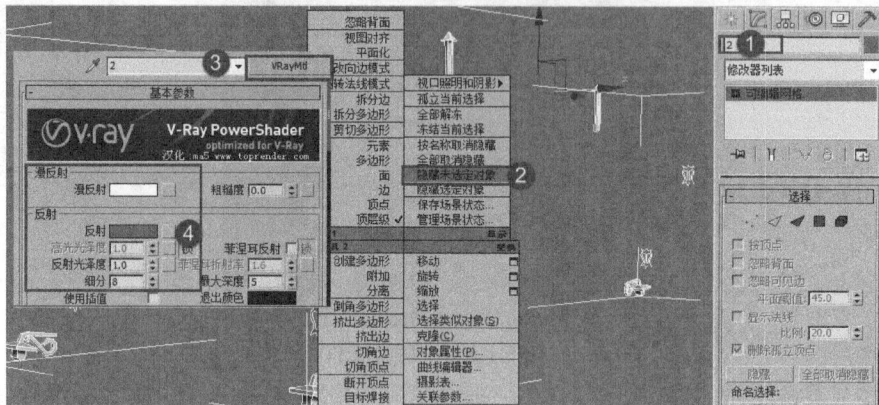

图 3.1.5　设置金属材质

步骤 5　将红砖的贴图赋给第 3 个物体——烟囱底座，调整 UVW 贴图，如图 3.1.6 所示。

图 3.1.6　赋砖材质给烟囱底座

步骤 6　选择第 4 个物体——立柱，设置其漫反射颜色为 "COLUM.TGA"，自发光颜色为 "COLUMM.TGA"，如图 3.1.7 所示。

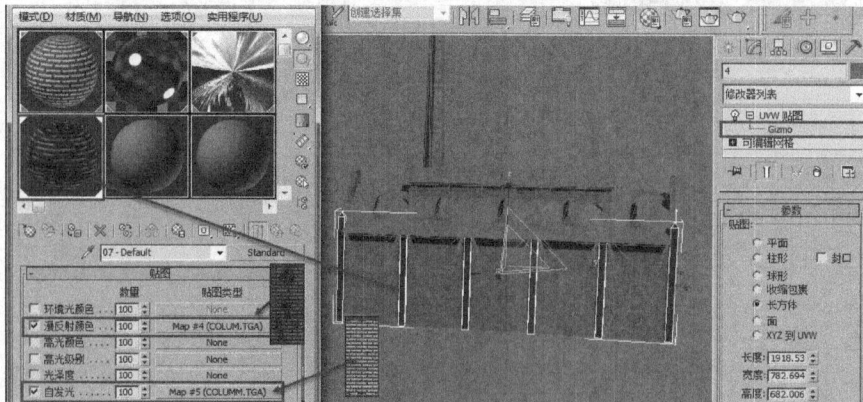

图 3.1.7　给立柱赋材质

步骤 7　选择第 5 个物体——厂房前面，将其赋为 "FRONT.JPG" 贴图，如图 3.1.8 所示。

图 3.1.8　给厂房前门赋材质

步骤 8　选择第 6 个物体——窗户，将其材质设置为玻璃，将 VRayMtl 的折射颜色调成"浅灰色"，如图 3.1.9 所示。

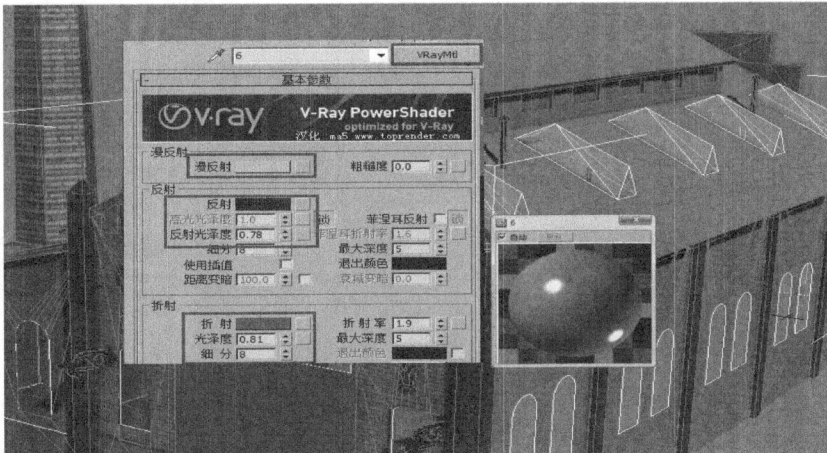

图 3.1.9　赋玻璃材质给窗户

步骤 9　选择第 7 个物体——厨房，给其赋以砖材质，如图 3.1.10 所示。

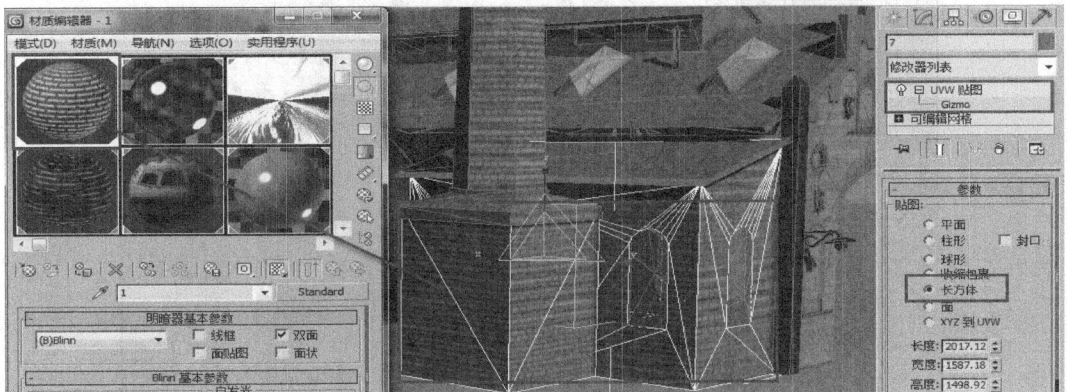

图 3.1.10　给厨房赋砖材质

步骤 10　选择第 8 个物体——大门，将其漫反射颜色改为"GREENWOOD.TIF"，自发光和凹凸贴图用黑白的"BUMPWOOD.TIF"，如图 3.1.11 所示。

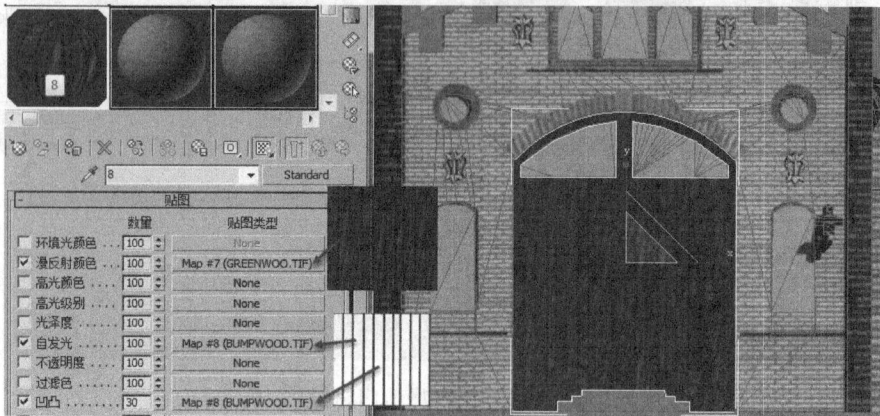

图 3.1.11　给大门赋木纹材质

步骤 11　给第 9 和 10 个物体——房屋侧面和顶部，赋以深色砖材质，如图 3.1.12 所示。

图 3.1.12　给侧面屋顶赋深色砖材质

步骤 12　选择第 11 个物体——roof(屋顶)，设置其漫反射颜色为"SHINGLES.JPG"，如图 3.1.13 所示。

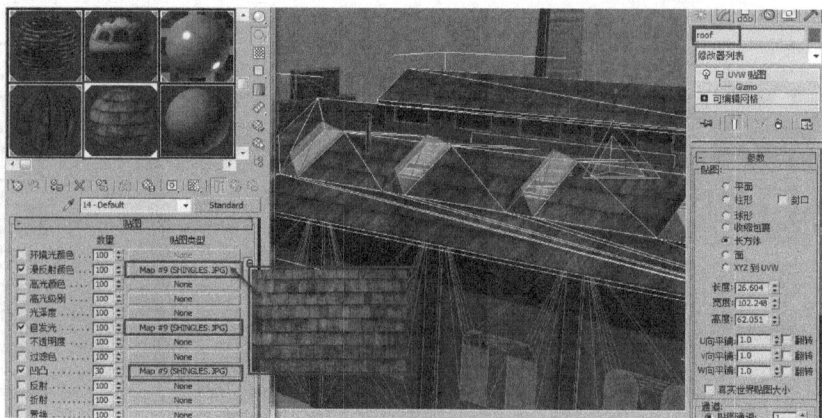

图 3.1.13　给屋顶赋材质

步骤 13　选择第 12 个物体——第二层楼，将其材质设置为多维/子对象材质，将红砖的材质实例复制给 ID1，将玻璃材质实例复制给 ID2，设置第二层的 ID 面，如图 3.1.14 所示。

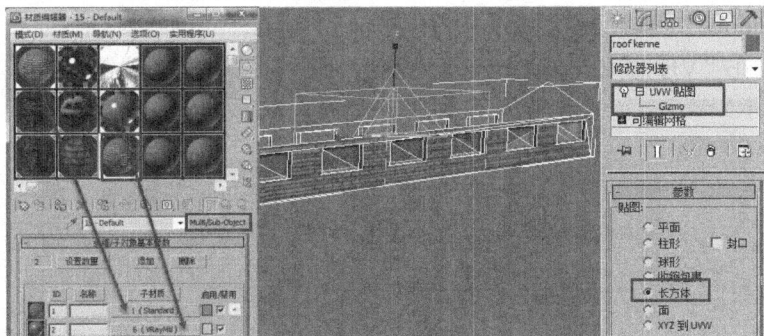

图 3.1.14　给第二层楼赋多子材质

步骤 14　选择最后一个物体——房屋正面，给其赋以带窗户贴图的红砖材质，如图 3.1.15 所示。

图 3.1.15　给房屋正面赋材质

步骤 15　创建一个地面，并设置地面材质为反射的"VRayMtl"材质，如图 3.1.16 所示。

步骤 16　按数字键 8，设置其环境颜色为"浅蓝"，如图 3.1.17 所示。

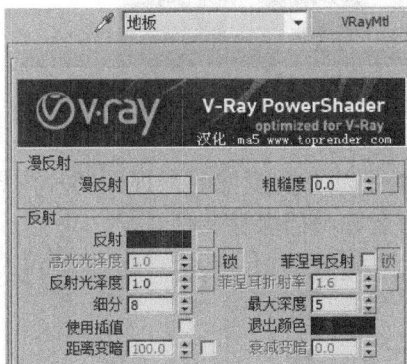

图 3.1.16　创建地面并赋材质　　　　　　图 3.1.17　设置环境背景颜色

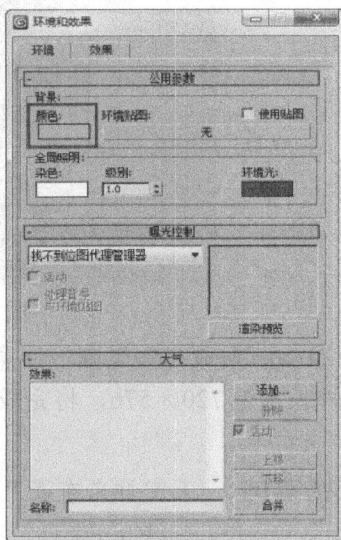

步骤 17　创建日光，如图 3.1.18 所示。

步骤 18　调整日光的参数，设置阴影为"浅灰色"，采用"手动"调整位置的方式，启用"VrayShadow"阴影，如图 3.1.19 所示。

步骤 19　在"VR_基项"窗口中，打开全局照明环境(天光)覆盖，设置其 HDRI 位图，如图 3.1.20 所示。

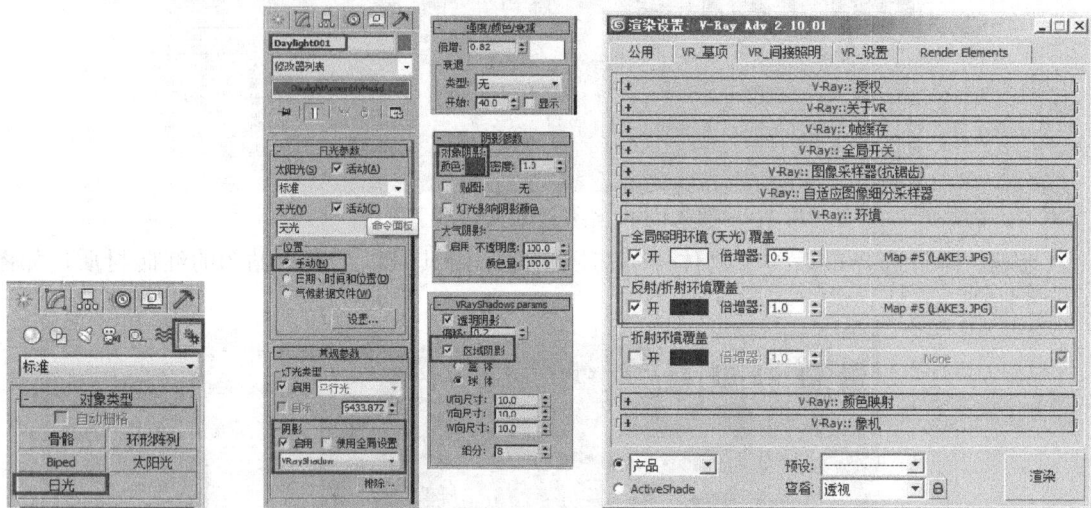

图 3.1.18　创建日光　　图 3.1.19　调整日光参数　　　图 3.1.20　设置 VRay 渲染参数

步骤 20　渲染厂房的最终效果图，如图 3.1.21 所示。

图 3.1.21　厂房效果图

步骤 21　渲染最终效果图，注意渲染出两张以上该模型的透视图图片，导出格式为 JPEG。图片长宽为 720×576，将完成的文件命名并归档保存文件。

拓展案例　天窗灯光布置

根据图 3.1.22 所示的室内场景模型进行天窗灯光布置，材质不做要求。

图 3.1.22 天窗效果图

操作要求：

(1) 布光合理，根据要求用渲染器对场景等进行渲染输出，整体效果好。

(2) 渲染输出两张不同角度的 JPEG 格式的图片文件，长宽为 720×576，分辨率为 150。

(3) 保存一个项目源文件，对完成的文件命名，并规范保存。

3.1 习题

3.1 实验

3.2 室内办公室光线布置

根据如图 3.2.1 所示的 3D 模型和贴图素材进行灯光布置。

图 3.2.1 办公室参考图

3.2 室内办公室光线布置

【设计要求】

(1) 简约风格的现代会议室应该重视功能和空间的组织形式，充分发挥结构本身的形式美，造型简洁，讲究材料的质地和色彩的配置效果。

(2) 创建灯光，进行灯光照明设计、处理与调整。构图基本完整，照明设计基本合理。

(3) 布光合理，根据要求用渲染器对场景等进行渲染输出，整体效果好。

(4) 渲染输出两张不同角度的 JPEG 格式图片文件，长宽为 720×576，分辨率为 150。

(5) 保存一个 3DS 项目源文件，对完成的文件命名，并规范保存。

【制作过程】

打开"会议室模型.max"文件，如图 3.2.2 所示。

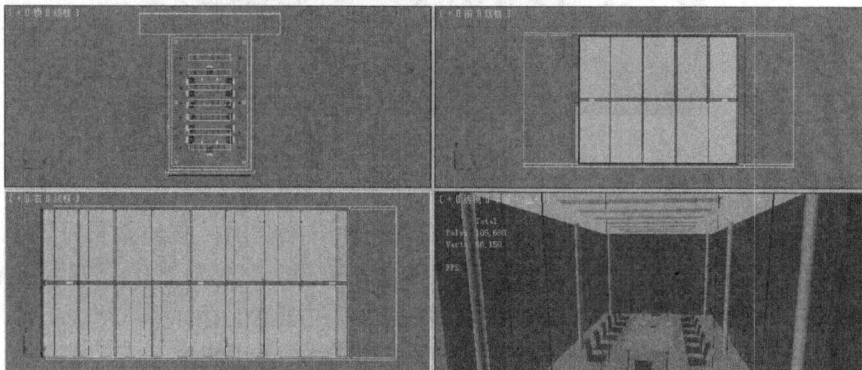

图 3.2.2　打开场景文件

第一部分　创建摄影机并设置测试渲染参数

步骤 1　单击摄影机图标进入摄影机创建面板，在标准摄影机的"对象类型"中单击"目标摄影机"按钮，在顶视图中创建一台目标摄影机，将摄影机的坐标位置设为"(1957，−7036，1782)"，将其目标点位置的坐标设置为"(1564，−177，1782)"。进入"修改"命令面板，设置摄影机镜头值为"24 mm"，启用"手动剪切"，将近距剪切值设为"1881"，远距剪切值设为"420000"，摄影机最终调节完成后的效果如图 3.2.3 所示。

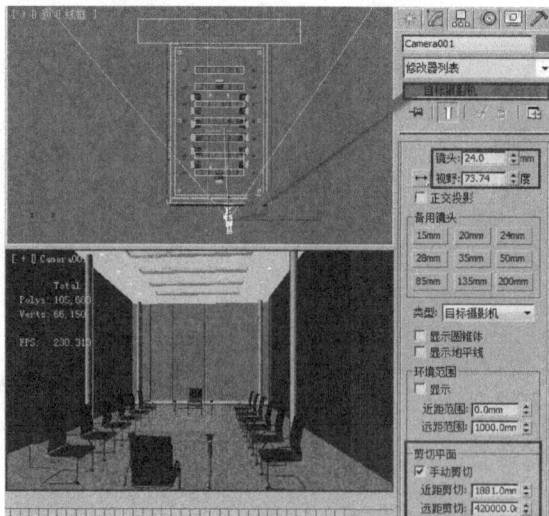

图 3.2.3　创建摄影机并调整其参数

步骤 2 V-Ray 渲染器的设置方法：按 F10 键打开渲染对话框，进入"公用"面板中的"指定渲染器"卷展栏，单击"产品级"右侧的按钮，在弹出的对话框中选择"V-Ray RT2.10.01"，如图 3.2.4 所示。

图 3.2.4 V-Ray 面板测试渲染参数设置

注：测试渲染时应该先设置一个较低的参数，材质应运用替代材质，图像尺寸也要尽可能小，目的是提高渲染速度，测试场景是否存在问题。测试没有问题后，再根据所需图像的质量进行较高参数的设置，最后渲染出图。

步骤 3 在渲染设置对话框中，单击"VR_基项"选项卡，展开"V-Ray：：全局开关"卷展栏，关掉缺省灯光。再展开"V-Ray：：图像采样器(抗锯齿)"卷展栏，将图像采样器的类型设置为"固定"，开启"区域"抗锯齿过滤器。展开"V-Ray：：颜色映射"卷展栏，选择"VR_线性倍增"类型，勾选"子像素映射"、"钳制输出"和"影响背景"选项。展开"V-Ray：：环境"卷展栏，开启"全局照明环境(天光)覆盖"，如图 3.2.5 所示。

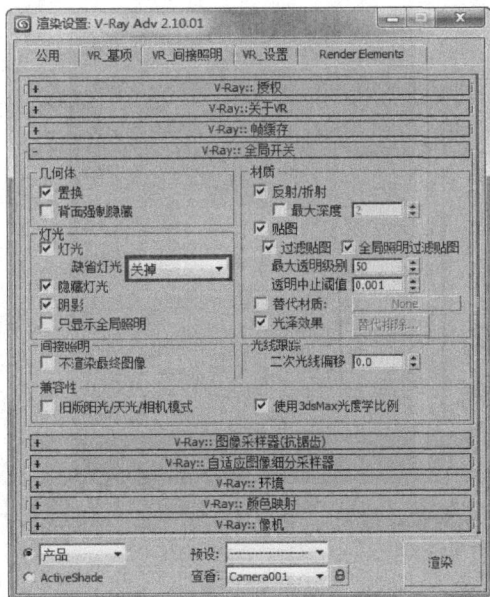

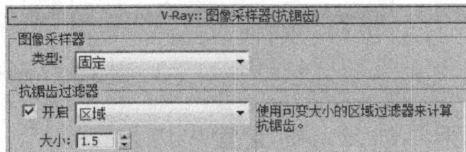

(a) 设置全局开关   (b) 设置图像采样器

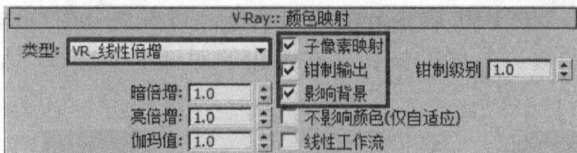

(c) 设置颜色映射　　　　　　　　　　(d) 设置环境

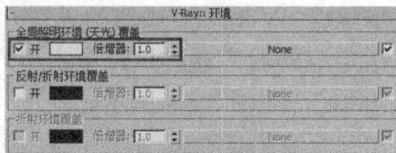

图 3.2.5　设置 VR_基项

步骤 4　单击"VR_间接照明"选项卡，展开"V-Ray::间接照明(全局照明)"卷展栏，勾选"开启"，设置首次反弹为"发光贴图"，二次反弹为"灯光缓存"；展开"V-Ray::发光贴图"卷展栏，设置当前预置为"自定义"，调整发光贴图基本参数，如图 3.2.6 所示。

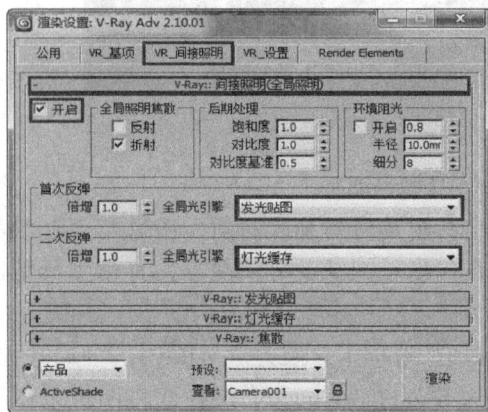

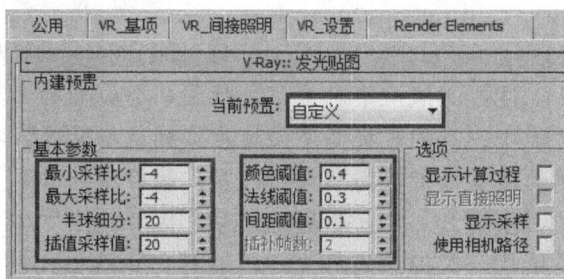

图 3.2.6　设置 VR_间接照明参数

步骤 5　单击"公用"选项卡，设置输出大小为"自定义"，宽度为 600，高度为 900，单击"渲染"按钮开始渲染，如图 3.2.7 所示。

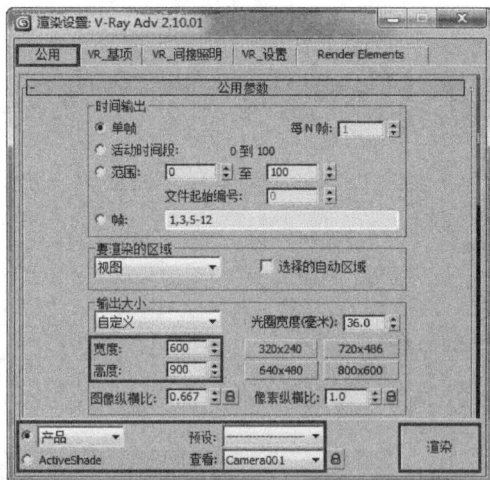

图 3.2.7　测试渲染参数及结果

第二部分　布置室内灯光

布置灯光时，需要用 VRay 灯光和光度学灯光添加光域网的方法来模拟制作。

步骤 1 创建主灯室外 VRay 灯光来模拟室外间接光源照明。单击"创建"图标 ![icon]，进入创建命令面板，然后单击灯光"图标" ![icon]，进入灯光创建面板，选择"VRay"灯光类型，单击"对象类型"卷展栏中的"VR_光源"按钮，在前视图中创建灯光，在顶视图、前视图和左视图中调节灯光位置，并设置灯光的强度，灯光位置及参数设置如图 3.2.8 所示。

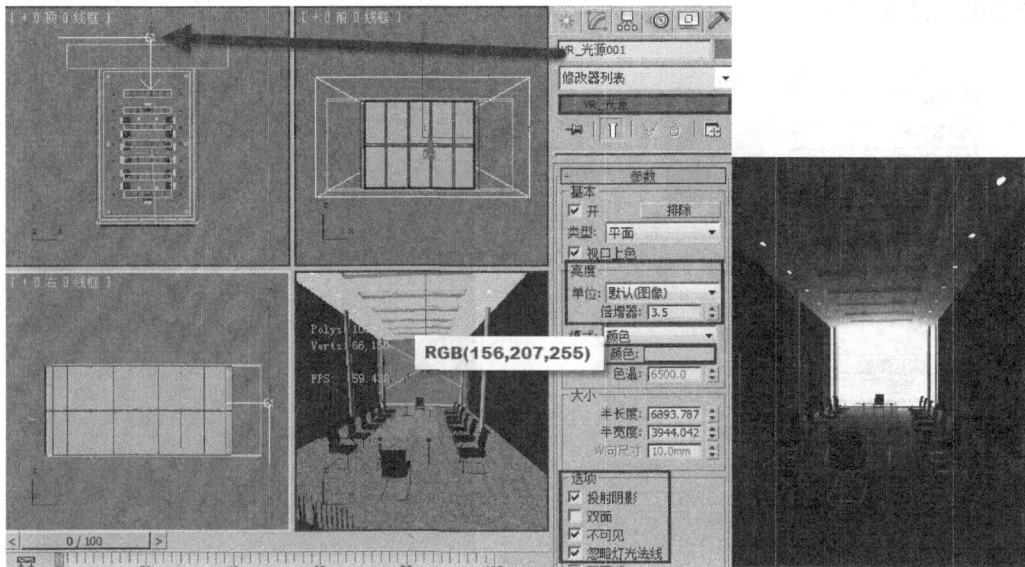

RGB(156,207,255)

图 3.2.8 创建 VRay 灯光并设置室外 VRay 灯光参数

步骤 2 创建光度学灯光来模拟室内人造光源照明。单击"创建"图标 ![icon]，进入创建命令面板，然后单击"灯光"图标 ![icon]，进入灯光创建面板，选择"光度学"灯光类型，单击"对象类型"卷展栏中的"目标灯光"按钮，在前视图中创建灯光，目标灯光必须放置在天花板下方，在顶视图、前视图和左视图中调节灯光位置，并设置灯光的强度。完成后的灯光位置和参数设置如图 3.2.9 所示。

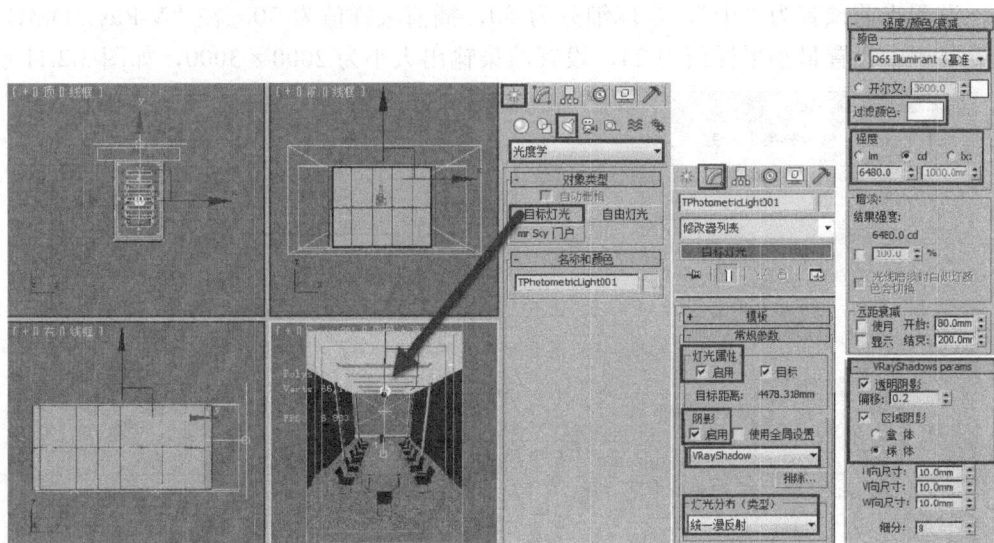

图 3.2.9 创建光度学目标灯光并调整其参数

步骤 3　创建室内吊灯顶部灯光。单击"创建"图标 ✳，进入创建命令面板，然后单击"灯光"图标 ◁，进入灯光创建面板，选择"VRay"灯光类型，单击"对象类型"卷展栏中的"VR_光源"按钮，在顶视图中创建灯光，目标灯光必须放置在天花板下方，在顶视图、前视图和左视图中调节灯光位置，并设置灯光的强度。完成后的灯光位置和参数设置如图 3.2.10 所示。

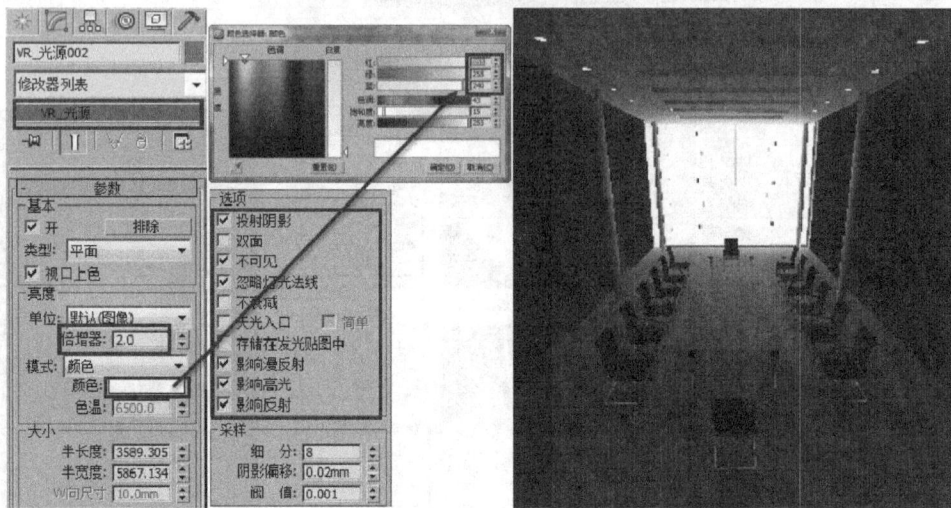

图 3.2.10　创建 VRay 灯光并设置 VRay 灯光参数

步骤 4　按 F10 键打开渲染对话框，进入 V-Ray 渲染面板。在"V-Ray::全局开关"卷展栏中，关掉缺省灯光。在"V-Ray::图像采样器(抗锯齿)"卷展栏中，设置"自适应细分"图像采样器，开启"Catmull-Rom"抗锯齿过滤器。在"V-Ray::颜色映射"卷展栏中，设置类型为"VR_线性倍增"。在"V-Ray::间接照明(全局照明)"卷展栏中，设置首次反弹全局光引擎为"发光贴图"，二次反弹全局光引擎为"穷尽计算"。在"V-Ray::发光贴图"卷展栏中，设置当前预置为"中"，半球细分为 80，插值采样值为 30。在"V-Ray:: DMC 采样器"卷展栏中设置最小采样值为 24，设置渲染输出大小为 2000×3000，如图 3.2.11 所示。

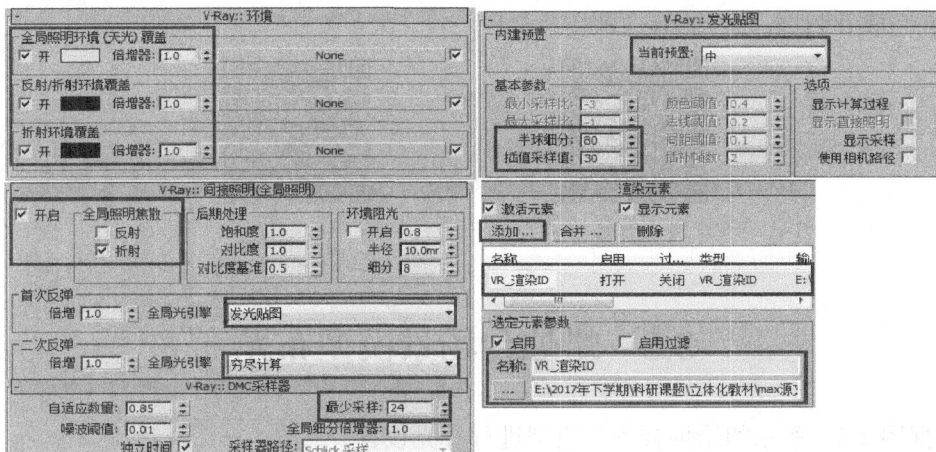

图 3.2.11　设置 VRay 渲染参数

步骤 5　渲染效果如图 3.2.12 所示。

图 3.2.12　办公室渲染效果图

拓展案例　场景布光

操作要求：

(1) 在场景中创建目标平行光、泛光灯及目标聚光灯效果，如图 3.2.13 所示。

图 3.2.13　文字片头场景布光

(2) 使用灯光正确，照明效果舒适。

(3) 完成并归档，上传 zip 文件。

3.2 习题

3.2 实验

3.3　蜡烛台场景模型布光

根据图 3.3.1 所示的蜡烛台场景模型进行灯光设置。

图 3.3.1　蜡烛台场景参考图

3.3 蜡烛台场景模型布光

【设计要求】

(1) 创建灯光，进行灯光照明设计、处理与调整。
(2) 构图基本完整，照明设计基本合理。
(3) 布光合理，根据要求用渲染器对场景等进行渲染输出，整体效果好。
(4) 渲染输出两张不同角度的 JPEG 格式的图片文件，长宽为 720 × 576，分辨率为 150。
(5) 保存一个项目源文件，对完成的文件命名，并规范保存。

【制作过程】

步骤 1　打开"蜡烛台场景模型.max"，如图 3.3.2 所示。

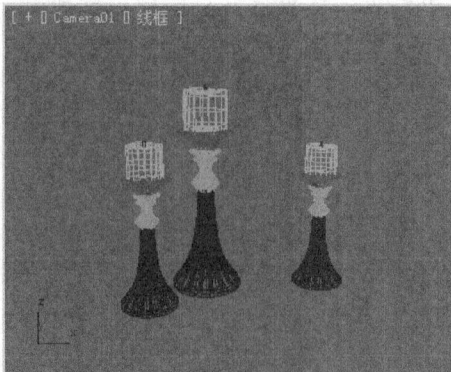
图 3.3.2　蜡烛台场景模型源文件

步骤 2　启用 VRay 渲染器。默认的 3ds max 软件中并未安装 VRay 渲染器，因此需单独安装(资源包/vray3.0_for_max2014.rar)。安装后，VRay 渲染器将会出现在渲染器类型中，如图 3.3.3 所示，选择即可启用，如图 3.3.4 所示。

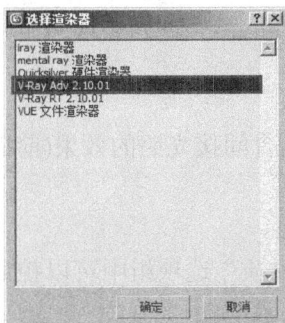

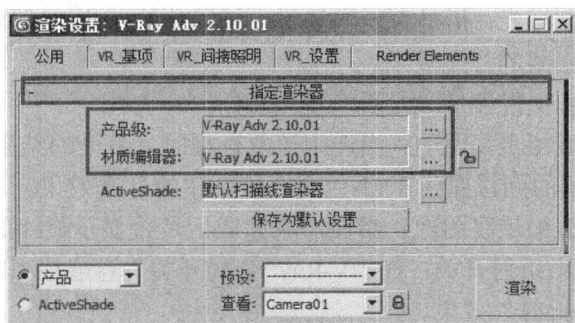

图 3.3.3　选择 VRay 渲染器类型　　　　　　图 3.3.4　启用 VRay 渲染器

步骤 3　VRay 渲染器公共参数设置。设置渲染宽度和高度为 1，不勾选"渲染帧窗口"，如图 3.3.5 所示。

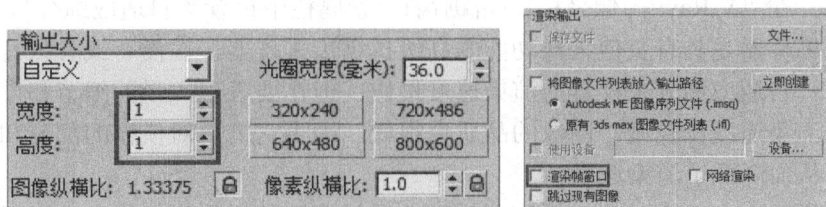

图 3.3.5　VRay 渲染器输出大小和渲染输出参数设置

步骤 4　使用 VRay 的帧缓存器可以在渲染时启用 VRay 的图像帧序列窗口。它的功能比 3ds max 的图像帧序列窗口更多，可以对图像进行更多种类的编辑，勾选"启用内置帧缓存"，不选"从 MAX 获取分辨率"。设置输出图像大小为 320×240，如图 3.3.6 所示。

步骤 5　在"V-ray::全局开关"卷展栏下的"灯光"选项组中可以对场景中的灯光进行全局控制，通常保持默认设置即可。"灯光"复选框可以控制是否在渲染时显示出场景中的灯光效果。如果不选复选框则在渲染时不会显示任何添加的灯光而使用默认灯光进行渲染，如图 3.3.7 所示。

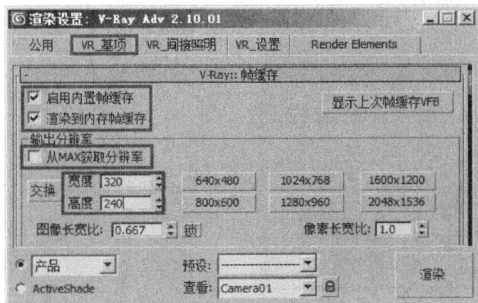

图 3.3.6　V-Ray 帧缓存参数设置　　　　　　图 3.3.7　V-Ray 全局开关参数

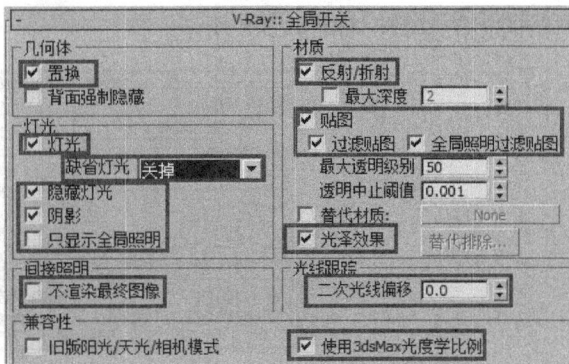

置换：指是否使用置换命令。

灯光：指是否使用场景里的灯光。

缺省灯光：指场景中默认的两个灯光，使用时必须开启。"缺省灯光"复选框可以控制是否渲染场景中的默认灯光。

隐藏灯光：指是否使用场景中被隐藏的灯光。"隐藏灯光"复选框可以控制是否渲染出场景中隐藏的灯光效果。

阴影：控制灯光是否产生阴影。

只显示全局照明：当选中该复选框时，渲染的结果只包含间接光照的效果(前提是要开启 VRay 的间接照明)，不包含直接创建的灯光效果。

不渲染最终图像：指在渲染完成后是否显示最终的结果。

反射/折射开关：在"V-Ray::全局开关"卷展栏下的"材质"选项组中可以控制材质的"反射/折射"效果。

最大深度：指"反射/折射"的次数。

替代材质：用一种材质替换场景中所有材质。一般在渲染灯光时使用。

光泽效果：材质显示的最好效果。

步骤 6　在"V-Ray::图像采样器(抗锯齿)"卷展栏中设置"自适应细分"，VRay 自适应图像细分采样器是具有负值采样功能的高级抗锯齿采样器，在没有或者只有少量模糊效果的场景中，自适应细分采样器的渲染速度最快；但在要表现大量的细节和模糊效果的场景中，它的渲染速度比较慢，图像的品质也很低。因为它需要对模糊的部分和细节效果进行预计算，从而降低了渲染速度。

最小采样比：在"V-Ray::自适应图样细分采样器"卷展栏中，用来定义每个像素使用的最少数量，数值为 −1 表示两个像素使用一个样本数量，数值为 −2 表示四个像素使用一个样本数量。

最大采样比：用来定义每个像素使用的最多样本数量。数值为 0 表示每个像素使用一个样本数量，数值为 1 表示每个像素使用 4 个样本数量，数值为 2 表示每个像素使用 8 个样本数量；数值越高图像的质量越好。该数值通常设置为 1～2。

抗锯齿过滤器：在"V-Ray::图像采样器(抗锯齿)"卷展栏下的"抗锯齿过滤器"选项组中，可以对抗锯齿的过滤方式进行选择。VRay 渲染器提供了多种抗锯齿过滤器，这些过滤器主要针对贴图纹理或图像边缘进行平滑处理。选择不同的过滤器，其右侧会出现该过滤器的相关参数，如图 3.3.8 所示。

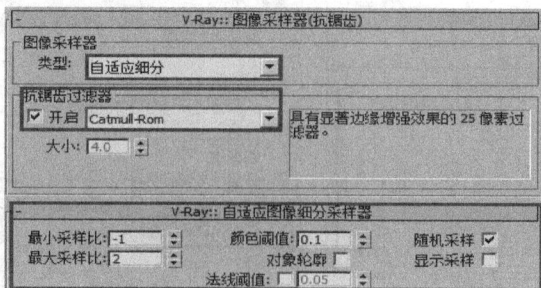

图 3.3.8　VRay 自适应图像细分采样器

步骤 7　在 VRay 渲染面板的"V-Ray::间接照明(全局照明)"卷展栏下勾选"开启"复

选框，就可以开启 VRay 渲染器的间接照明，并激活该卷展栏中的相关参数。"全局照明焦散"选项组主要用来控制间接灯光产生的焦散效果，包括"反射"焦散和"折射"焦散两个选项，分别控制场景中反射焦散和折射焦散效果。图 3.3.9 所示为"间接照明"的参数卷展栏。

反射焦散：用来控制是否显示场景中的反射焦散效果。只有场景中存在反射材质的时候选中该复选框才能看到反射焦散的效果。

折射焦散：适合场景中拥有少量模糊效果或者具有高细节纹理贴图和大量场景对象的情况。

后期处理：主要用于对间接照明对比度和饱和度的调整。该选项组中提供了三个参数，"饱和度"、"对比度"、"对比度基准"。这些参数在通常情况下保持默认即可，当然也可以根据需要进行适当的调节。

饱和度：用来控制图像颜色的饱和度。这里所说的饱和度是指接受间接灯光照射的区域的颜色饱和度，较高的取值可以使图像看起来更加鲜艳。

对比度：可以控制图像的颜色对比度，增加该数值可以使图像产生强烈的颜色对比。

对比度基准：用来控制图像的灰阶对比，它与"对比度"的不同之处在于"对比度"是控制图像的颜色对比，而"对比度基准"是控制图的明暗对比。

首次反弹：光线从光源发出，照射到物体表面的过程称为第一阶段。光线的首次反弹可以看作是光线从物体表面反弹出去投射到第二个物体表面，但还未完成反弹的这段时间内的光线控制。

二次反弹：当选中"开启"复选框后，在全局光照计算中就会产生次级反弹。光线在经过第一次反弹后还会继续在场景中反弹，VRay 渲染器的二次反弹指的是光线在完成首次反弹后继续进行的所有反弹效果。

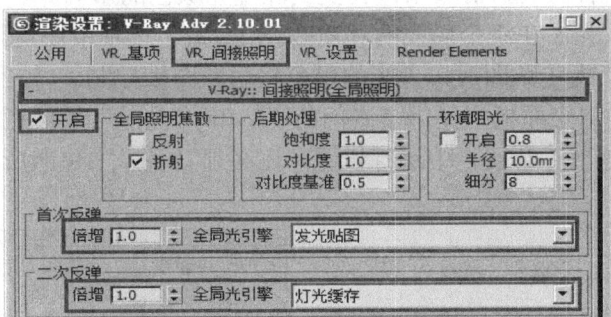

图 3.3.9 VR 间接照明(全局照明)参数设置

步骤 8 在"V-Ray::发光贴图"卷展栏中根据图 3.3.10 所示进行设置，使场景中物体漫反射表面发光。优点：发光贴图的运算速度非常快，噪波效果也非常简洁明快，可以将保存的发光贴图，重复用于其他镜头中。缺点：在间接照明过程中会损失一些细节，如果使用了较低的设置，渲染动画效果会有些闪烁；另外，发光贴图也会导致内存的额外损耗，使用间接照明运算运动模糊时会产生噪波，影响画质。

步骤 9 灯光缓存设置是一种近似于对场景中全局光照明的渲染，与光子贴图类似，但没有其他的局限性，主要用于室内和室外的渲染计算。在"V-Ray::灯光缓存"卷展栏中渲染引擎可以支持初次反弹和二次反弹。优点：灯光麦很容易设置，只需要追踪摄影机可见的光线；灯光类型没有局限性，支持所有类型的灯光；对于细小物体的周边和角落可以产生正确的效果；可以直接快速且平滑地显示场景中灯光的预览效果。缺点：仅支持 VRay 的材质；灯光贴图不能实现自适应，发光贴图可以计算用户定义的固定分辨率；不能完全正确计算运动模糊中的运动物体；对凹凸类型的支持不够好；如果想使用凹凸效果，可以用发光贴图或直接计算全局照明。相关参数设置如图 3.3.11 所示。

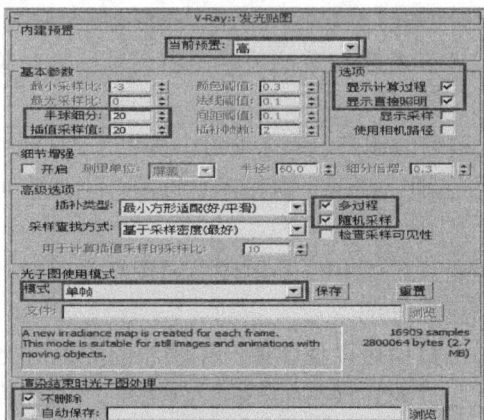

图 3.3.10　VRay 发光贴图参数设置　　　　图 3.3.11　VRay 灯光缓存参数设置

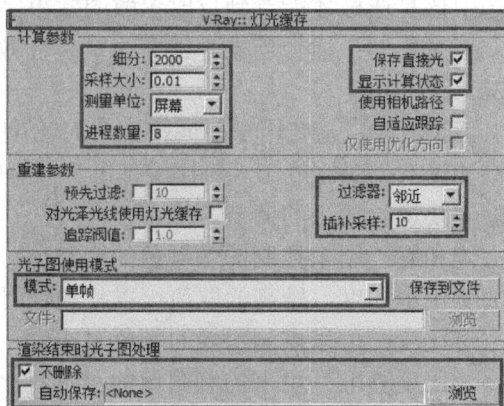

步骤 10　在 VRay 渲染面板中的"V-Ray::环境"卷展栏下，可以对环境进行具体设置，对于全封闭的空间不起作用，需要是开放式空间或者受外部环境影响的空间。该卷展栏主要分为"全局照明环境(天光)覆盖"、"反射/折射环境覆盖"和"折射环境覆盖"三个选项组。其中，"全局照明环境(天光)覆盖"选项组主要用来控制环境天光，如图 3.3.12 所示。

颜色：指环境光的颜色，而不是环境光颜色的影响。

折射：指环境中含有的折射效果，会受到环境光颜色的影响。

使用贴图替代天光：在"全局照明环境(天光)覆盖"选项中还可以为天光指定贴图(资源包/环境背景.hdr)，指定贴图后，天光的颜色将由贴图来控制。

步骤 11　VRay 渲染面板中提供了专门的"V-Ray::焦散"卷展栏，要实现焦散效果不仅需要在"V-Ray::焦散"卷展栏中进行设置，还必须具备产生焦散所需的灯光和材质，如图 3.3.13 所示。

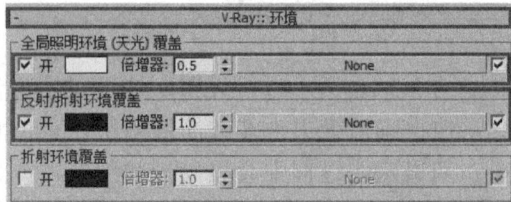

图 3.3.12　VRay 环境参数设置　　　　图 3.3.13　VRay 焦散参数设置

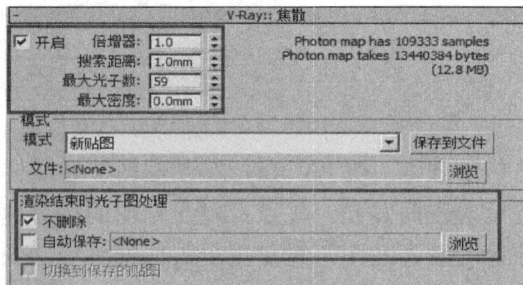

生成焦散对象：如果在一个场景中拥有很多对象，可以通过对象的属性设置场景中的烛台、银色金属和金色金属产生焦散，其余对象不产生焦散，如图 3.3.14 所示。

可以生成焦散的灯光：灯光是产生焦散不可缺少的条件。VRay 的焦散对光是有限制的，目前仅支持 VRay 渲染器本身的 VRay 灯光和 3ds max 中的平行光，而且需要在灯光的属性中启用灯光的生成焦散功能。

可以生成焦散的材质：材质也是产生焦散的必备条件，只有玻璃或者金属材质才会产生焦散现象，也就是 VRay 中的反射和折射材质。

接受焦散的对象：除了可对产生焦散的对象进行设置外，也可以对接受焦散的对象进行设置，以控制它是否接受焦散效果以及接受焦散效果的强弱。

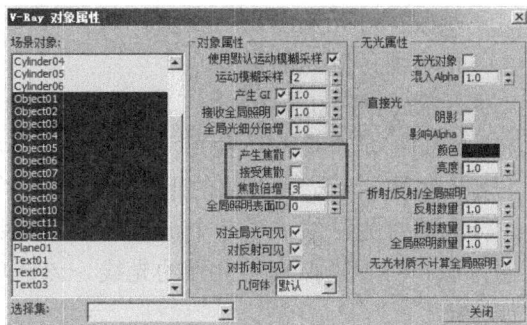

图 3.3.14　设置 VRay 对象属性

在"V-Ray::焦散"卷展栏下有"倍增器"、"搜索距离"、"最大光子数"和"最大密度"四个参数用来控制焦散的强度、光子数、密度等属性。

倍增器：主要用来控制焦散的强度，这个参数是全局设置，对场景中的所有对象都产生作用；较高的数值会得到比较亮的焦散效果。

搜索距离：可以追踪当前焦散点周围区域内的其他焦散点，搜索的区域实际是一个圆形的区域，它的半径就是由搜索距离来控制的。较小的取值会产生点状的焦散，较大的取值会产生模糊的焦散。

最大光子数：可以限制一定区域内光子的使用数量。取值过高会使焦散变行模糊，取值过低会失去焦散效果。

最大密度：可以用来控制光子的密集程度，较小的取值可以得到比较锐利的焦散效果。

步骤 12　创建 VR_光源。选择"创建"→"灯光"命令，在下拉菜单中选择"VRay"，在面板中选择"VR 光源"按钮 [VR_光源]，在前视图拖拽一个 VRay_光源的平面，设置半长度为 1000 mm，半宽度为 600 mm，倍增器为 2.0，勾选"投射阴影"、"不可见"、"忽略灯光法线"、"影响漫反射"、"影响高光"、"影响反射"，如图 3.3.15 所示。

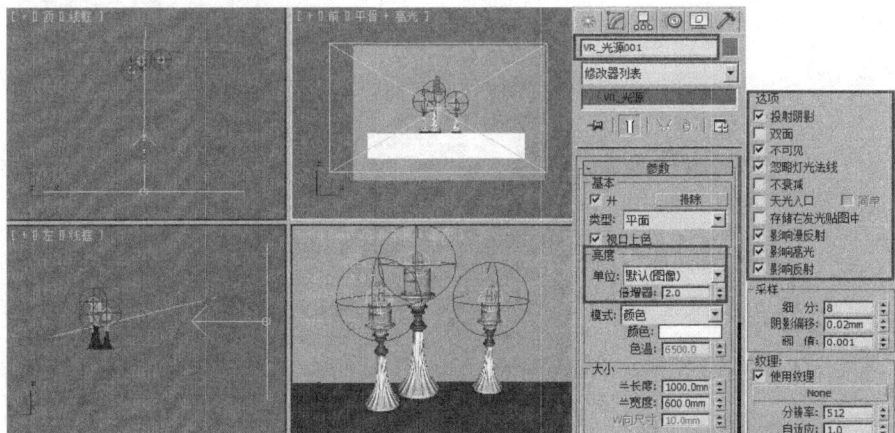

图 3.3.15　VR_光源参数设置

开：指灯光是否使用。

类型：可选光源类型有平面、穹顶、球体、网格体四种。

排除：排除的对象不受灯光影响。

颜色：灯光发出光的颜色。

倍增器：灯光的强度。

长/宽：灯光的大小。

双面：是否是双面发光，VR_光源默认时只有箭头方向发光，球形光无效。

不可见：VR_光源体的形状是否在最终渲染场景中显示出来。

忽略灯光法线：当一个被追踪的光线照射到光源上时，该选项可控制 VRay 计算发光的方法。对于模拟真实世界的光线，该选项应当关闭，当该选项打开时，渲染的结果会更加光滑。

不衰减：开启时，VR_光源所产生的光将不会随距离而衰减。否则，光线将随着距离而衰减。

天光入口：指定天光入口。可使灯光依照指定的洞口进入空间，保证灯光的有序性。

存储在发光贴图中：当全局照明设定为 Irradiance map 时，VRay 将再次计算 VR_光源的效果，并且将其存储到光照贴图中。

影响漫反射：控制灯光是否影响物体的漫反射，一般是打开的。

细分：用于计算照明的采样点的数量，值越大，阴影越细腻，渲染时间越长。

步骤 13　创建三盏泛光灯。选择"创建"→"灯光"命令，在下拉菜单中选择"标准"，在面板中选择"泛光灯"按钮 ![泛光灯]，启用阴影，在下拉菜单中选择"VrayShadow"，倍增设为 3.0，设置灯光颜色为 RGB(250，184，69)，类型为平方反比，勾选"远距衰减"中的"使用"和"显示"，在"远距衰减"中，将开始设为 33 mm，结束设为 106 mm，将泛光灯放置在一个烛台上方，如图 3.3.16 所示。

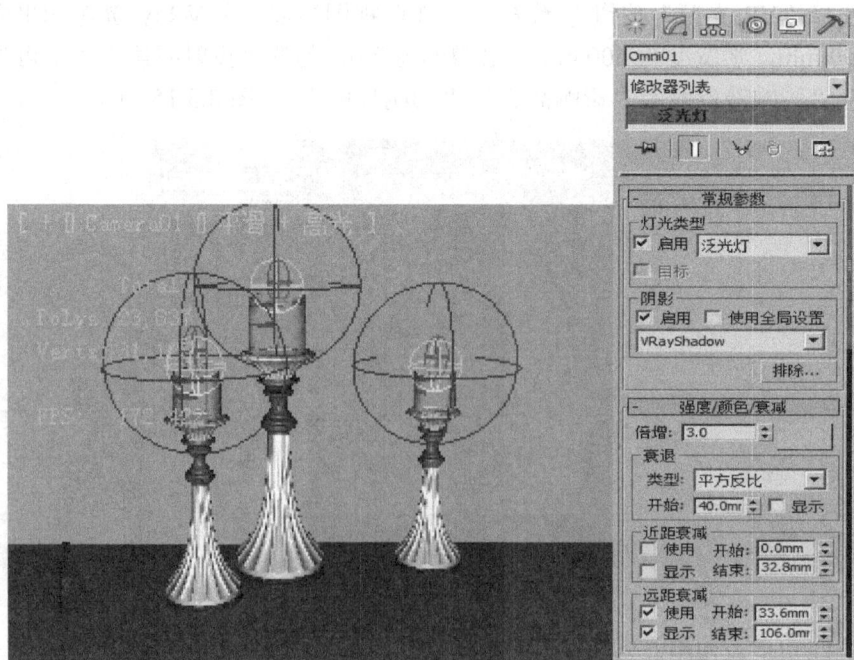

图 3.3.16　创建蜡烛上的泛光灯

步骤 14　选择"创建"→"辅助对象"命令，在下拉菜单中选择"大气装置"，在对象类型中选择"球体 Gizmo"，设置半径为 38 mm，在"大气和效果"中"添加"火效果，单击"设置"按钮，将内部颜色设为"浅黄色"，外部颜色设为"橙横色"，烟雾颜色设为"黑色"，火焰类型设为"火球"，拉伸设为 2.1，火焰大小设为 35，火焰细节设为 3，如图 3.3.17 所示。

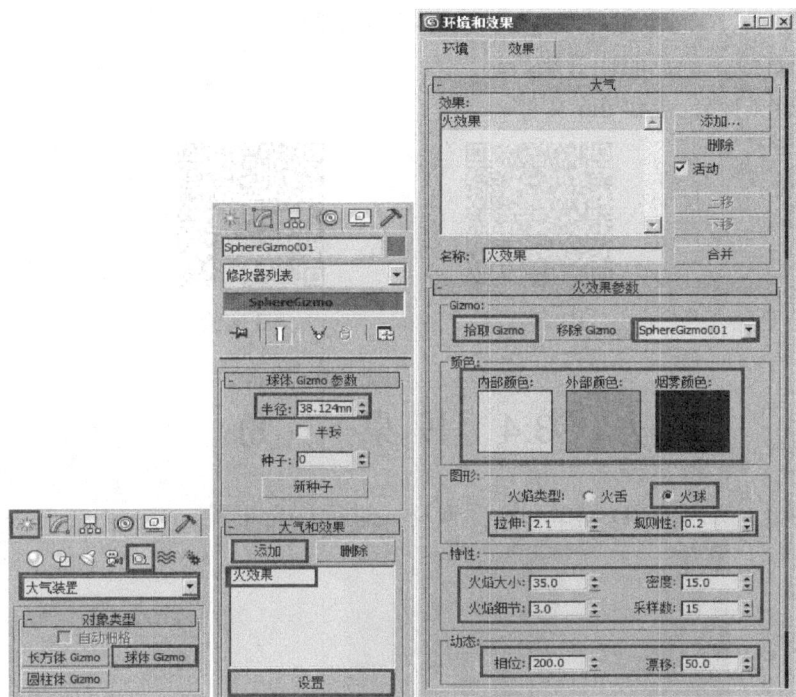

图 3.3.17　创建蜡烛上的火球效果

步骤 15　复制蜡烛上的火苗到另外两个蜡烛上，渲染欧式烛台最终效果如图 3.3.18 所示。

图 3.3.18　渲染欧式烛台效果图

拓展案例　制作自然的室外光照效果

操作要求：

(1) 在场景中创建灯光，制作自然的室外光照效果，如图 3.3.19 所示。

图 3.3.19　光线跟踪场景灯光设计

(2) 使用灯光正确，照明效果舒适。

(3) 完成并归档，上传 zip 文件。

3.3 习题

3.3 实验

3.4　书　桌　一　角

根据图 3.4.1 所示的 3D 模型和贴图素材，进行灯光布置。

图 3.4.1　书桌一角参考图

3.4 书桌一角

【设计要求】

(1) 创建灯光，进行灯光照明设计、处理与调整。

(2) 构图基本完整，照明设计基本合理。

(3) 布光合理，根据要求用渲染器对场景等进行渲染输出，整体效果好。

(4) 渲染输出两张不同角度的 JPEG 格式的图片文件，长宽为 720×576，分辨率为 150。

(5) 保存一个项目源文件，对完成的文件命名，并规范保存。

【制作过程】

步骤 1　打开"书桌一角.max"源文件，如图 3.4.2 所示。

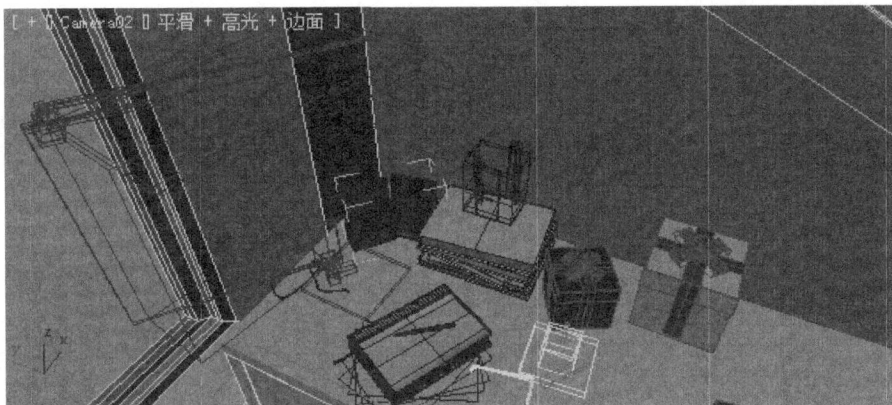

图 3.4.2　书桌一角源文件

步骤 2　选择"创建"→"灯光"命令，在下拉菜单中选择"VRay"，在面板中选择"VR_太阳"，在顶视图中拖拽 VR_太阳光源，将目标点放至室内桌面，调整灯光的位置及"VR_太阳参数"，如图 3.4.3 所示。

混浊度：设置空气的混浊度，值越大，空气越不透明，光线越暗，色调越暖。早晨和黄昏的混浊度较大，中午混浊度较低，有效值为 2～20。

强度倍增：设置阳光的强度，如果使用物理摄影机，一般为 1 左右；如果使用 3ds max自带的摄影机，一般为 0.002～0.005。

尺寸倍增：设置太阳的尺寸，值越大，太阳的阴影就越模糊。

阴影细分：设置阴影的细致程度。

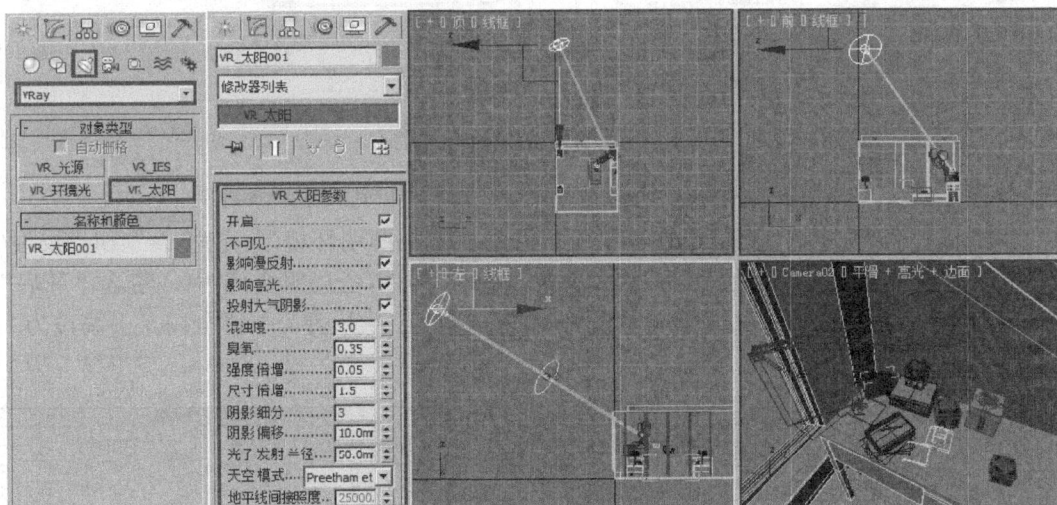

图 3.4.3　创建 VR_太阳光源

步骤 3　按 F10 快捷键打开"渲染设置"对话框，指定渲染器产品级为"V-Ray Adv 2.10.01"，在"渲染输出"面板中取消勾选"渲染帧窗口"，在"V-Ray：：帧缓存"卷展栏中，勾选"启用内置帧缓存"和"渲染到内存帧缓存"，在"输出分辨率"中取消勾选"从MAX 获取分辨率"，大小设为 320×240，如图 3.4.4 所示。

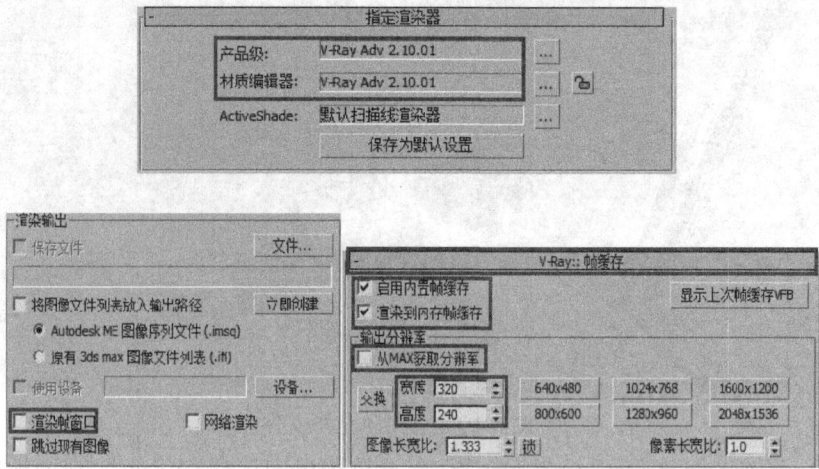

图 3.4.4　指定渲染器并设置 V-Ray 帧缓存参数

步骤 4　在"V-Ray::全局开关"卷展栏中，将缺省灯光"关掉"。在"V-Ray::图像采样器(抗锯齿)"卷展栏中，设置图像采样器类型为"自适应细分"，在"抗锯齿过滤器"中，开启"Catmull-Rom"，如图 3.4.5 所示。

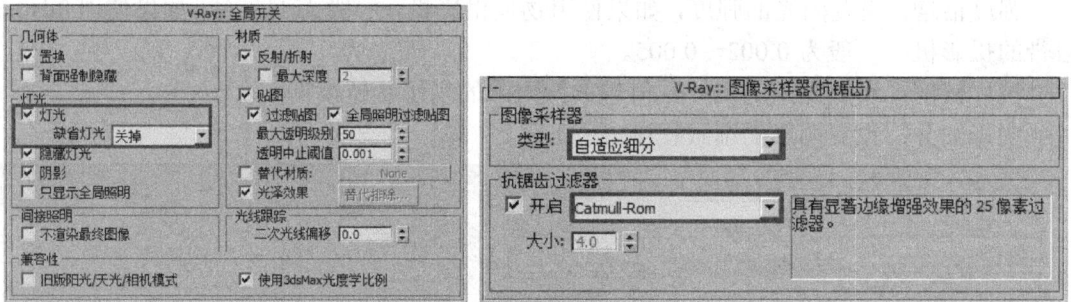

图 3.4.5　设置 V-Ray 全局开关和图像采样器(抗锯齿)参数

步骤 5　在"V-Ray::环境"卷展栏中，开启"全局照明环境(天光)覆盖"和"反射/折射环境覆盖"，将倍增器设为"1"；在"V-Ray::间接照明(全局照明)"中，勾选"开启"，在"首次反弹"中将全局光引擎设为"发光贴图"，在"二次反弹"中将全局光引擎设为"灯光缓存"，如图 3.4.6 所示。

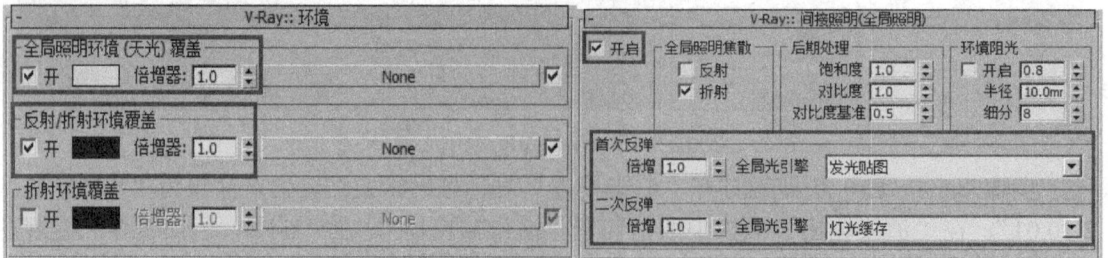

图 3.4.6　设置 V-Ray 环境和 V-Ray 间接照明(全局照明)参数

步骤 6　设置 V-Ray 发光贴图和 V-Ray 灯光缓存参数，如图 3.4.7 所示。

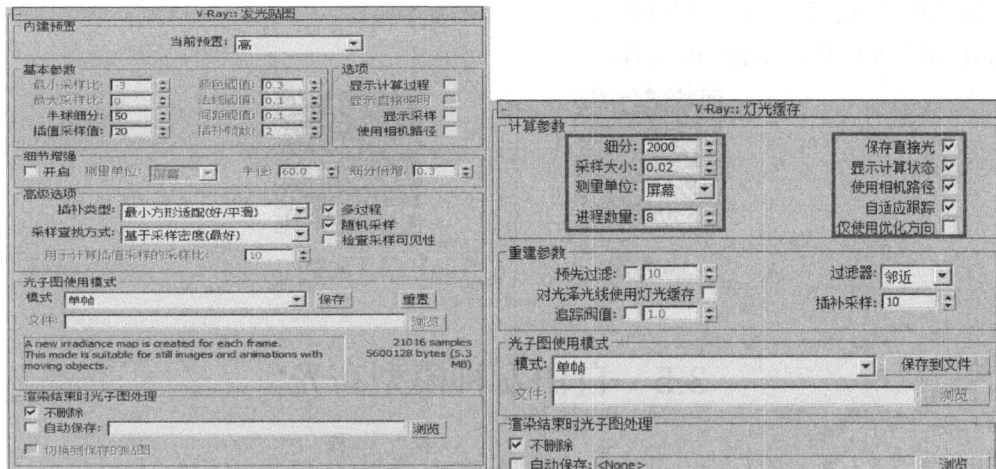

图 3.4.7　设置 V-Ray 发光贴图和 V-Ray 灯光缓存参数

步骤 7　单击"渲染"按钮，书桌一角的效果如图 3.4.8 所示。

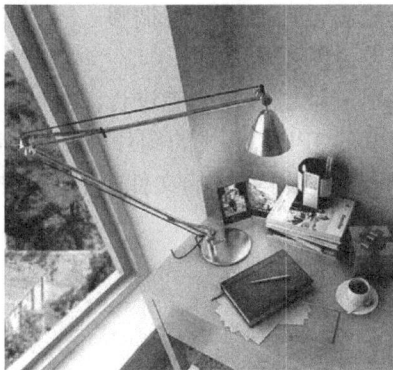

图 3.4.8　书桌一角效果图

拓展案例　全局光照场景灯光设计

操作要求：

(1) 在场景中创建灯光，制作自然的室内光效，如图 3.4.9 所示。

图 3.4.9　全局光照场景灯光设计

(2) 使用灯光正确，照明效果舒适。

(3) 完成并归档，上传 zip 文件。

3.4 习题　　　　　　　　3.4 实验

3.5　自由女神模型布光

根据图 3.5.1 所示的自由女神像场景模型进行灯光设置。

【设计要求】

(1) 创建灯光，进行灯光照明设计、处理与调整。

(2) 构图基本完整，照明设计基本合理。

(3) 布光合理，根据要求用渲染器对场景等进行渲染输出，整体效果好。

(4) 渲染输出两张不同角度的 JPEG 格式的图片文件，长宽为 720 × 576，分辨率为 150。

(5) 保存一个 3DS 项目源文件，对完成的文件命名，并规范保存。

图 3.5.1　自由女神像参考图　　　　　　

3.5 自由女神模型布光

【制作过程】

步骤 1　创建 "VR_光源"。选择 "创建" → "灯光" 命令，在下拉菜单中选择 "VRay"，在面板中选择 "VR-光源" 按钮 ▢VR_光源，在前视图中拖拽一个 VRay_光源的平面，位置如图 3.5.2 所示，将半长度设为 20，半宽度设为 20，倍增器设为 0.8，勾选 "投射阴影"、

"不可见"、"忽略灯光法线"、"不衰减"、"影响漫反射"、"影响高光"、"影响反射"。

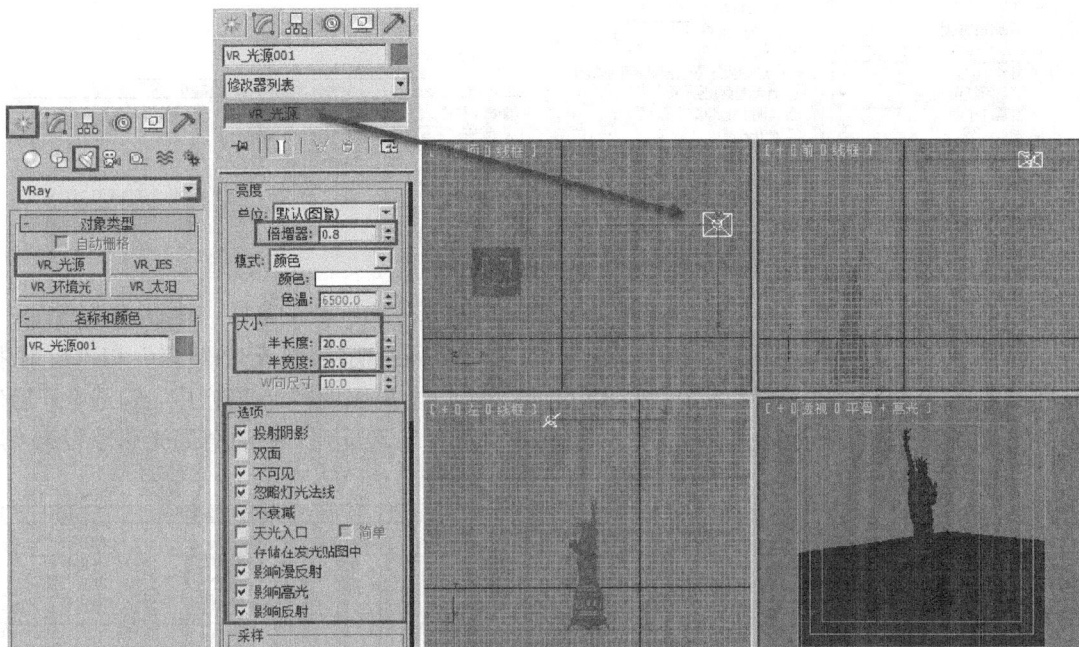

图 3.5.2　创建 VR_光源

步骤 2　按 F10 快捷键打开"渲染设置"对话框，指定渲染器产品级为"V-Ray Adv 2.10.01"，在"渲染输出"面板中取消勾选"渲染帧窗口"，在"V-Ray::帧缓存"卷展栏中，勾选"启用内置帧缓存"和"渲染到内存帧缓存"，在"输出分辨率"中取消勾选"从 MAX 获取分辨率"，将图像大小设为 320×240，如图 3.5.3 所示。

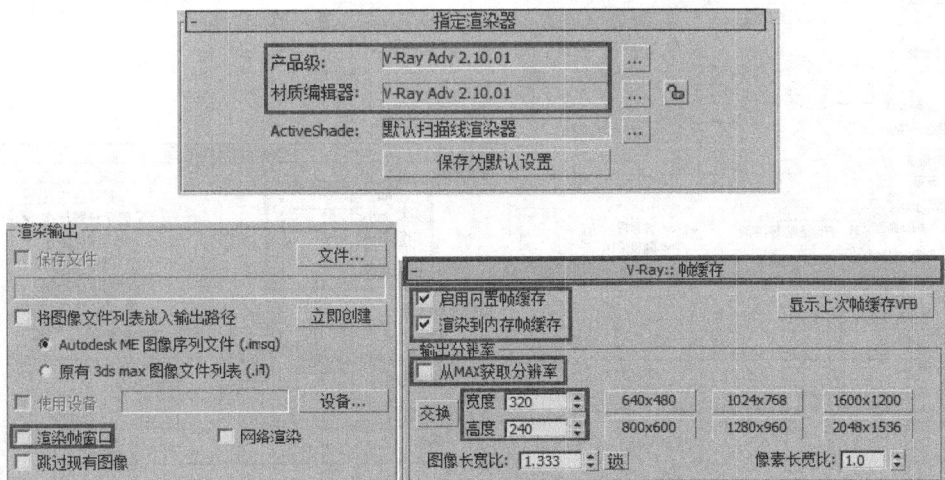

图 3.5.3　指定渲染器并设置 V-Ray 帧缓存参数

步骤 3　在"V-Ray::全局开关"卷展栏中将缺省灯光"关掉"，在"V-Ray::图像采样器(抗锯齿)"卷展栏中，设置图像采样器类型为"自适应细分"，在"抗锯齿过滤器"中开启"Catmull-Rom"，如图 3.5.4 所示。

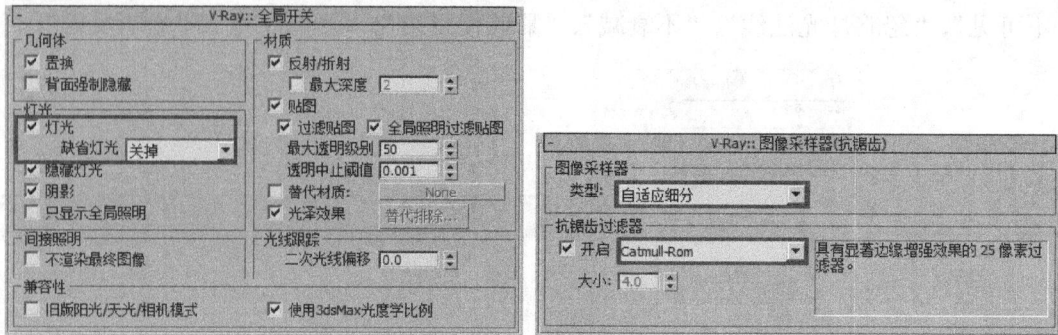

图 3.5.4　设置 V-Ray 全局开关和图像采样器(抗锯齿)参数

步骤 4　在"V-Ray::环境"卷展栏中，勾选"全局照明环境(天光)覆盖"和"反射/折射环境覆盖"，将倍增器设为 1；在"V-Ray::间接照明(全局照明)"卷展栏中，勾选"开启"，将"首次反弹"中的全局光引擎设为"发光贴图"，将"二次反弹"中的全局光引擎设为"灯光缓存"，如图 3.5.5 所示。

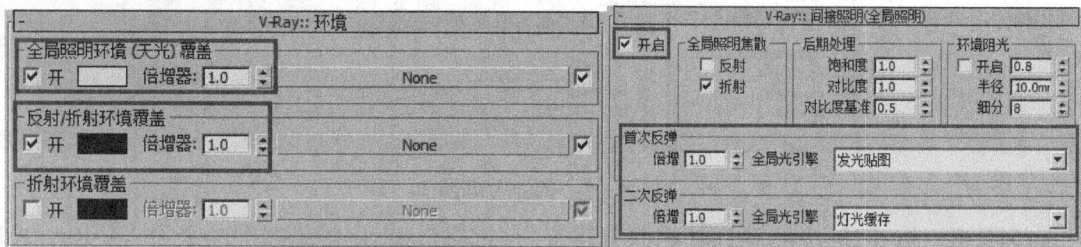

图 3.5.5　设置 V-Ray 环境和 V-Ray 间接照明(全局照明)参数

步骤 5　设置 V-Ray 发光贴图和 V-Ray 灯光缓存参数，如图 3.5.6 所示。

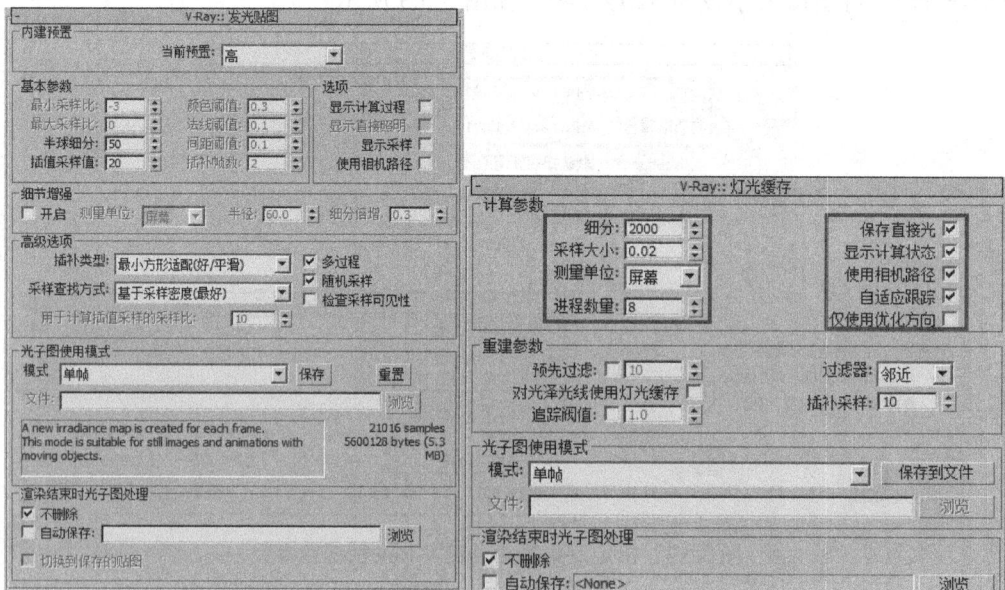

图 3.5.6　设置 V-Ray 发光贴图和 V-Ray 灯光缓存参数

步骤 6　单击"渲染"按钮，自由女神的效果如图 3.5.7 所示。

图 3.5.7　自由女神像效果图

拓展案例　动物模型布光

根据图 3.5.8 所示的动物模型进行灯光效果布置，材质不做要求。

图 3.5.8　动物模型布光

操作要求：

(1) 布光合理，根据要求用渲染器对场景等进行渲染输出，整体效果好。

(2) 渲染输出两张不同角度的 JPEG 格式的图片文件，长宽为 720×576，分辨率为 150。

(3) 保存一个项目源文件，对完成的文件命名，并规范保存。

3.5 习题　　　　　　　　　3.5 实验

第 4 章　角色动画

本章将通过为角色模型添加骨骼来了解骨骼系统的工作流程和一些重要特性。Biped 步迹动画是学习制作角色动画的入门基础。Biped 被用来给模型创建骨骼，是一个基本的人类角色装置，而且它还有足够的灵活性来定制和适配各种各样的形状角色，包括四足动物和膝盖反向的鸟类。

【相关知识】

Biped 有很多特征，这个装置可以在脊椎弯曲时自动使自己保持平衡，行走动画可以通过放置在地板上的步迹来启动，运动捕捉片断能通过被加载、混合和编辑来创建新的运动序列，Biped 骨骼运动面板如图 4.0.1 所示。

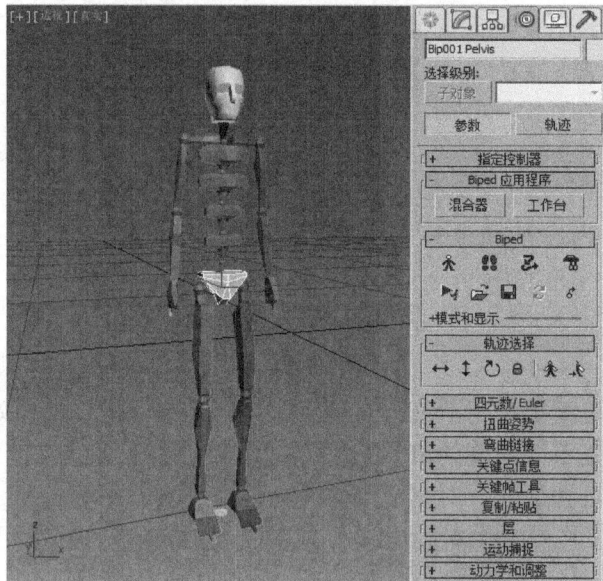

图 4.0.1　Biped 骨骼运动面板

1. 蒙皮(Physical)

蒙皮是一个修改器，类似于皮肤修改器，但是增加了腱和凸出这样的额外功能，以更好地控制下面的骨骼对网格的影响。在封套变形上也给了更多的控制封套，它受一组样条线影响，称之为链接。配合关节处光滑变形使用 Biped 时不一定用蒙皮，它只是一个可选的皮肤系统，标准的 Skin 皮肤修改器一样可以应用。

2. 群组系统(Crowds)

群组系统可以建立大量的基于设定的特定行为的角色或者单独物体。当应用到角色时，每一个单独角色的运动是混合事先准备好的特定的运动片段来创建的。这些片断可以让角色翻转、停止、重新启动，所以它能参加群组并且可以避免碰到其他角色。

3．Biped 的创建和修改方法

在创建命令面板下的系统面板中单击"Biped"按钮，在任意一个视图中拖曳鼠标，视图就会出现一个骨骼。Biped 默认创建的是二足动物的骨骼。如果在透视图、用户和摄影机等有透视关系的视图中，用鼠标在参考网格上拖曳创建 Biped，它会自动出现在网格平面上。在顶视图中不论怎么创建，它都会以网格平面为起始点。

系统面板如图 4.0.2 所示。如果创建后已经对它进行了一些操作，要重新修改 Biped 的结构，可以在运动面板下打开"形体模式"按钮，在结构卷展栏中进行修改，如图 4.0.3 所示。

提示：Biped 对象在修改面板是无法进行修改的。

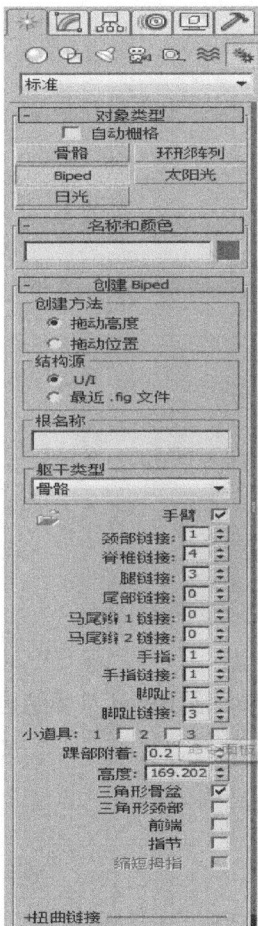

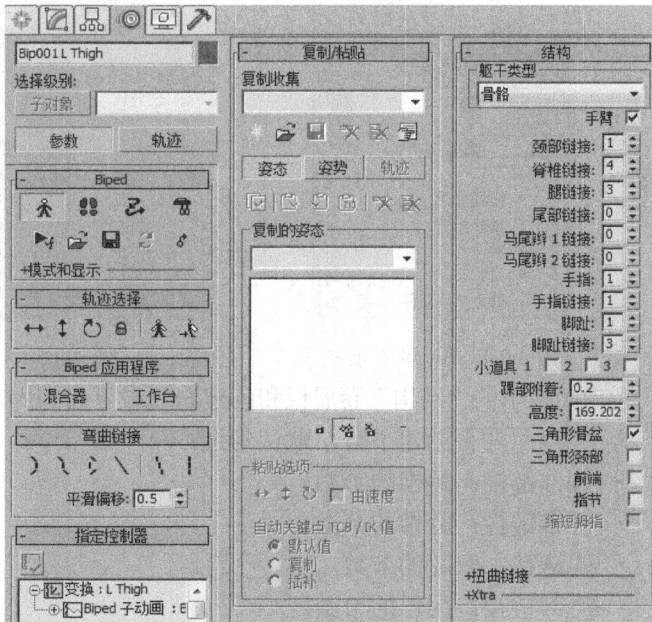

图 4.0.2　系统面板　　　　　图 4.0.3　形体模式命令面板

以下详细说明 Biped 的创建界面中各个选项的作用。

1)　"创建 Biped"卷展栏

创建方法：有"拖动高度"和"拖动位置"两种方法，如图 4.0.4 所示。

- 拖动高度：鼠标在视图中拖动时，新创建出来的 Biped 对象的位置固定，身高随着拖动而变化。
- 拖动位置：鼠标在视图中拖动时，Biped 对象的高度固定，由高度值决定，而位置也会相对变化。
- 结构源：有"U/I"和"最近.fig 文件"两种设置方法，如图 4.0.4 所示。
- U/I：按设置的结构创建。
- 最近.fig 文件：按最近的 .fig 文件进行创建(.fig 文件是存储 Biped 结构信息的文件)。

躯干类型：系统内置了四种不同形态的人体结构。

- 骨骼：动物标准内架，属于默认的骨骼结构。
- 男性：男性骨骼。
- 女性：女性骨骼。
- 标准：经典骨骼。

在图 4.0.5 中从左到右依次是以上这四种骨骼类型。

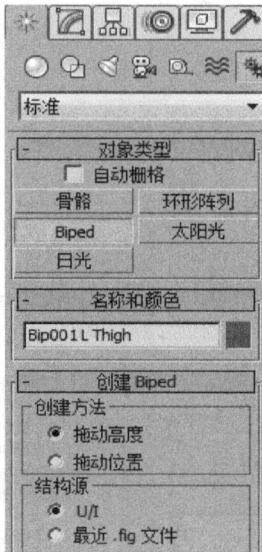

图 4.0.4　Biped 卷展栏　　　　　　　图 4.0.5　四种骨骼类型

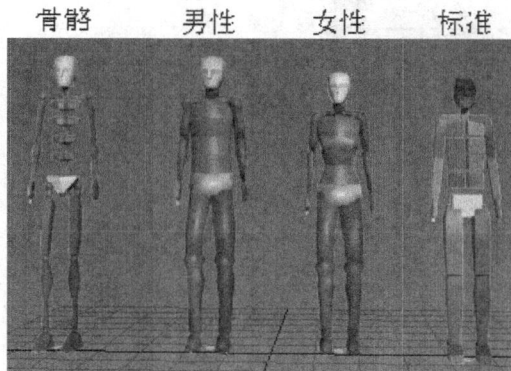

运动面板下的"结构"卷展栏和创建面板最下面的内容都是用来设置 Biped 具体结构的。

- 手臂：是否创建手臂，默认勾选。
- 颈部链接：颈椎的节数。
- 脊椎链接：脊椎的节数。
- 腿链接：双腿的节数。
- 尾部链接：尾巴的节数。
- 马尾辫 1 链接：马尾辫 1 的节数。
- 马尾辫 2 链接：马尾辫 2 的节数。
- 手指：手指的数量。
- 手指链接：每根手指的节数。
- 脚趾：脚趾的数量。

- 脚趾链接：每根脚趾的节数。
- 小道具 1、2、3：给骨骼添加一些小道具，图 4.0.6 所示就是把三个小道具全部打开后的效果。
- 踝部附着：脚踝链接，用于确定脚踝的位置。更改这个值时，脚踝会沿脚的方向前后移动，取值范围为 0～1。
- 高度：设置骨骼高度。
- 三角形骨盆：勾选该复选框后，在用 Physical 蒙皮时，会自动把大腿和脊椎最后一节相连。不勾选时，大腿只和骨盆有链接关系，不再与脊椎相链接。
- 三角形颈部：勾选该复选框后，将锁骨附加到背椎的顶部，而不是附加到颈部。
- 前端：显示手掌和五根手指，如图 4.0.7 所示。
- 指节：只显示五根手指及指节，如图 4.0.8 所示。

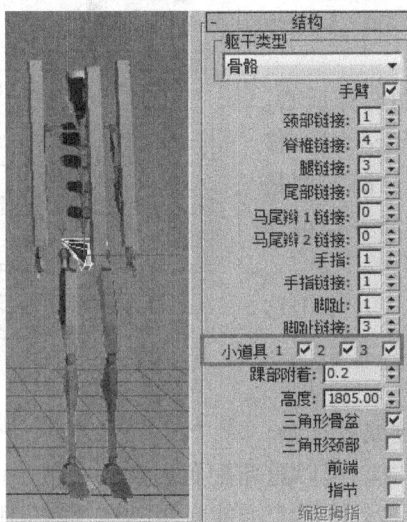

图 4.0.6　骨骼小道具　　　　图 4.0.7　手的前端模式　　图 4.0.8　手的指节模式

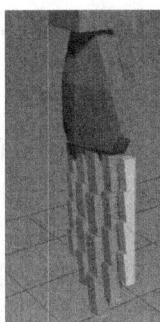

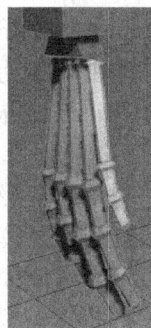

2) 运动控制面板

下面介绍 Biped 在运动面板中的控制面板，该面板如图 4.0.9 所示。

在 Biped 上任意一块骨骼(包括质心)被选择时，打开运动面板，就会弹出这个控制面板。下面依次说明一下它们的作用。

(1) "Biped" 卷展栏。

在这个卷展栏中，最上面的两排按钮主要用于切换 Biped 对象的不同工作模式，保存各类 Biped 专用的信息文件等。

(形体模式)：切换 Biped 对象到外形模式。在这个模式下，可以调整 Biped 对象的结构和形状。给 Mesh 对象使用 Physical 蒙皮后，打开这个按钮，Biped 的对象会临时关闭动画，恢复到原始状态，并允许用户对它的结构和形状进行修改以适配 Mesh 对象。若此状态被激活，则结构卷展栏会自动被激活。

(步迹模式)：用来建立和编辑步迹。当步迹模式被激活时，在运动面板上会多出两个附加的卷展栏，分别为足迹创建和足迹操作。

　　 (运动流模式)：使用运动流模式进行运动剧本的编辑修改时，可以对多个动作进行连接，以及执行动作间的过渡操作，也可以对运动捕捉的动作进行剪辑处理。激活这个按钮会附加一个运动流卷展栏。

　　 (混合器模式)：激活混合器模式时，混合器编辑的运动流临时生效，会附加一个混合器卷展栏。

　　 (Biped 播放)：实时播放场景中所有可见 Biped 对象的动画。这种模式下 Biped 对象以线条形式显示，并且场景中其他对象都不可见。

　　 (加载文件)：根据 Biped 对象的工作模式不同，打开文件的格式也不一样。如体形模式时就打开 .fig 格式文件，足迹模式时就打开 .bip 或者 .stp 格式文件。

　　 (保存文件)：和加载文件用法类似。

　　 (转换)：足迹动画和自由动画互相转换。

　　 (移动所有模式)：这个按钮被激活时，会自动选择质心，并打开一个位置和旋转的对话框，可以进行整修 Biped 对象移动和旋转的操作。这种模式下，不管选择了哪一块骨骼，都是对质心操作。塌陷按钮是把当前移动或者旋转的值清零，再操作会以当前位置为起点。

　　在 Biped 卷展栏中有一道横线，前面有一个"+"，单击这个"+"会展开两个选项组，分别为模式和显示。

　　① 模式选项组。

　　 (缓冲区模式)：在缓冲区中编辑已复制的足迹或者动画。

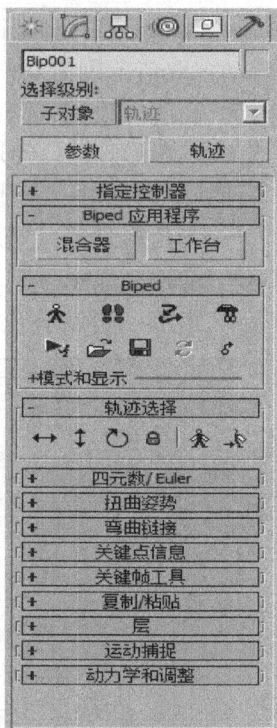

图 4.0.9　Biped 的控制面板

　　 (橡皮圈模式)：在体形模式下打开橡皮圈模式，可以重新配置肘和膝关节，可以调整质心的位置。只有在选择了手臂、腿和质心时，这个按钮才可能有用。这个模式和非等比缩放不同，对上臂进行非等比缩放时，小臂的长短不变，会和手一起向外移动从而拉长上臂。但如果用缓冲区模式对上臂进行移动操作，它的长短也会有变化，小臂也会有相应的变化，从而保证手的位置不动，这个功能在适配网格模型时很有用。

　　另外，在这个模式下可调整质心的位置，质心其实也是人的重心位置，这样非标准二足骨骼的重心调整就有了更大的余地。

　　 (步幅缩放模式)：足迹步幅的大小自动适配 Biped 对象的步幅大小。默认打开。

　　 (原地模式)：打开这个模式后，在播放动画时，会保持 Biped 对象一直显示在视图中，以方便观察和调整。在此按钮处按住鼠标左键不放，会弹出包括原地模式在内的三个按钮。其他两个按钮分别为锁定质心 X 轴的运动和锁定质心 Y 轴的运动。锁定质心 X 轴的运动一般用于游戏输出，在角色行走时，臀部和上身沿 Y 轴的摇摆被很好保持。锁定质心 Y 轴的运动一般用于游戏输出，在角色行走时，臀部和上身沿 X 轴的摇摆被很好保持。

　　② 显示选项组。

　　 (对象)：Biped 对象在场景中显示，并被渲染。有三个选择按钮，默认模式是对象显示模式，其他两个按钮分别为骨骼和骨骼/对象。 (骨骼)：用线状骨骼显示 Biped 对象，这种模式时，Biped 对象将不被渲染，并且能更好地观察 Biped 的对象间的连接。 (骨骼

/对象)：同时显示 Biped 和骨骼线。

图 4.0.10 从左到右依次显示了这三种 Biped 显示模式。

▌⁴²(显示足迹和编号)：足迹的默认显示模式，它还包括两个按钮：只显示足迹和隐藏足迹。图 4.0.11 中的三个 Biped 对象都被添加了相同的足迹动画，只是足迹的显示模式不同。

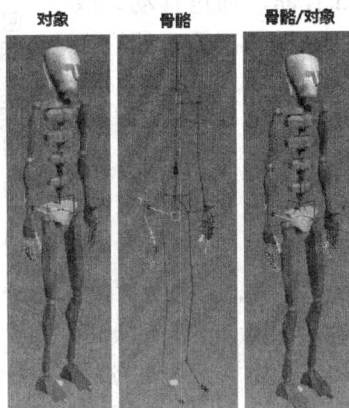

图 4.0.10　Biped 三种显示模式　　　图 4.0.11　Biped 对象的三种足迹显示模式

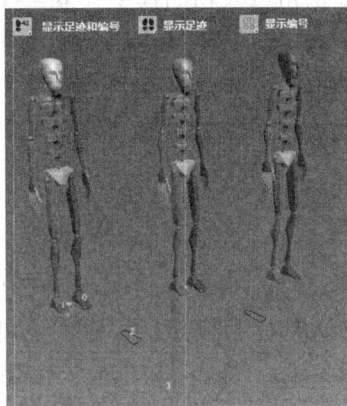

▦(扭曲链接)：在 Biped 对象的结构设置里，如果勾选了扭曲链接中的"扭曲"，并设置前臂链接为 1 后，则激活这个按钮就会显示前臂扭曲附加的节和扭曲状态。

▟(腿部状态)：这个按钮打开后，Biped 对象的脚在适当帧会标识出接触、踩踏和移动帧属性。

∧(轨迹)：在视图中显示 Biped 对象的部分运动轨迹。

▤(首选项)：对足迹颜色、轨迹参数、在播放模式时回放的 Biped 对象的数量(如果场景有多个 Biped 对象)等进行设置。"显示首选项"对话框如图 4.0.12 所示。

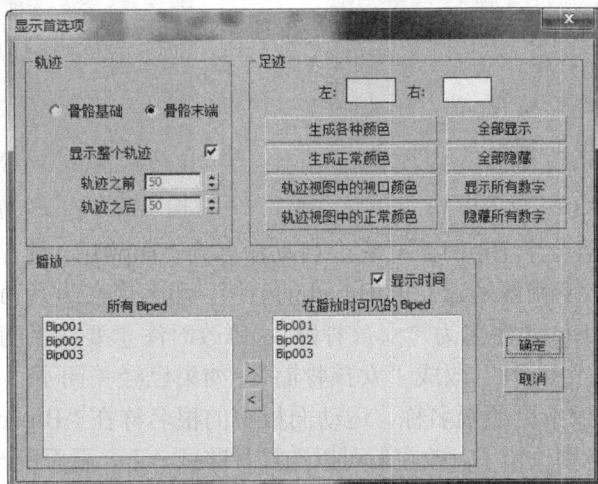

图 4.0.12　首选项参数设置对话框

(2)　"Biped 应用程序"卷展栏。

混合器：主要应用于制作 Biped 运动的多层动画。

工作台：用来分析和调整运动曲线。

4.1　人物骨骼的创建与匹配

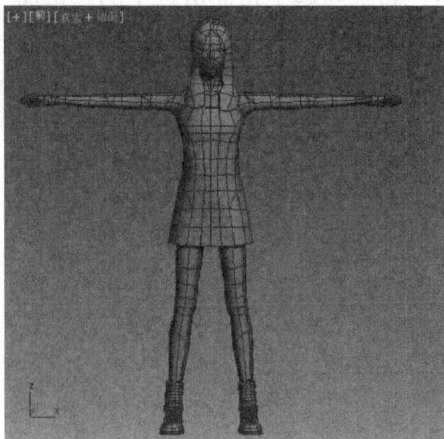

　　根据提供角色人物的模型建立一个适合的 Biped 骨骼，通过移动、放置、缩放 Biped 的各个部分来让骨骼具有角色特征，并正确摆放，让它在模型中很好地匹配。

【制作过程】

4.1 人物骨骼的
创建与匹配

第一部分　人物骨骼的创建

　　步骤 1　启动 3ds max 2014，打开"人物蒙皮.max"文件，这个文件里有一个名字为"女人"的女子人体网格模型，检查一下脚趾和手指数量，如图 4.1.1 所示。

　　步骤 2　激活前视图并按最大化显示。打开创建面板的"系统"项，单击"Biped"按钮，在模型的双脚之间点击鼠标后向上拖动，在视图中就会产生一套骨骼，高度和位置如图 4.1.2 所示。

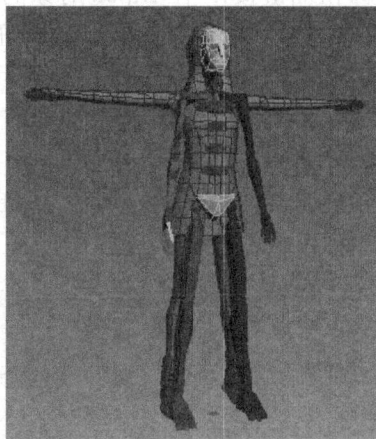

图 4.1.1　女人模型　　　　　　图 4.1.2　在女人模型上创建骨骼

　　步骤 3　建立了第一个 Biped 后，它会自动命名为"Bip01"。建立的第二个 Biped 的名字就是 Bip02，这个名字就像是建立的 Biped 的后缀，那么现在为其命名一个场景中唯一的名字。将这个新建的 Biped 命名为"女孩骨骼"。修改时注意要在"创建 Biped"卷展栏中，把"根名称"项中的"Bip01"改成"女孩骨骼"。如果已经关闭了"创建 Biped"卷展栏，那么也可以在运动面板中更改根名称。运动面板中的根名称在"Biped"卷展栏中扩展工具的最下面，一定要注意别改错了。改完后可以选择骨骼试一下，看看所改的女孩骨骼是不是已经成了 Biped 对象上其他骨骼的名字后缀。如选择头骨，头骨的名字应该是"女孩骨骼 head"。

　　步骤 4　选择名为"女孩"的模型，按 Alt + X 键或者在显示面板中勾选"透明"复选框，让其半透明显示，这样做是为了在摆放骨骼时便于观察。把模型冻结，冻结时在显示面板中取消"以灰色显示冻结对象"复选框的勾选，这样在对骨骼进行操作时就不会误选模型了。

步骤 5　选择 Biped 骨骼的任意一个部分，在运动面板中打开"体形模式"。在"结构"卷展栏中设置颈部链接值为 2，手指值为 5，手指链接值为 3，脚趾值为 1，脚趾链接值为 1。这样就把颈椎节数设为了 2 节；手指数设成了 5 根，每根有 3 节骨节；脚趾数设为了 1 根，每根有 1 节骨节。然后观察女孩骨骼的高度是否和模型匹配，如果不匹配，应调节高度值。

步骤 6　把 3ds max 切换到四视图模式，在前视图和左视图中，把 Biped 骨骼质心移动到模型的臀部内部。在移动骨骼时会发现，只有选择了质心才能对整个骨骼进行移动。"轨迹选择"卷展栏中的三个按钮 ⟷ ↕ ↻ 都能自动选择质心。当选择了质心，沿某一轴向进行移动或者旋转时，相应的按钮也会被自动激活，最终结果如图 4.1.3 所示。

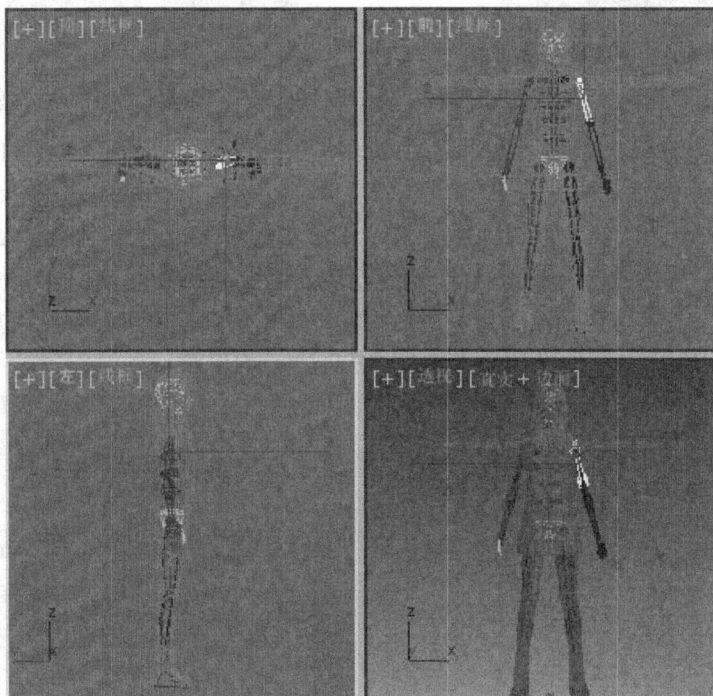

图 4.1.3　匹配后的最终结果

步骤 7　把两侧的大小腿骨骼全部选定，沿 X 轴缩放。让 Biped 的脚和模型的脚对齐。选择时可以利用"轨迹选择"卷展栏上的"对称" ⚏ 和"相反" ⚏ 两个工具。当选择身体一侧的部分时，用对称工具来同时选择身体另外一侧对应的部分，用相反工具取消原来的选择，重新选择另外一侧对应部分。例如当前选择了左手，用对称工具可以把左右手同时选择，用相反工具则只选择右手，左手的选择取消。

提示：Biped 系统中，对骨骼进行缩放操作时，用的是局部坐标系统，且不可更改。

步骤 8　选择所有脊椎，沿 X 轴缩放，让 Biped 的肩部进入到模型的肩内部。以同样的方法缩放颈椎，调整头部骨骼的位置。调整之后的结果如图 4.1.4 所示。

步骤 9　选择两侧的大腿并进行旋转，让它们进入模型的双腿中央。旋转双脚，让脚尖向下倾斜，和穿鞋的脚型适配。旋转脚趾至水平，缩放脚趾让它穿出模型。最后结果如图 4.1.5 所示。

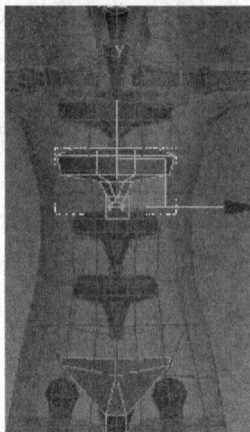

图 4.1.4　调整骨骼上部与模型匹配　　　　图 4.1.5　调整骨骼腿部与模型匹配

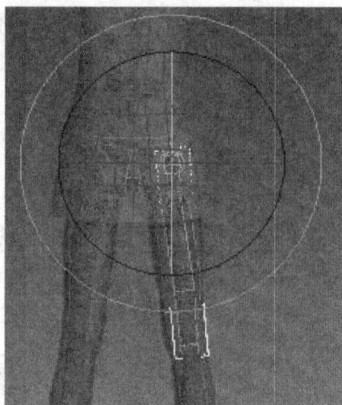

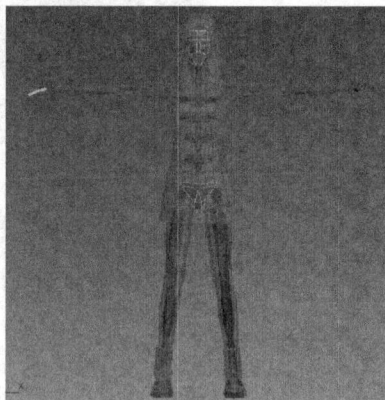

提示：在旋转大腿骨骼时，小腿可能会产生弯曲，这时可以点击双脚向下拉即可把腿拉直。另外，在双侧选择时，要多利用对称工具。

步骤 10　选中两侧的上臂，旋转至水平，让双臂骨骼也进入到模型双臂内部。观察双臂的长短和关节位置。先选中双侧上臂，缩短，让肘关节和模型匹配，再拉长小臂，匹配腕关节。选中双手向下旋转，再缩短手掌，最后将锁骨选定向后稍许旋转。结果如图 4.1.6 所示。

步骤 11　旋转脊椎、颈椎和头部至图 4.1.7 所示的位置。

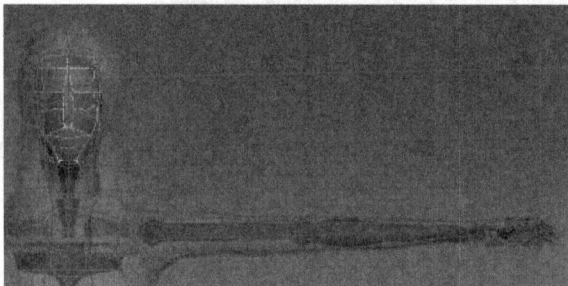

图 4.1.6　调整手臂与模型匹配　　　　图 4.1.7　调整头颈和脊椎与模型匹配

步骤 12　现在，这个名为"女孩网格对象"的骨骼系统除了手指外基本就适配完成了，保存场景到"女孩骨骼.max"。

在前面的步骤中还可以利用如图 4.1.8 所示的"复制/粘贴"卷展栏中的工具来进行更简便的操作，下面详细地说明一下该卷展栏的使用方法。

"复制/粘贴"卷展栏上有三个按钮，分别是姿态、姿势和轨迹，它们用于复制、粘贴操作对象。姿态针对 Biped 被选择部分进行配置，主要用于身体两侧相对部分的姿势结构的复制；姿势是针对整个 Biped 进行配置，主要用于把当前 Biped 对象的结构和姿势完整复制到场景中其他的 Biped 对象；轨迹针对被选择部分的动画轨迹进行配置。

✱(创建集合)：创建一个新的集合。

图 4.1.8 复制/粘贴卷展栏

和 ：把当前复制缓冲区中的姿态、姿势和轨迹信息保存成一个 .cpy 文件，或者加载一个以前保存的 .cpy 文件。

和 ：删除缓冲区中当前选择的姿态、姿势和轨迹；删除所有在缓冲区中的姿态、姿势或者轨迹。

：加载一个 .max 文件。

、和 ：这三个按钮只针对姿态状态有效。

当"复制/粘贴"卷展栏上的姿势被激活后，上一条讲的三个按钮会被另外三个按钮替代，从左到右依次是复制姿势、粘贴姿势和向对面粘贴姿势。

当"复制/粘贴"卷展栏上的轨迹被激活后，上一条讲的三个按钮会被另外三个按钮替代，从左到右依次是复制轨迹、粘贴轨迹和向对面粘贴轨迹。

：将姿态粘贴到选定的 xtra 文件。

：删除选定的姿态。

：删除所有在缓冲区的姿态副本。

位于卷展栏下方的下拉列表就是缓冲区中被复制的姿态、姿势和轨迹，可以在此处给复制的对象改名，如果复制了多个，可以在此列表中选择某一个来粘贴或者删除。

此卷展栏中最下面的小预览窗口就是当前选择的内容的预览，下面就用这个卷展栏中的功能来调整一下手指的匹配。

手指的摆放是骨骼调整中最具挑战性的工作，每个手指关节都要单独进行移动和旋转操作，可以旋转每个手指和拇指关节，但不能对手指和拇指尖部关节进行移动操作。如果想调整手指尖部，那么有一个较容易的方法，就是在进行旋转和缩放手指关节前把每一个手指尖部关节摆放到合适的位置。

提示：Biped 系统中不管是骨骼还是足迹，默认都是用蓝色代表左侧、绿色代表右侧。

第二部分　人物骨骼的匹配

步骤 1　把右手骨骼按最大显示，对手掌和小指骨骼用变换工具调整至图 4.1.9 所示的样子。缩放手指长度时，要让它刚好能穿破模型的指尖，这对以后的蒙皮会有帮助。

步骤 2　选择右侧手掌，单击"复制/粘贴"卷展栏中的"复制姿态"按钮，在下面的列表中就会出现一个名字"RArm01"，可以为其改名。在工作中要养成及时给操作对象起名的习惯，现在一个骨骼不会觉得乱，但在真正的大场景中，有几十个上百个 Biped 对象时，就会发现用系统的默认名字找起来很困难。在这里把名字改成"女孩右手 01"，单击"向对面粘贴姿态"按钮，把缓冲区的右手状态粘贴给身体的另一侧对应部分——左手。

提示：粘贴时无论所选择的是 Biped 对象的哪一部分，只要选择列表中当前选择的是"女孩右手 01"，单击"向对面粘贴姿态"按钮后只会把这个状态粘贴给右手，而不会粘贴给所选择的部分。

步骤 3　由于 Biped 的 IK 关系，当双击某一骨骼部分的父级时，那么连同它的子层级的部分会一同选定。根据这个特性，可以通过双击小指的根部骨骼选择全部小指，单击"复制"，命名为"女孩骨骼右手指 4_01"，再单击"向对面粘贴姿态"按钮来实现想要的效果，结果如图 4.1.9 所示。

步骤 4　用相同的方法调整其他四根手指，再粘贴给另外一侧的手上。手部的正确摆放没有捷径可走，必须从各个角度观察手指和拇指骨骼是否放在了网格模型的中央，因为拇指旋转起来很困难，所以调整拇指是很有挑战性的。最后的结果如图 4.1.10 所示。

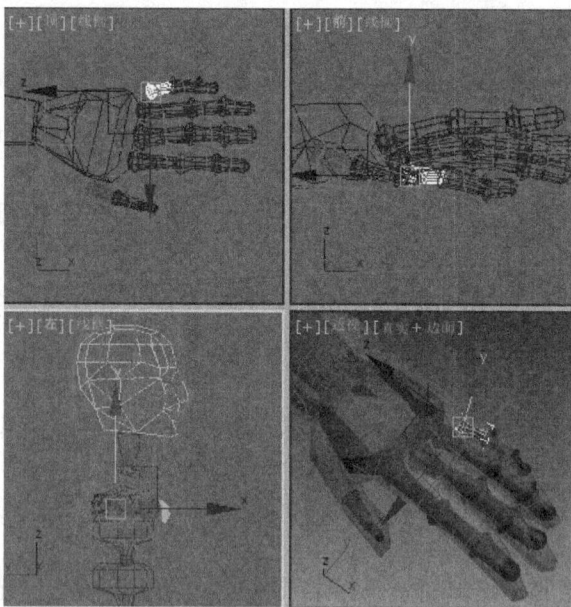

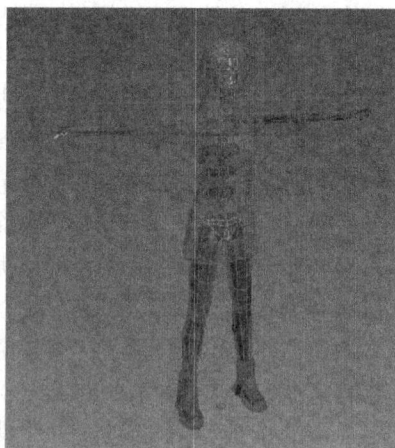

图 4.1.9　手部骨骼调整　　　　　　　　图 4.1.10　骨骼与模型匹配的最终结果

提示：模型两侧可能不完全对称，真正的人也没有两侧完全对称的。另外，如果质心不是绝对在中心位置，则手部也不会精确匹配，所以复制完成后还要对另外一侧的姿态进行细致的调整。

步骤 5　确认匹配满意后，单击"Biped"卷展栏上的"保存"按钮 ![保存图标]，把调整好的结构保存成"女孩骨骼.fig"文件。.fig 文件是专门保存 Biped 的结构信息的文件，以后我们新建一个 Biped 对象时，就可以调用这个结构文件。

步骤 6 解除女孩模型对象的冻结并关闭半透明显示，保存场景到"女孩骨骼匹配.max"。

★★★
拓展案例 骨骼创建

根据图 4.1.11 所示的素材图片，完成骨骼的创建。

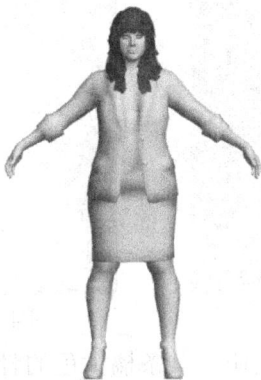

图 4.1.11 女人模型

操作要求：

(1) 创建骨骼并合理匹配，模型没有穿插和遗漏。

(2) 渲染输出图片长宽为 720×576，分辨率为 150。

(3) 保存一个项目源文件，对完成的文件命名，并规范保存。

4.1 习题   4.1 实验

4.2 简单蒙皮

根据提供的女孩角色模型制作蒙皮，让角色动起来。

【制作过程】

4.2 简单蒙皮

步骤 1 打开"女孩骨骼.max"文件，场景中有一个名为"女孩"的人体模型和一个名为"女孩骨骼"的 Biped 对象，如图 4.2.1 所示。

步骤 2 一般来说，低精度的模型是最容易进行蒙皮处理的，所以先删除女孩修改堆栈里的网格平滑修改器，等蒙皮完成后再添加。选择 Biped 对象，在运动面板的"Biped"卷展栏中打开体形模式。

步骤 3　选择女孩模型，在修改面板的修改器列表中找到蒙皮修改器并应用到所选择的物体上。在"Physique"卷展栏上单击"附加到节点"按钮 🧍，再单击"Biped 的质心"，会弹出"Physique 初始化"界面，如图 4.2.2 所示。

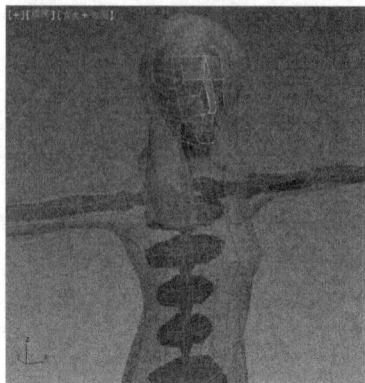

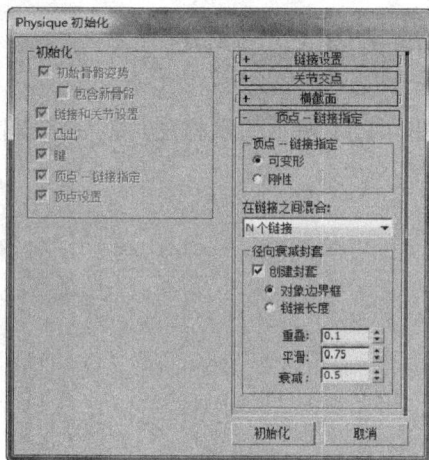

图 4.2.1　骨骼模型　　　　　　　　　图 4.2.2　蒙皮的初始化界面

在该界面上单击"初始化"按钮，一条橘黄色的骨骼线就会在网格模型的内部显现出来，如果 Physique 被正确应用，则这条线会伸展上至头部，下至每根手指和脚趾，如果不是头部、手指、脚趾都有这种线，那就意味在单击"附加到节点"按钮后单击的不是 Biped 质心，如果出现这种情况，就再单击"附加到节点"按钮后重复上一步，直到骨骼线正确，正确结果如图 4.2.3 所示。

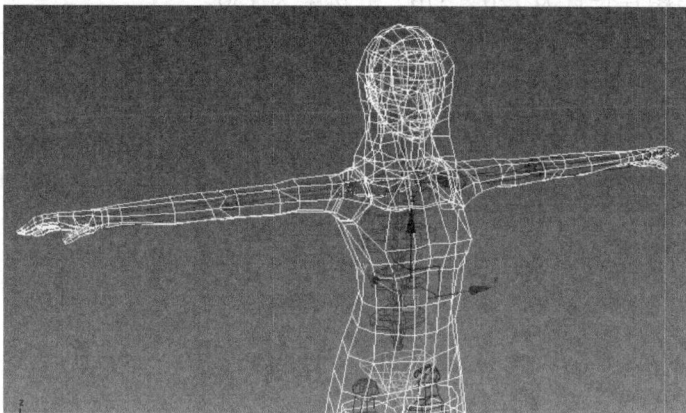

图 4.2.3　蒙皮初始化附加到节点 Biped 质心

步骤 4　Physique 是基于 Biped 每一块骨骼的大小和它们离顶点的远近来分配顶点到特定的骨骼的，如果很仔细地摆放了骨骼，那默认的分配就是相当精确的，但是一些调整还是必需的。

步骤 5　关闭 Biped 的体形模型，并加载一个 Bip 文件，在这里用一个事先做好的调试动作，即"标准测试.bip"。

播放动画后发现问题有很多，有一些点并不随 Biped 的运动而运动，有很多地方的褶皱也不自然，如图 4.2.4 所示。现在通过调整封套对这些问题予以解决。

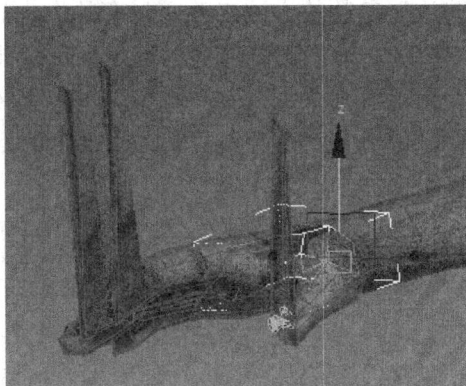

图 4.2.4 调整动作后模型出现问题

Physique 的大部分工作是调整封套和交叉区域，以便精细调整使角色模型的行为更像人的动作。为了得到最好的效果，要注意到网格模型的每一块区域。调整封套时要注意以下几点：

- 每一个封套都要包含它周围的顶点。
- 当 Biped 走路或者伸展时，它的肩部和躯干都必须被调整为光滑变形。
- 头部需要一个刚性封套来保证最小的变形。

在调整封套时，要从顶点的角度观察模型，当 Biped 的结构改变时，一个测试动画就可以展现网格模型上不同的缺点。

步骤 6 先把文件另存为"Physique01.max"，把时间滑块拖到第 0 帧，在透视图中改成"按用户视图显示"，按 F3 键以线框显示，并把用户视图最大化。

步骤 7 选择左小腿的骨骼，此时能看出有两个封套包裹着小腿，封套里面的顶点可以被骨骼影响。内侧的红色封套代表受骨骼影响最强的区域，红色封套以外，影响力递减，至外侧紫色封套时影响最小，再外面的点就不再受骨骼影响了，如图 4.2.5 所示。

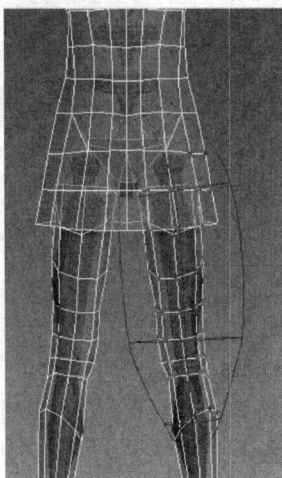

图 4.2.5 小腿封套显示模式

被当前选择骨骼的封套影响的顶点会变成不同的颜色来表现它们受封套影响的不同方

式。可以通过改变"径向缩放"参数的方法来改变封套的大小。逐渐增大封套的半径，会发现封套包含的顶点会越来越多，被当前骨骼影响的顶点也会相应的地增多。

　　技巧：如果单击"混合封套"卷展栏下的"显示选项"按钮，就会弹出"Physique：混合封套显示选项"对话框，如图 4.2.6 所示。可以对内外封套显示颜色进行修改(如果模型是以线框方式显示的，此操作无效)。

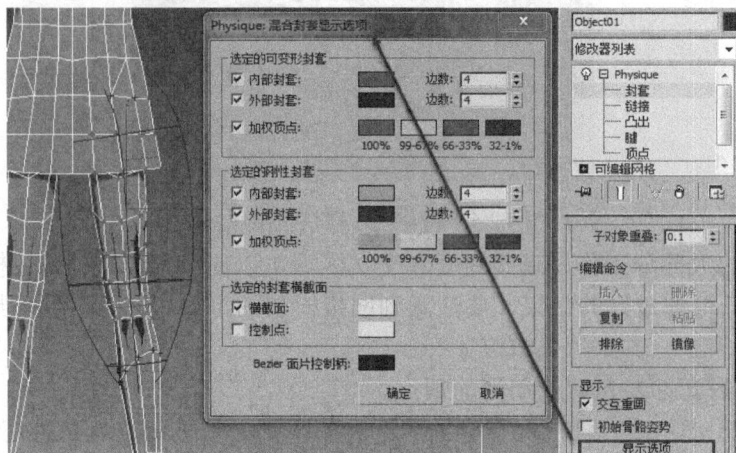

图 4.2.6　Physique 混合封套显示选项对话框

　　步骤 8　现在可以看到大拇指的位置有部分点没受骷髅的影响。确认大拇指最前端的骨骼被选定，在"混合封套"卷展栏的"封套参数"选项组中增大"径向缩放"参数，直到小腿上的所有顶点都被包裹进去。

　　步骤 9　在"编辑命令"选项组中单击"复制"按钮，然后选择右小腿骨，单击"粘贴"按钮，这样左小腿的封套设定就被粘贴到右小腿上了，播放动画，发现小腿上的蒙皮问题已经解决，如图 4.2.7 所示。

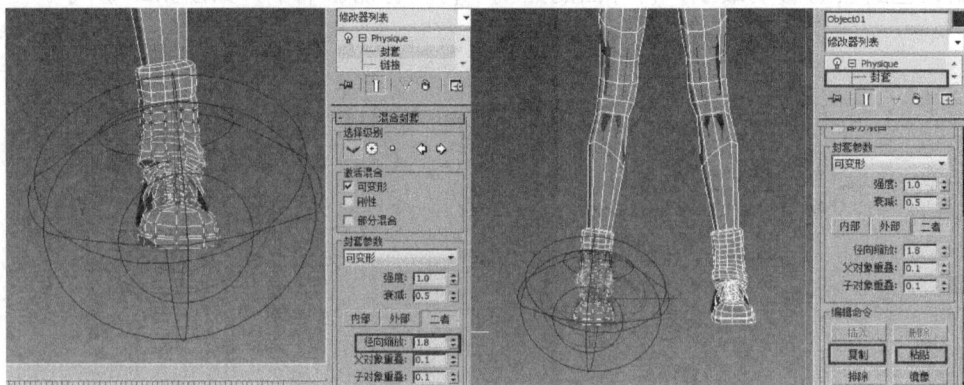

图 4.2.7　修改脚部封套径向缩放值复制到相反的封套

　　步骤 10　下面调整一下胸部的封套。在修改面板中继续选择"Physique"下的"封套次物体级"，单击脊椎最上面一节的链接，然后在"混合封套"卷展栏下的"选择级别"选项组中单击"链接"按钮 ✓，如图 4.2.8 所示。增大"封套参数"选项组中"父对象重叠"的值，会发现封套的下端会向下移动，这个参数可调整父级链接的交叠区域，调整这个数值直到达到合适的效果。

步骤 11 再单击"选择级别"选项组中的"控制点"按钮 <kbd>□</kbd>，按图 4.2.9 所示进行调整，注意控制点不能上下移动。如果需要上下移动的话，就单击"选择级别"选项组中的"横截面"按钮 <kbd>⊕</kbd>，对一个截面上所有的控制点进行上下调整。

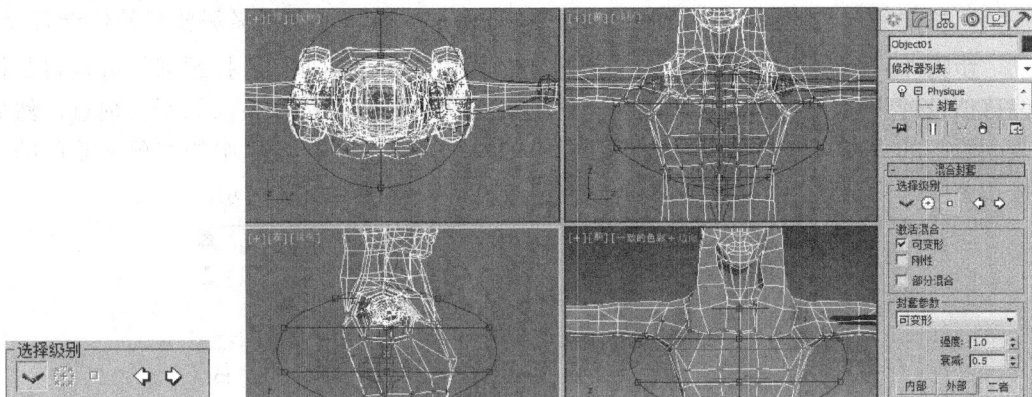

图 4.2.8 封套选择级别选项组   图 4.2.9 调整胸部封套参数

步骤 12 观察效果，发现手臂有些过于柔软，选择封套的链接的次物体级，点选右上臂的链接，然后在修改面板的"链接设置"卷展栏中把弯曲选项组中的张力值由 1 降到 0.2，对右上臂做同样的调整。再播放动画，发现手臂硬了些，也自然了许多。

步骤 13 肘部弯曲时，外侧的光滑度不够，内侧交叉得也比较厉害，再次同时选择左右上臂的链接，然后把"链接设置"卷展栏中的"滑动"选项组下的内侧值增大到 0.25，外侧值增大到 0.4，这样看上去弯曲就顺滑了。同样对肩膀的链接也做以上调整，设置内侧值为 0.2，外侧值为 0.88，如图 4.2.10 所示。

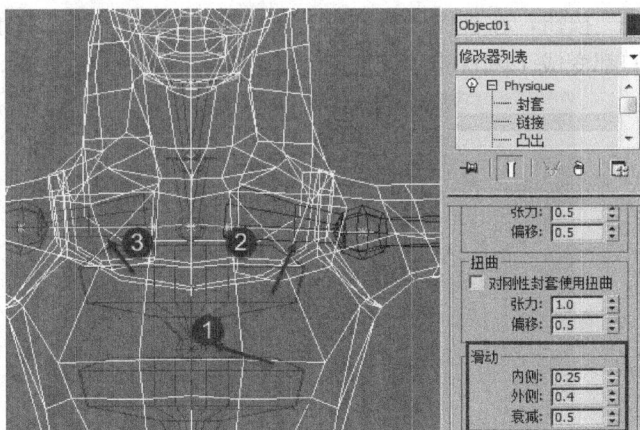

图 4.2.10 调整肩部链接滑动值

现在弯曲内侧还会有一些交叉现象，目前只做基本的蒙皮和调整，光靠一个封套纠正所有错误相当麻烦。

步骤 14 当调整手臂的姿势时手心是翻转着向上时，注意一下肩膀和手掌，它们也随着手臂的旋转发生了扭曲或者变形，这是现实中不应该发生的。选择两个小臂的链接，在

“链接设置”卷展栏的“扭曲”选项组中把偏移值设为 1，这样就把手臂扭曲分配到了选择的小臂链接中，手部不承担扭曲。但实际中，肩部的扭曲也不应该很大，选择两侧上臂的链接，再把扭曲的偏移值设置成 0.8。

提示：链接的参数调整后，一定要单击“链接设置”卷展栏下的“重新初始化选定的链接”按钮，重新给选择的链接进行初始化，从而让顶点根据调整好的值进行分配。

步骤 15　头部变形了，说明头部跟随颈部也产生了扭曲。选择颈部的链接将其扭曲的偏移值设置为 1，然后切换到 Physique 的顶点次物体级，选择头部的所有顶点，然后把修改面板下的“质点—链接指定”卷展栏中的“顶点类型”选项组中的红色和蓝色的十字形按钮关闭，只保留中间的绿色十字形按钮被打开，如图 4.2.11 所示。

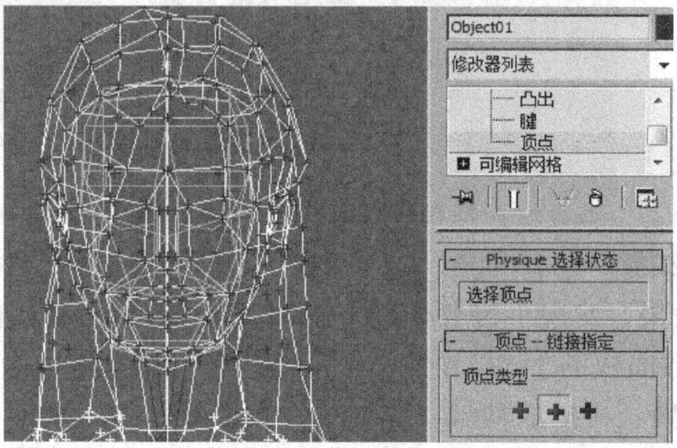

图 4.2.11　指定头部所有顶点

提示：这三个按钮表示三种不同形态的顶点，红色为可变形顶点，绿色为刚性点，蓝色为不受任何链接控制的点。

步骤 16　在“链接之间混合”的下拉列表中选择“无混合”，在“顶点操作”选项组中激活“指定给链接”按钮，在视图中点选头部的链接，会发现所选择的头部上的顶点都变成了绿色，说明它们都变成了刚性点，不再随着骨骼的运动而产生变形，如图 4.2.12 所示。

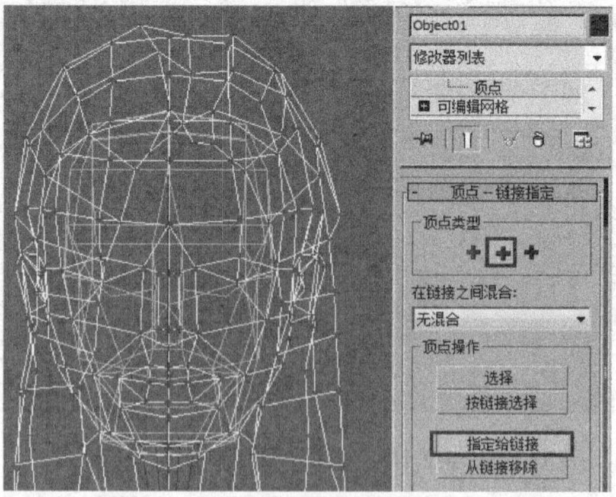

图 4.2.12　将头部所有顶点转换为刚性点

现在再对臀部和腹股沟的点做调整，通过播放动画，可以发现臀部并没有随骨骼运动，另外腹股沟的运动也不自然，特别明显的是腹股沟随着腿的张开而变细。

步骤 17　切换到蒙皮修改器的顶点次物体级，选择腰部以下膝盖以上的点，会发现臀部后面有些点是蓝色的，也就是说它们在封套范围内没有受到影响。切换回封套次物体级，将两条大腿封套的径向缩放值调整为 1.8 左右，这样有更多的点被大腿容纳进去，同时臀部上也有更多的点同时受大腿的控制。但这样做的同时又产生一个新的问题——封套过大，同时也影响了另外一侧大腿上的点，如图 4.2.13 所示。

步骤 18　切换到顶点次物体级，激活"按链接选择"，然后选择左侧大腿骨的链接，这时发现在右腿上有一些点颜色为深褐色，这说明这个链接对它有影响，如图 4.2.14 所示。

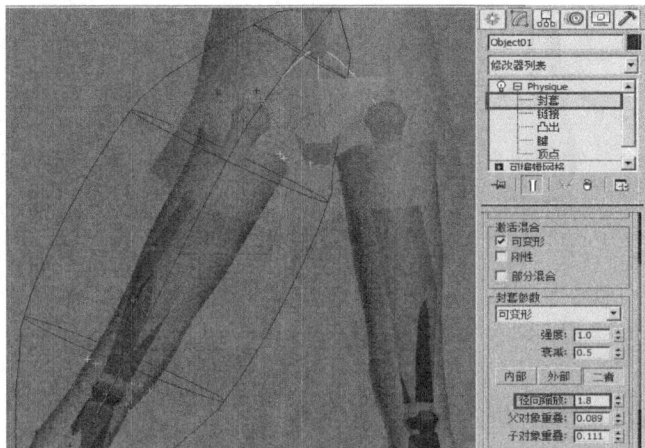

图 4.2.13　两条腿封套的径向缩放调整　　　图 4.2.14　左侧大腿骨的链接顶点

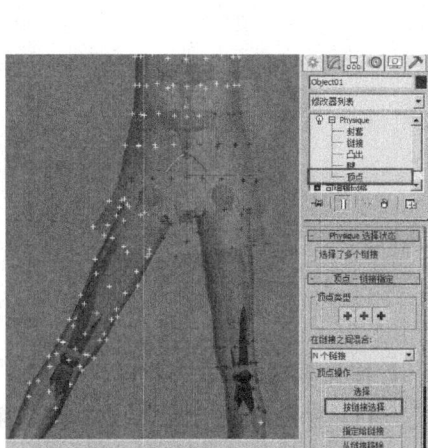

步骤 19　重新激活"选择"按钮，将身体中线右侧的点全部选定，单击"从链接移除"按钮后，再点选左大腿的链接，就把选定的点从左大腿链接上拆除了，以同样的方法把左侧的点也从右大腿上的链接上拆除。再次播放动画，会发现档部的点随着腿的分开被拉扯而产生严重的变形，再把这里的点选定，从两侧大腿的链接上拆除，这样档部就只受盆骨的影响了，如图 4.2.15 所示。

步骤 20　把它们从左大腿的链接上拆除，然后分配到盆骨中间链接和盆骨与左大腿的链接上，单击"锁定指定"按钮后，再单击"输入权重"按钮，弹出"调整链接权重"的对话框，然后把女孩骨骼 Spine 的权重调整到 0.05，再单击"取消锁定指定"按钮解除点分配的锁定，如图 4.2.16 所示。

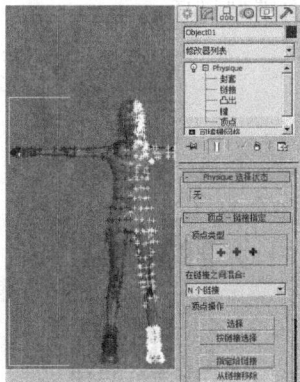

图 4.2.15　移除链接顶点　　　　　图 4.2.16　设置左大腿的权重

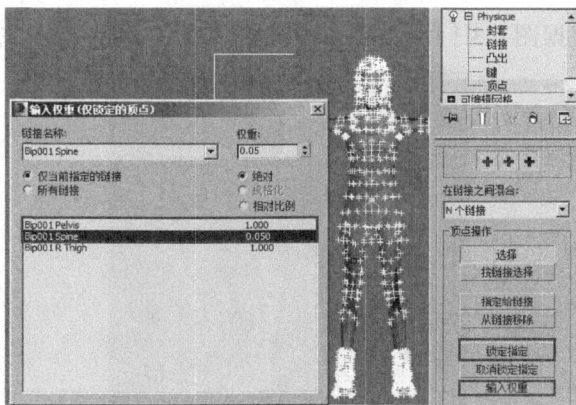

步骤 21　对右侧的点做同样的处理，再播放动画，会发现会阴部的变形自然多了，但臀部后面的点又发生了异常的变形，用前面的方法再做调整，保存文件到"封套 01.max"。

拓展案例　*骨骼蒙皮*

根据图 4.2.17 所示的素材图片，完成骨骼蒙皮。

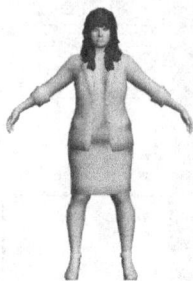

图 4.2.17　女人模型

操作要求：

(1) 骨骼匹配合理，模型没有穿插和遗漏，绑定细腻，蒙皮效果好。

(2) 渲染输出图片长宽为 720×576，分辨率为 150。

(3) 保存一个项目源文件，对完成的文件命名，并规范保存。

4.2 习题　　　　　4.2 实验

4.3　角色 UVW 贴图

根据图 4.3.1 所示的 3D 人物模型和贴图素材，完成人物模型材质。

图 4.3.1　女孩效果图

4.3 角色 UVW 贴图

【设计要求】

(1) 渲染出两张以上该模型的透视图图片，导出格式为 JPEG。

(2) 图片长宽为 720×576，分辨率为 150，对完成的文件命名，并规范保存。

(3) 模型 UV 编辑准确，材质搭配合理，模型的材质、凹凸表现得当，制作细致，整体效果好。

(4) 构图完整，制作细致，渲染输出整体效果好。

(5) 保存一个项目源文件，对完成的文件命名，并规范保存。

【制作过程】

步骤 1 打开"女孩.max"源文件，如图 4.3.2 所示。

图 4.3.2 "女孩.max"源文件

步骤 2 设置多维子对象的复合材质。ID 数设为 11，将衣服、头发和皮肤的贴图分别赋到相应的 ID，如图 4.3.3 所示。

步骤 3 选择女孩模型，执行 UVW 展开命令，如图 4.3.4 所示。

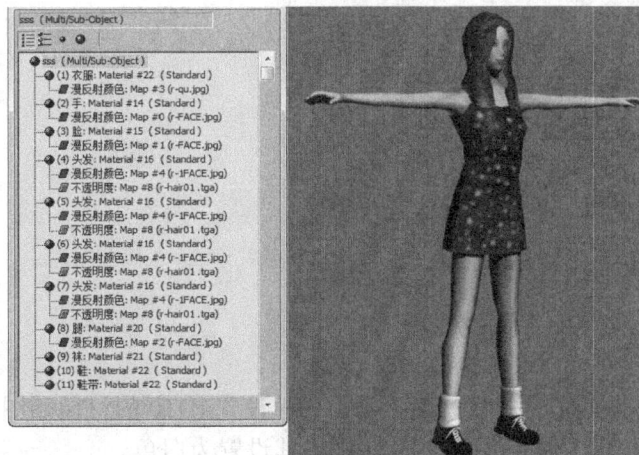

图 4.3.3 设置多维子对象的复合材质

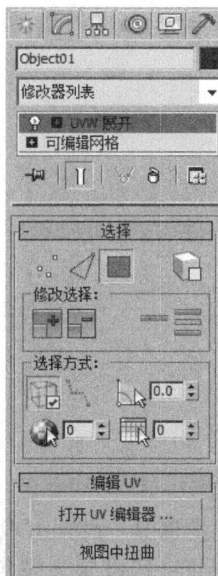

图 4.3.4 执行 UVW 展开命令

步骤 4 打开 UV 编辑器，选择 ID1，调整衣服的贴图坐标，如图 4.3.5 所示。

步骤 5　选择 ID2，设置手的贴图为皮肤，如图 4.3.6 所示。

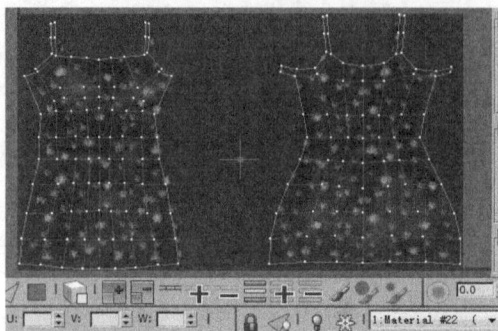

图 4.3.5　设置 ID1 衣服的贴图　　　　　图 4.3.6　手的贴图

步骤 6　选择 ID3，设置脸的贴图，如图 4.3.7 所示。

步骤 7　分别设置 ID4、ID5、ID6、ID7 的材质贴图为头发，如图 4.3.8 所示。

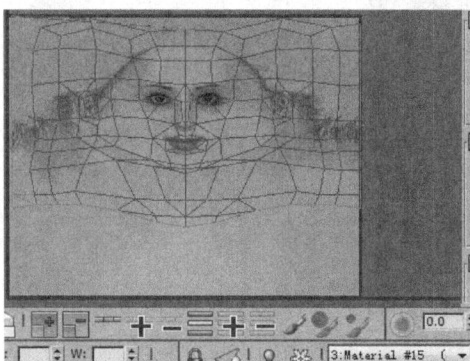

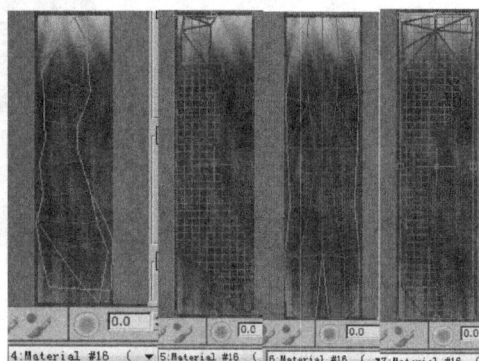

图 4.3.7　脸的贴图　　　　　图 4.3.8　头发的贴图调整

步骤 8　设置 ID8 的材质贴图为腿，如图 4.3.9 所示。

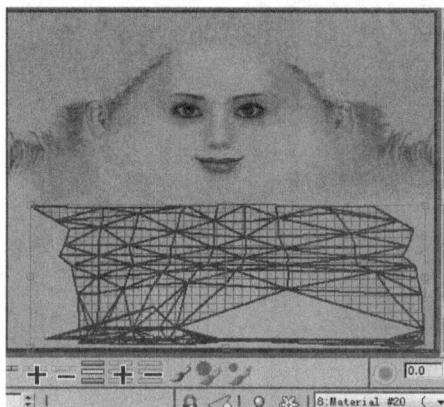

图 4.3.9　腿的贴图调整

步骤 9　设置 ID9 的材质贴图为袜子，并将其设置为白色；设置 ID10 的材质贴图为鞋子，并将其设置为黑色；设置 ID11 的材质贴图为鞋带，并将其设置为白色。

步骤 10　渲染出两张以上该模型的透视图图片，导出格式为 JPEG。图片长宽为 720 mm × 576 mm，分辨率为 150，保存一个项目源文件，对完成的文件命名，并规范保存。

拓展案例　　完成人物模型材质

根据图 4.3.10 所示的 3D 人物模型和贴图素材，完成人物模型材质。

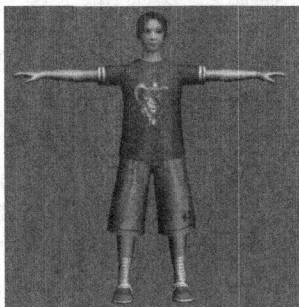

图 4.3.10　男孩效果图

操作要求：

(1) 渲染出两张以上该模型的透视图图片，导出格式为 JPEG。

(2) 图片长宽为 720×576，分辨率为 150，对完成的文件命名，并规范保存。

(3) 模型 UV 编辑准确，材质搭配合理，模型的材质、凹凸表现得当，制作细致，整体效果好。

(4) 构图完整，制作细致，渲染输出整体效果。

(5) 保存一个项目源文件，对完成的文件命名，并规范保存。

4.3 习题　　　　　　　　　4.3 实验

4.4　基本的行走动画

使用默认骨骼系统，调试一段行走的动画。

【设计要求】

(1) 节奏感强，行走动作自然，并能正确地根据要求进行相关设定。

(2) 渲染输出一个 avi 格式的文件，长宽为 720×576，分辨率为 150。

(3) 保存一个项目源文件，对完成的文件命名，并规范保存。

4.4 基本的行走动画

【制作过程】

步骤 1　在参考网络平面上创建一个默认的 Biped 对象。

步骤 2　按 Alt + W 键最大化显示透视视图，打开运动面板，在"Biped"卷展栏中激活足迹模式，在"足迹创建"卷展栏中确认"行走"按钮 ⚙ 被激活，使用"在当前帧创建足迹"工具 ⚙，在视图中创建八个足迹，创建时注意足迹的左右脚要和 Biped 的左右脚位置对应(和骨骼一样，足迹也是蓝色表示左脚，绿色表示右脚)，如图 4.4.1 所示。

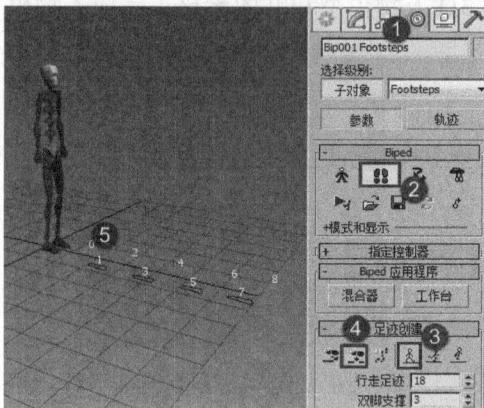

图 4.4.1　骨骼创建足迹

步骤 3　确认轨迹栏上的时间滑块在第 0 帧，单击"足迹操作"卷展栏上的"为非活动足迹创建关键点"按钮 ⚙，可以发现 Biped 对象会自动站到足迹 0 上，播放动画，Biped 对象会从第 0 帧开始走路，关闭足迹模式，会发现在时间轨迹上已经自动产生了关键帧，如图 4.4.2 所示。

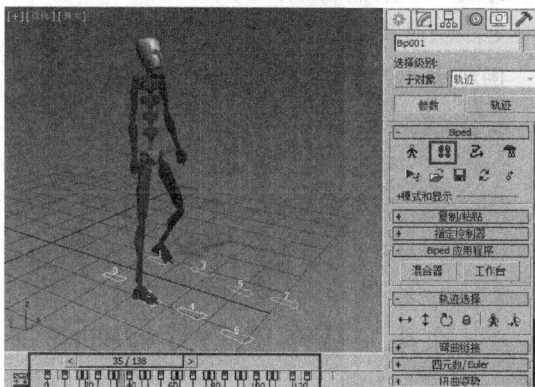

图 4.4.2　骨骼行走

步骤 4　继续激活足迹模式，在"足迹创建"卷展栏中单击"创建足迹(附加)"按钮 ⚙，在"足迹 7"后面添加新的足迹。

提示：我们发现每添加一个足迹，轨迹长度就增加了 15 帧。这个值是怎么来的呢？

在"足迹创建"卷展栏的下部有两个参数，一个是"行走足迹"，默认值是 18，它表示的是每走一步一只脚在地上停留的帧数。另外一个是"双脚支撑"，默认值是 3，这个值表示的是每走一步双脚停留在地上的帧数，现在可以得出 15 = 18 - 3，也就是默认状态下，添加一个足迹后，每走一步实际上是用了 15 帧的时间。

添加新足迹后，再次单击"足迹操作"卷展栏上的"为非活动足迹创建关键点"按钮 ⚙，把新足迹添加到 Biped 对象身上，再次播放动画。

拓展案例　　骨骼由走到跑的动画

操作要求：

(1) 节奏感强，由走到跑动作自然，并能正确地根据要求进行相关设定。

(2) 渲染输出一个 avi 格式的文件，长宽为 720×576，分辨率为 150。

(3) 保存一个项目源文件，对完成的文件命名，并规范保存。

4.4 习题　　　　　　　　　　　　4.4 实验

4.5　骨骼跑跳运动

使用默认骨骼系统，调试一段骨骼跑跳运动的动画。

【设计要求】

(1) 节奏感强，骨骼跑跳运动动作自然，并能正确地根据要求进行相关设定。

(2) 渲染输出一个 avi 格式的文件，长宽为 720×576，分辨率为 150。

(3) 保存一个项目源文件，对完成的文件命名，并规范保存。

【制作过程】

在确认足迹模式下，在"足迹创建"卷展栏中单击"跑动"按钮 或者"跳跃"按钮 ，不管是用手动还是自动创建足迹，都将生成跑或者跳的足迹。

步骤 1　创建 Biped 骨骼对象，选择 Biped 对象上的任意一块骨骼，在运动面板激活足迹模式，单击"足迹创建"卷展栏中的"跑动"按钮 ，在当前帧用创建足迹工具 在视图中新建四个足迹，如图 4.5.1 所示。

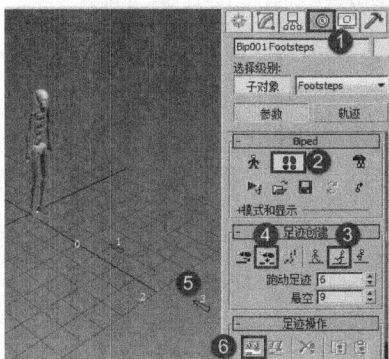

4.5 骨骼跑跳运动

图 4.5.1　创建跑动的骨骼运动

步骤 2　确认时间滑块在第 0 帧，单击"足迹操作"卷展栏上的"为非活动足迹创建关键点"按钮 ，对足迹进行运算。播放动画，可以看到 Biped 做单腿交替落地并前进的运动。

提示： 实际生活中的跑就是这种动作，但为什么看起来不像是在跑呢？

注意一下在"足迹创建"卷展栏的下面有"跑动足迹"和"悬空"两个参数。跑动足迹指在一个跑周期中，一个新足迹在地上停留的帧数，默认值是 6。悬空指在一个跑或者跳周期中，身体在空中，即双脚都不在地上的帧数，默认值是 9。默认状态下我们创建的跑动足迹是每跳一步用 15 帧的时间，再加上足迹的步幅也小，所以感觉角色像是在单腿跳，而不是跑。

步骤 3 用"创建多个足迹"按钮 也可以创建多个跑的足迹，它的对话框和前文所述的基本一样，用它建立八个跑动足迹，把足迹数的值设为 4，到下一个足迹的时间设为 10，单击"确定"按钮。对足迹运算后，播放动画，感觉 Biped 的动作像是在小跑了，如图 4.5.2 所示。

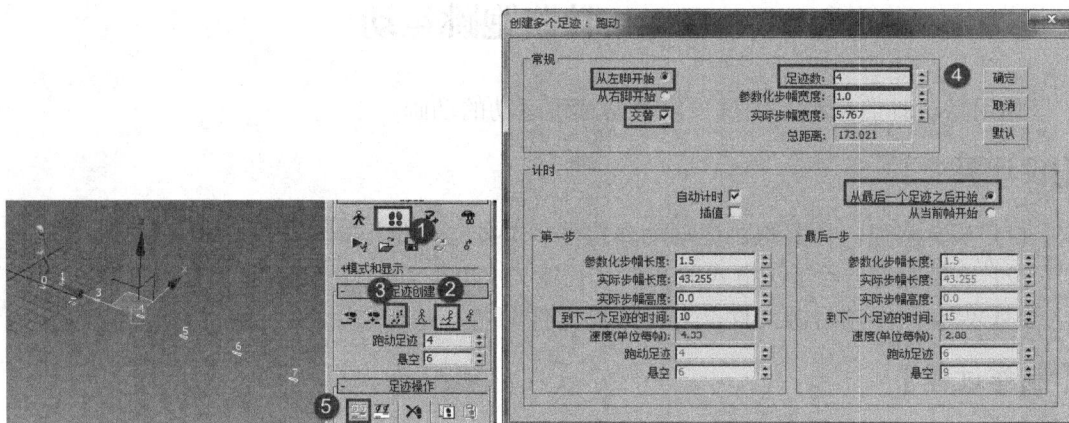

图 4.5.2　创建跑动的多个足迹参数

步骤 4 切换到跳跃足迹模式，单击"创建足迹(附加)"按钮 ，在"足迹 3"后面再添加四个足迹，因为是跳跃的动作，注意要保持左右脚的足迹平行，运算后播放动画，结果如图 4.5.3 所示，保存场景到"行人跑跳.max"。

图 4.5.3　创建骨骼跳跃运动

拓展案例　调试角色推箱子动画

操作要求：

根据 3ds max 的默认骨骼，调试出角色推箱子的一段动画。

(1) 推箱子动作自然，并能正确地根据要求进行相关设定。

(2) 渲染输出 avi 格式的文件，长宽为 720×576，分辨率为 150。

(3) 保存一个项目源文件，对完成的文件命名，并规范保存。

4.5 习题　　　　　　　　4.5 实验

第 5 章　动 画 制 作

在 3ds max 2014 中，有一个反应器动画制作功能——MassFX 动力学，它可以模拟许多物理属性，并自动在对象相互作用时捕捉关键帧，如同获得物理自由度一样。MassFX 动力学系统提供了十多种不同的集合来模拟不同物理属性的动画，本章将详细讲解使用 MassFX 动力学设置动画的方法。

5.1　弹　跳　球

制作一段弹球动画，如图 5.1.1 所示。

图 5.1.1　弹球动画参考图

5.1 弹跳球

【设计要求】

(1) 小球动画运动处理流畅，并根据要求进行相关设定。

(2) 渲染输出一个 avi 格式的文件，长宽为 720×576，分辨率为 150。

(3) 时间为 3 s。

【知识点】　MassFX 动力学

在 3ds max 2014 的主工具栏中单击鼠标右键，在弹出的菜单中单击"MassFX 工具栏"，启用 MassFX 工具栏，如图 5.1.2 所示。

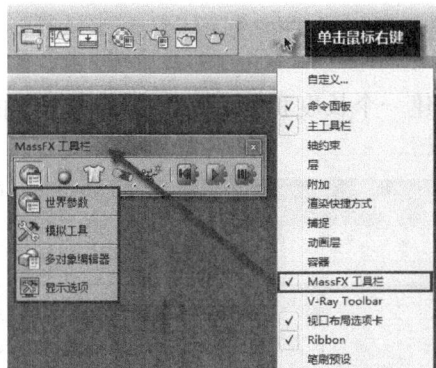

图 5.1.2 启用 MassFX 工具栏

单击"世界参数",进入"世界参数"面板,如图 5.1.3 所示。

在"场景设置"卷展栏中的"环境选项"组中,可以控制地面的碰撞和重力。"使用地面碰撞"中的地面是指以"栅格"为准的"地面"(如果有凹凸不平的地面,可以取消勾选)。要模拟"重力",可以用 MassFX 中的"平行重力"或者 3ds max 中的"重力场(Gravity)"。

在"刚体"组中,"子步数"的值越大,生成的碰撞和约束就越精确(如果值过大,会使两个刚体物体未挨到就已经产生碰撞效果而互相弹开),但性能会降低。

"解算器迭代数"可通过全局设置强制执行碰撞和约束的次数。

注:"子步数"数值为 3~6,"解算器迭代数"最好不要超过 45。

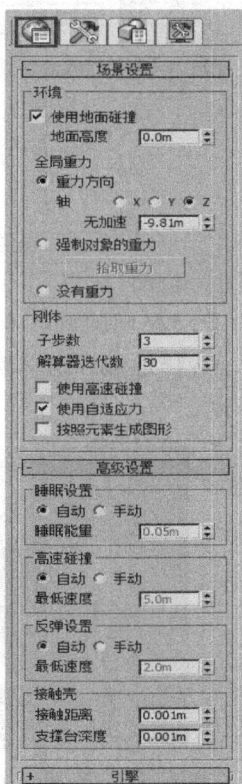

图 5.1.3 "世界参数"面板

【制作过程】

步骤 1　在透视图中创建一个长度和宽度均为 25 m 的平面作为地面,其长度和宽度分段数均为 4,如图 5.1.4 所示。

图 5.1.4　创建地面

步骤 2　在平面上方创建一个球体,半径设为 10 m,如图 5.1.5 所示。

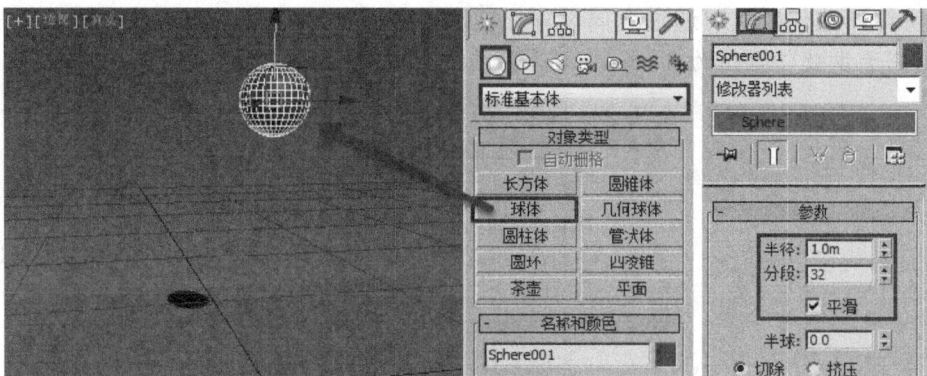

图 5.1.5　创建弹跳球

步骤 3　启用 MassFX 工具栏,选择地面和球体两个物体,单击"将选定项设置为动力学刚体"按钮 ,如图 5.1.6 所示。

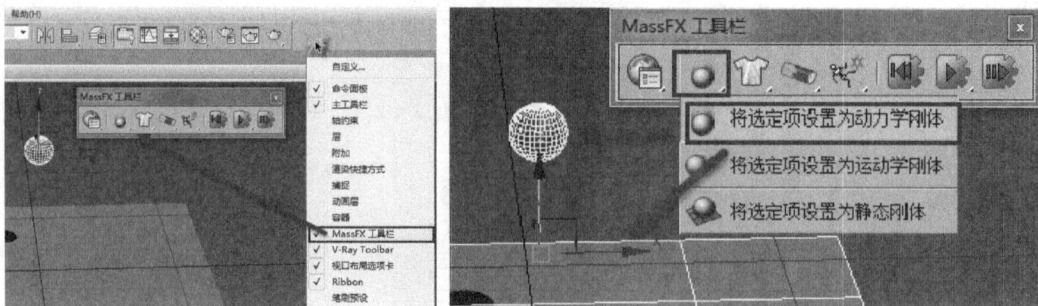

图 5.1.6　将选定项设置为动力学刚体

步骤 4　单击 MassFX 工具栏中的"开始模拟"按钮 ,预览弹跳球动画,再单击"烘焙"按钮，3ds max 2014 会自动生成弹跳球的关键帧，如图 5.1.7 所示。

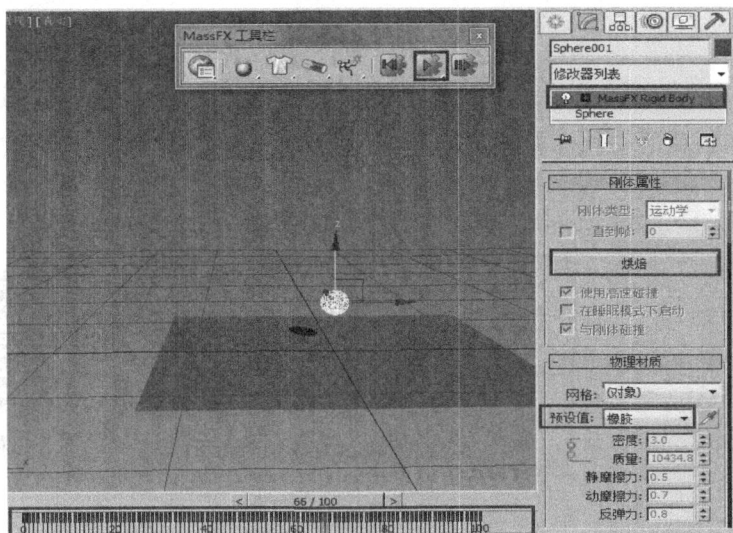

图 5.1.7 烘焙弹跳球动画

步骤 5 观察第 50、60、70 帧可以看到弹跳球的动画状态，如图 5.1.8 所示。

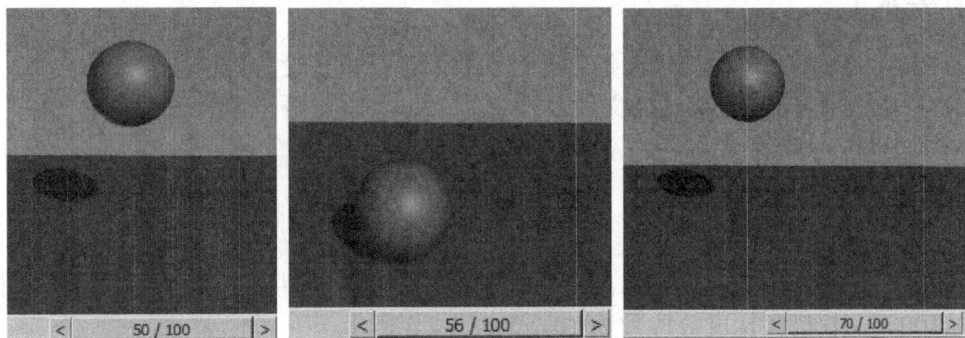

图 5.1.8 弹跳球的动画状态

★★★ **拓展案例** *制作皮球弹起动画*

制作一段皮球掉到地上弹起的动画。

操作要求：

(1) 皮球下落到弹起动作流畅、自然，节奏感强，并能正确地根据要求进行相关设定。

(2) 渲染输出一个 avi 格式的文件，长宽为 720 × 576，分辨率为 150。

(3) 时间为 3 s。

5.1 习题

5.1 实验

5.2　布　料　飘　落

制作一段布料飘落动画，如图 5.2.1 所示。

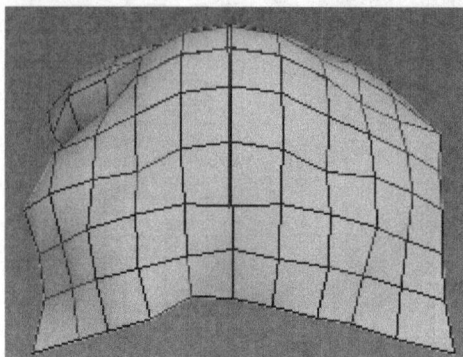

5.2 布料飘落

图 5.2.1　布料飘落动画参考图

【设计要求】

(1) 布料飘落动画运动处理流畅，并根据要求进行相关设定。

(2) 渲染输出一个 avi 格式的文件，长宽为 720×576，分辨率为 150。

(3) 时间为 3 s。

【制作过程】

步骤 1　选择"创建"→"几何体"命令，单击对象类型为"平面"，设置平面长度和宽度为 100 m，长度和宽度分段数为 10，如图 5.2.2 所示。

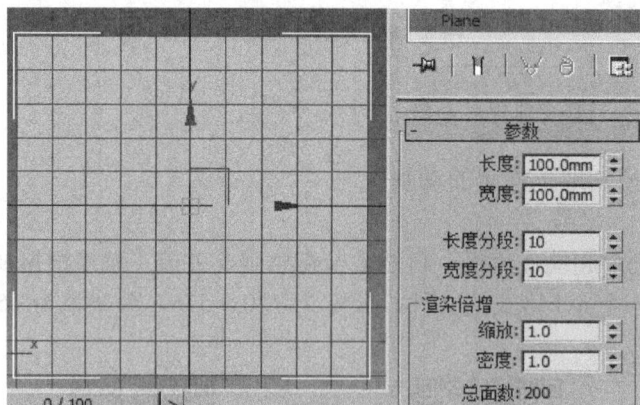

图 5.2.2　创建布料

步骤 2　选择"创建"→"空间扭曲"，再单击其下拉列表框，选择"力"，在对象类型中选择"重力"，在上一步创建的平面上拖拽出重力图标，并在修改命令面板中设置重力强度为 1，如图 5.2.3 所示。

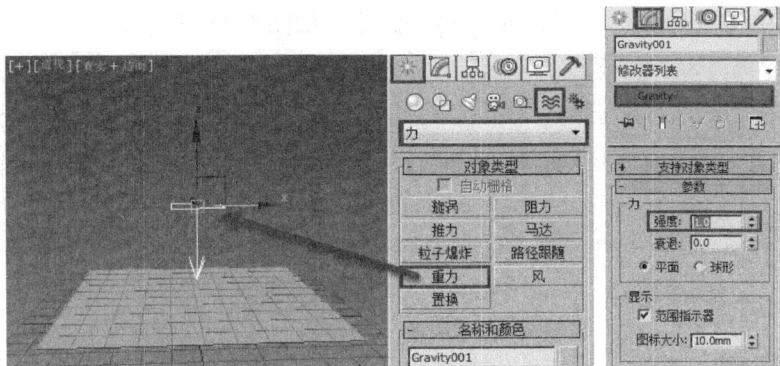

图 5.2.3　创建重力

步骤 3　选择"创建"→"空间扭曲"按钮，在其下拉列表框中选择"导向器"，在对象类型中选择"导向球"，在平面上拖曳出一个导向球，并单击"修改命令选项卡"按钮，设置导向球基本参数反弹为 0，摩擦为 100，如图 5.2.4 所示。

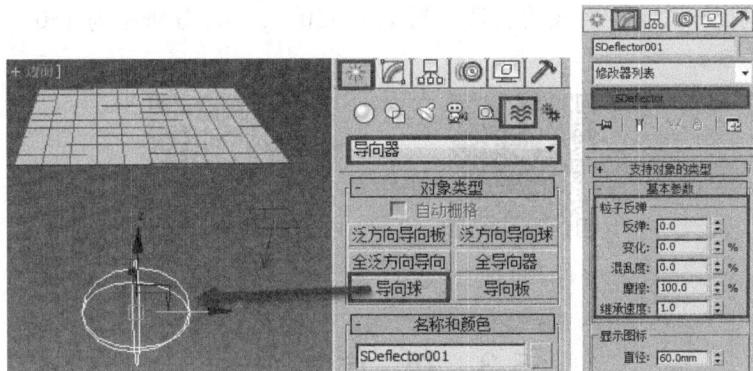

图 5.2.4　创建导向球

步骤 4　再次选择平面，在修改器列表框中选择"柔体"，将平面设置为"布料类的柔体"，在其参数面板中设置柔软度为 1，在"简单软体"面板中将平面设为"创建简单软体"，设置拉伸为 50，刚度为 50；在"力和导向器"面板中添加力为重力，添加导向器为导向球，如图 5.2.5 所示。

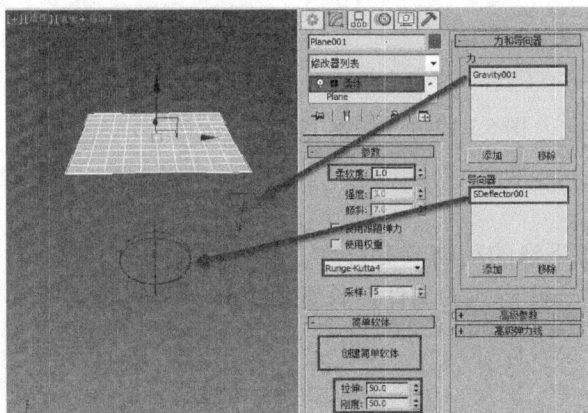

图 5.2.5　将平面设置为布料类的柔体

步骤 5   单击"播放"按钮，布料向下飘落，如图 5.2.6 所示。

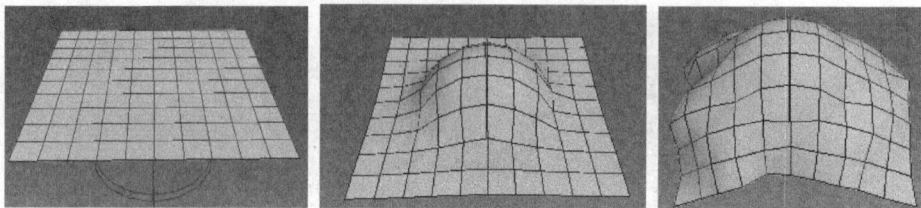

图 5.2.6   布料飘落效果

拓展案例

制作一段刚体球动力学的碰撞动画。

操作要求：

(1) 小球动画运动处理流畅，并根据要求进行相关设定。

(2) 渲染输出一个 avi 格式的文件，长宽为 720 × 576，分辨率为 150。

(3) 时间为 3 s。

5.2 习题

5.2 实验

5.3   纸 盒 滑 落

制作一段盒子从木板上下滑的动画，如图 5.3.1 所示。

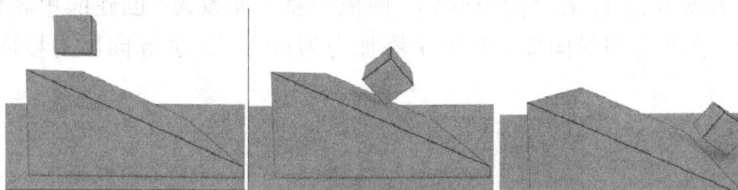

图 5.3.1   纸盒滑落

5.3 纸盒滑落

【设计要求】

(1) 盒子从木板上下滑的动画节奏自然、流畅。

(2) 渲染输出一个 avi 格式的文件，长宽为 720 × 576，分辨率为 150。

(3) 时间为 3 s。

【制作过程】

步骤 1   在场景中创建三个长方体，分别为地面、斜板、纸盒，如图 5.3.2 所示。

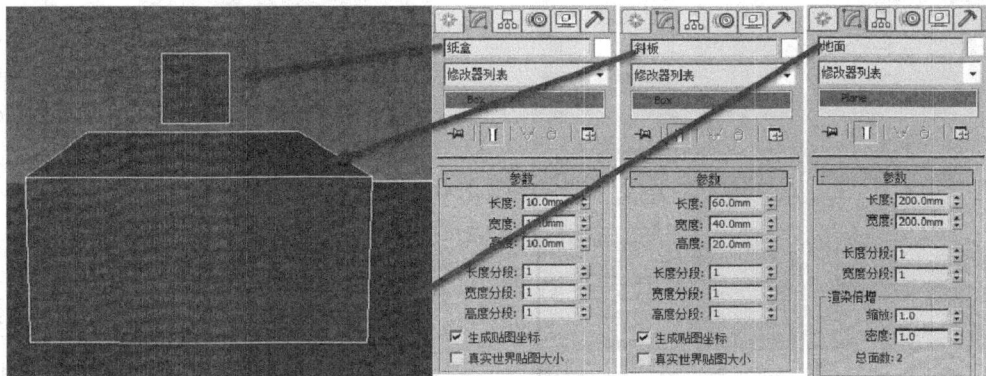

图 5.3.2　创建 3 个长方体

步骤 2　选择斜板，将其转换为可编辑多边形，在前视图框选右上角的两个顶点，向下移动形成斜板，如图 5.3.3 所示。

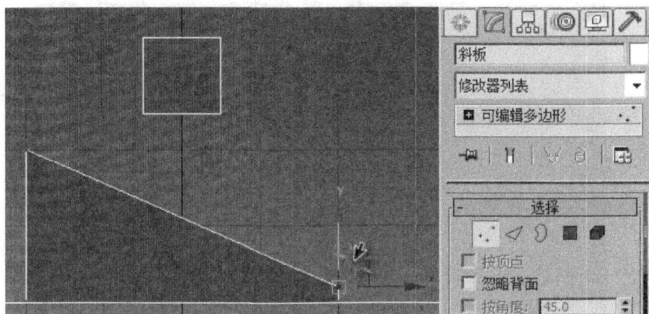

图 5.3.3　调整斜板位置及形状

步骤 3　按名称选择斜板和纸盒，选择"动画"→"MassFX"→"刚体"→"将选定项设置为动力学刚体"命令，将两个物体设置为刚体，如图 5.3.4 所示。

图 5.3.4　设置斜板和纸盒为刚体

步骤 4　设置斜板的物理材质质量为 10，静摩擦力为 0.1，反弹力为 0，如图 5.3.5 所示。

步骤 5　设置纸盒的物理材质质量为 0.5，静摩擦力为 0.1，反弹力为 0，如图 5.3.6 所示。

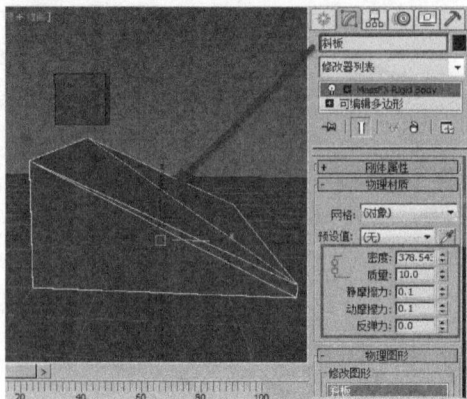

图 5.3.5　设置斜板的物理材质　　　　　　　图 5.3.6　设置纸盒的物理材质

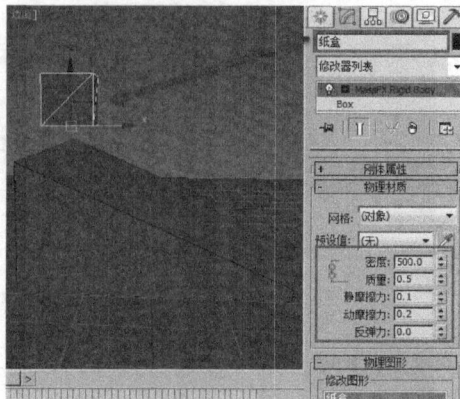

步骤 6　选择纸盒，在修改命令面板中单击刚体属性面板的"烘焙"按钮，关键帧自动生成纸盒滑落的动画过程，如图 5.3.7 所示。

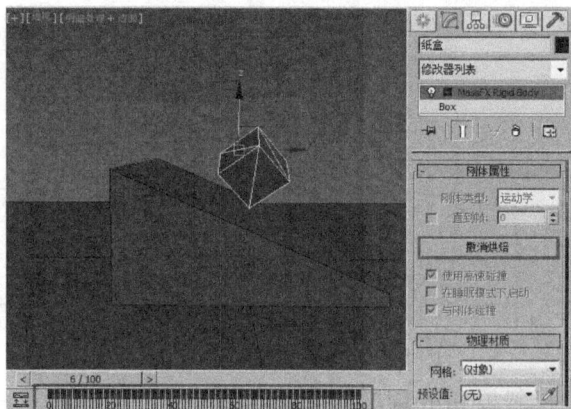

图 5.3.7　烘焙纸盒滑落的动画

步骤 7　分别渲染第 0、6、20 帧，最终效果如图 5.3.8 所示。

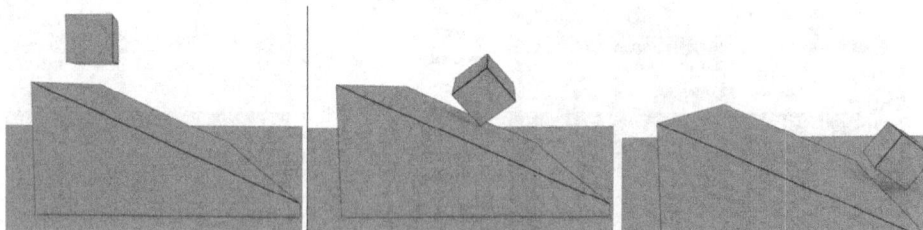

图 5.3.8　纸盒滑落的动画效果

拓展案例　制作石头滚落动画

制作石头从山坡滚下的动画。
操作要求：
(1) 石头滚下来的动作流畅、节奏感强。

(2) 渲染输出一个 avi 格式的文件，长宽为 720×576，分辨率为 150。

(3) 时间为 3 s。

5.3 习题

5.3 实验

5.4　击 碎 茶 壶

制作一段击碎茶壶的动画，如图 5.3.1 所示。

【设计要求】

(1) 击碎茶壶的动画节奏自然、流畅。

(2) 渲染输出一个 avi 格式的文件，长宽为 720×576，分辨率为 150。

(3) 时间为 3 s。

图 5.4.1　击碎茶壶

5.4 击碎茶壶

【制作过程】

步骤 1　创建一个平面和茶壶，如图 5.4.2 所示。

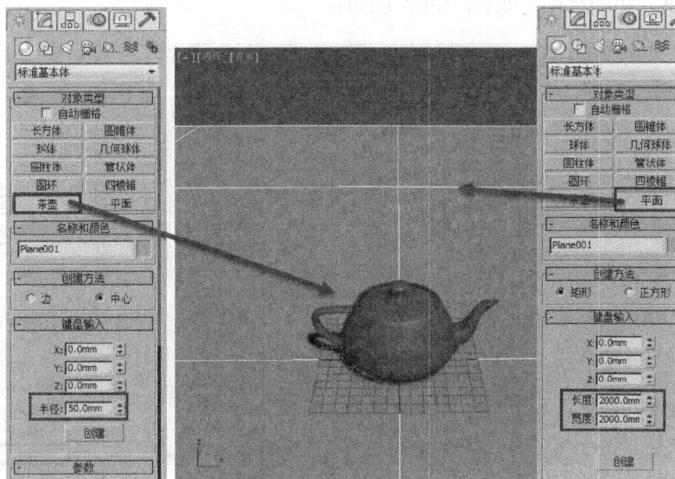

图 5.4.2　创建平面和茶壶

步骤 2　将茶壶转换为可编辑多边形，如图 5.4.3 所示。

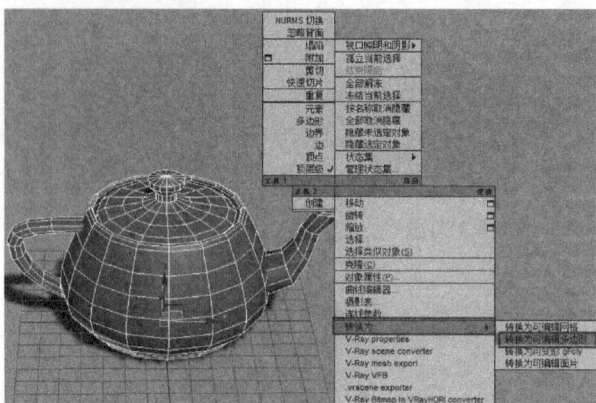

图 5.4.3　将茶壶转换为可编辑多边形

步骤 3　在茶壶被选择的状态下，单击"元素"或按数字键 4 激活元素选择状态，分别将壶盖、壶嘴和壶把以对象方式分离成个体，如图 5.4.4 所示。

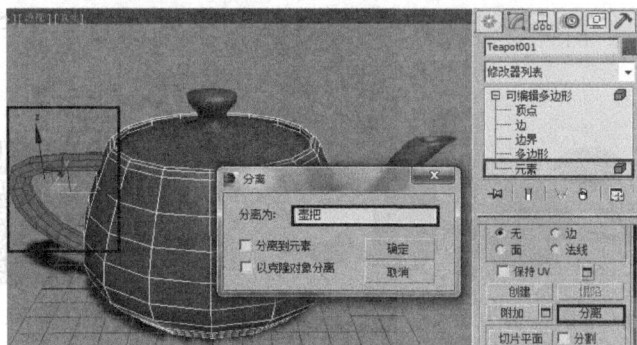

图 5.4.4　分离茶壶

步骤 4　再单击"多边形"或按数字键 3 激活多边形选择状态，框选壶身部分面，将壶身分离成几个独立的个体，如图 5.4.5 所示。

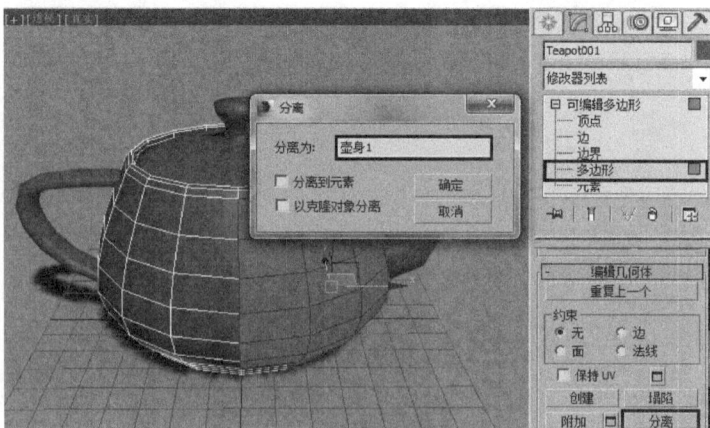

图 5.4.5　将壶身分离成几个独立的个体

步骤 5 单击"按名称选择"工具 ，选择茶壶的所有部分，如图 5.4.6 所示。

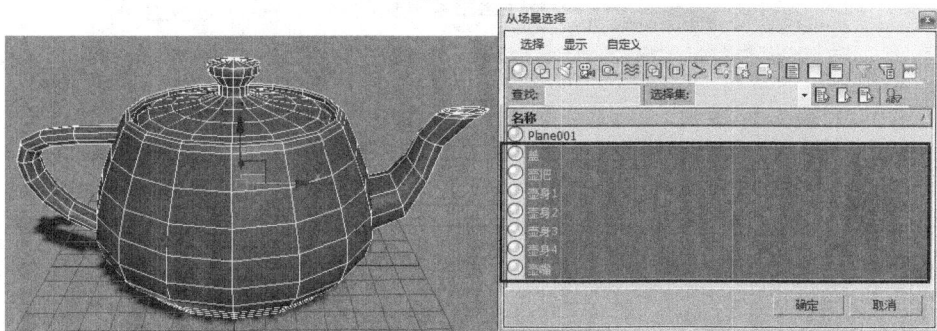

图 5.4.6 选择茶壶所有部分

步骤 6 在菜单栏中选择"动画"→"MassFX"→"刚体"→"将选定项设置为动力学刚体"命令，将物体设置为刚体，如图 5.4.7 所示。

图 5.4.7 将选定项设置为动力学刚体

步骤 7 在菜单栏中选择"动画"→"MassFX"→"模拟"→"播放模拟"命令，此时可预览茶壶碎裂的过程，如图 5.4.8 所示。

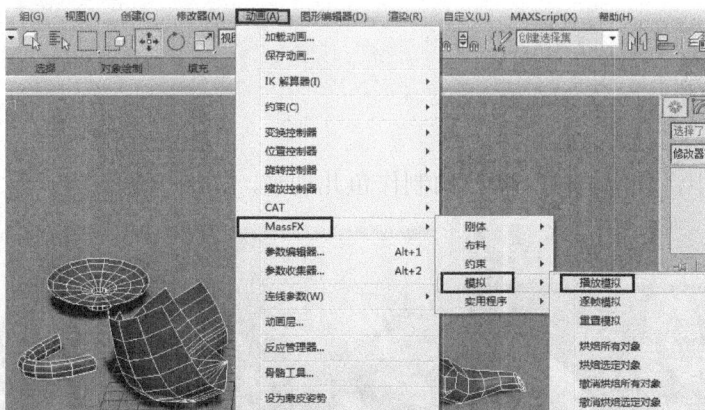

图 5.4.8 播放模拟击碎茶壶过程

步骤 8 在菜单栏中选择"动画"→"MassFX"→"模拟"→"烘焙所有对象"命令，此时茶壶碎裂的过程被记录到每一个关键帧，如图 5.4.9 所示。

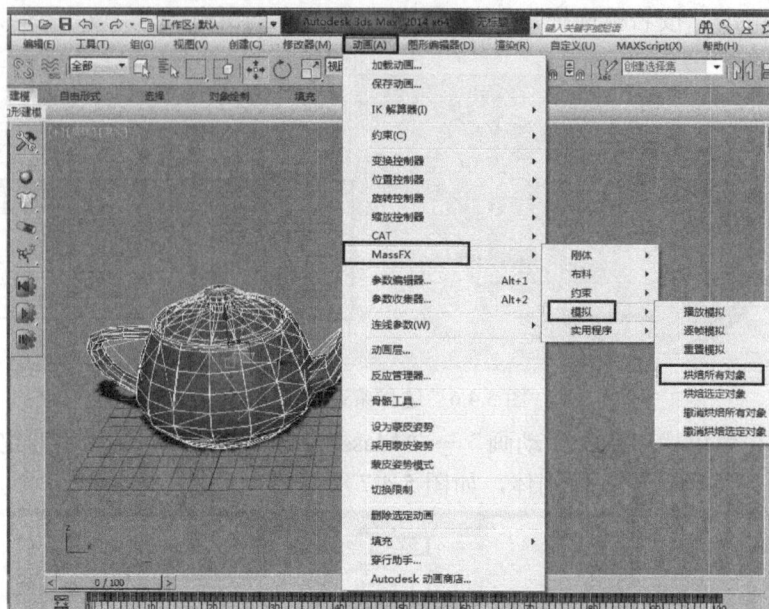

图 5.4.9　烘焙击碎茶壶关键帧

步骤 9　渲染输出动画第 0、5、20 帧可看到茶壶碎裂的过程，最终效果如图 5.4.10 所示。

第 0 帧　　　　　　　　　第 5 帧　　　　　　　　　第 20 帧

图 5.4.10　茶壶碎裂的过程

拓展案例　制作鱼儿动画

操作要求：

(1) 在场景中，使用波浪空间扭曲制作鱼儿动画，如图 5.4.11 所示。

图 5.4.11　鱼儿动画

(2) 空间扭曲效果正确，动画效果流畅。

(3) 完成并归档，上传 zip 文件，渲染第 20、50 和 75 帧。

5.4 习题

5.4 实验

5.5　红 旗 飘 飘

制作一段旗子飘动的动画，如图 5.5.1 所示。

【设计要求】

(1) 旗子飘动的动画节奏自然、流畅。

(2) 渲染输出一个 avi 格式的文件，长宽为 720 × 576，分辨率为 150。

(3) 时间为 3 s。

图 5.5.1　旗子飘动动画

5.5 红旗飘飘

【制作过程】

步骤 1　创建两个平面，一个作为地面，一个作为红旗，再创建一个圆柱体，作为旗杆，如图 5.5.2 所示。

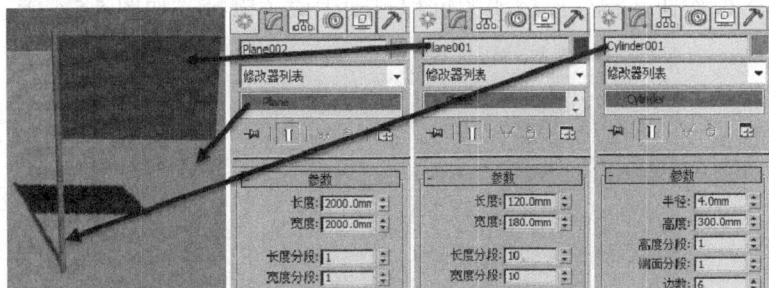

图 5.5.2　创建地面和红旗

步骤 2　选择"创建"→"空间扭曲"命令，在空间扭曲列表框中选择"力"，选择对象类型为"风"，在左视图创建"风"的图标，在修改面板中设置力的强度为 0.2，湍流为 0.01，频率为 0.01，如图 5.5.3 所示。

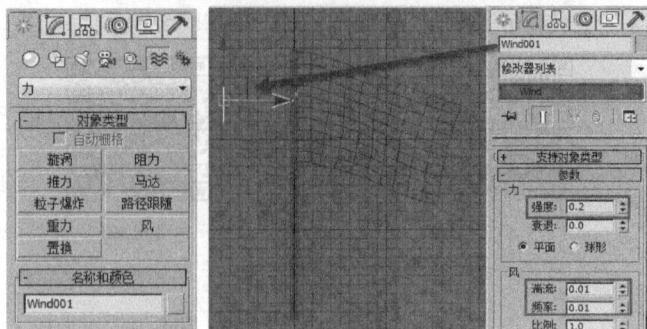

图 5.5.3　添加空间扭曲"风"

　　步骤 3　选择红旗平面，在修改命令面板中选择"mCloth"，或在 MassFX 工具栏选择"将选定对象设定为 mCloth 对象"按钮 ，为红旗添加力"wind001"，如图 5.5.4 所示。

　　步骤 4　展开"mCloth"前的"+"，激活"顶点"，在前视图中框选红旗左侧的两行顶点，单击"设定组"，在约束面板中单击"保留"，使红旗这两行顶点在受风力吹拂时固定不动，如图 5.5.5 所示。

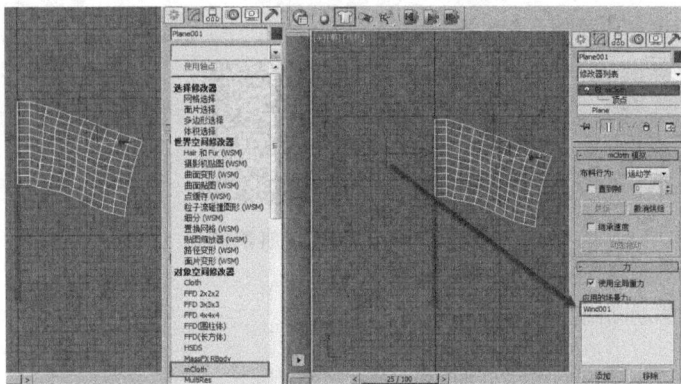

图 5.5.4　为红旗添加力

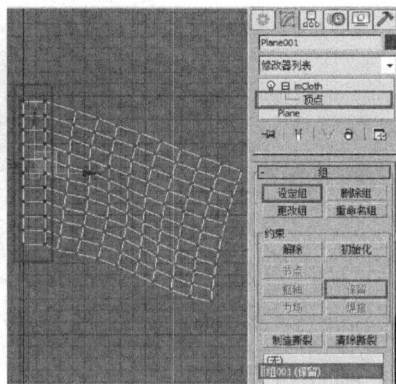

图 5.5.5　约束旗杆不动

　　步骤 5　单击"模拟开始"按钮 ，预览红旗飘飘的动画，再单击"mCloth 模拟"面板中的"烘焙"按钮，将红旗飘飘的过程自动生成关键帧，如图 5.5.6 所示。

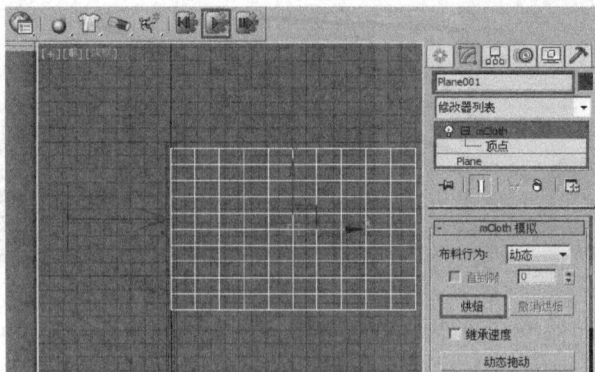

图 5.5.6　烘焙红旗飘飘的过程关键帧

拓展案例　泡泡动画

在场景中创建球形，赋予材质，使用马达空间扭曲制作泡泡动画，如图 5.5.7 所示。

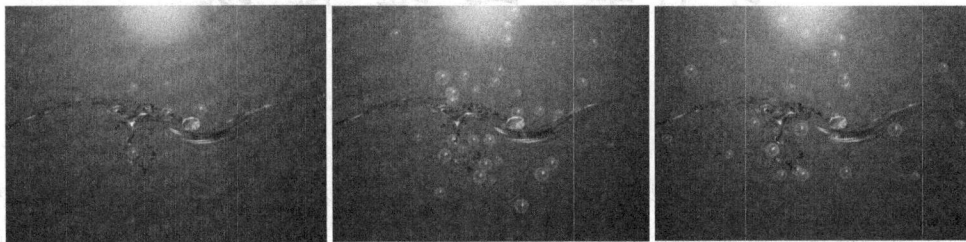

图 5.5.7　泡泡动画

操作要求：

(1) 使用形状正确，空间扭曲效果正确，动画效果流畅。

(2) 完成并归档，上传 zip 文件，渲染第 10、50 和 100 帧。

5.5 习题　　　　　　　　　5.5 实验

第 6 章　三　维　特　效

在 3ds max 中可以通过专门的空间变形来控制一个粒子系统和场景间的交互作用，还可以控制粒子本身的可繁殖特性，这些特性允许粒子在发生碰撞时发生变异、繁殖或者死亡。简单地说，粒子系统是一些粒子的集合，可通过指定发射源在发射粒子流的同时创建各种动画效果。在 3ds max 中，粒子系统是一个对象，而发射的粒子是子对象，可以将粒子系统作为一个整体来设置动画，并且随时调整粒子系统的属性，以控制每一个粒子的行为。

6.1　下　　雨

利用粒子系统的粒子流源创建下雨特效，如图 6.1.1 所示。

6.1 下雨

图 6.1.1　下雨效果图

【设计要求】

(1) 下雨动画符合自然规律。

(2) 渲染输出一个 avi 格式文件，长宽为 720×576，分辨率为 150。

(3) 时间为 3 s。

【制作过程】

步骤 1　单击"时间配置"按钮 ，打开"时间配置"对话框，设置帧速率为"电影"，动画帧数为 201，如图 6.1.2 所示。

步骤 2　创建下雨场景。创建地面和茶壶，地面是一个长度和宽度均为 10 m 的平面，茶壶半径为 0.35 m，如图 6.1.3 所示。

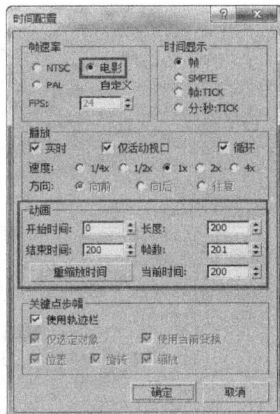

图 6.1.2 时间配置

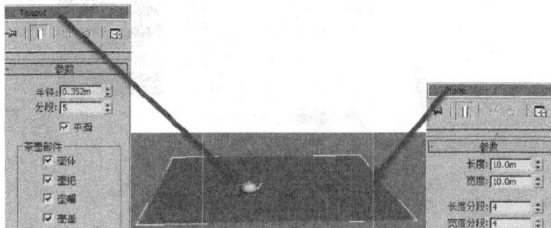

图 6.1.3 创建下雨场景

步骤 3 在前视图中创建粒子流源，同时再创建一个长方体，作为降雨的天空，如图 6.1.4 所示。

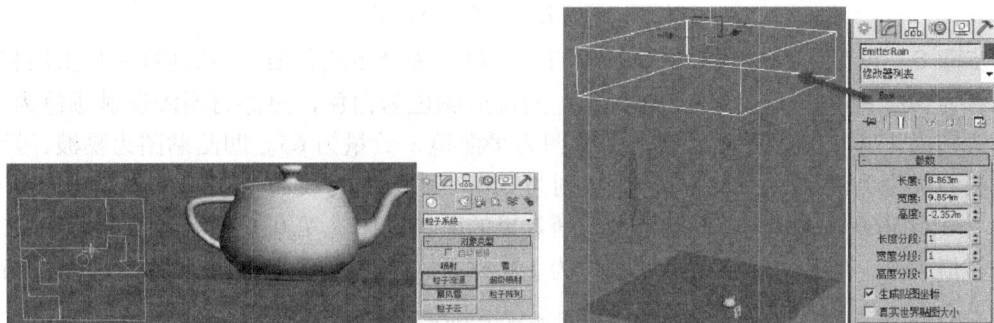

图 6.1.4 创建降雨的天空

步骤 4 创建重力。选择"创建"→"空间扭曲"→"重力"命令，在地面创建重力，设置其强度为 0.3，如图 6.1.5 所示。

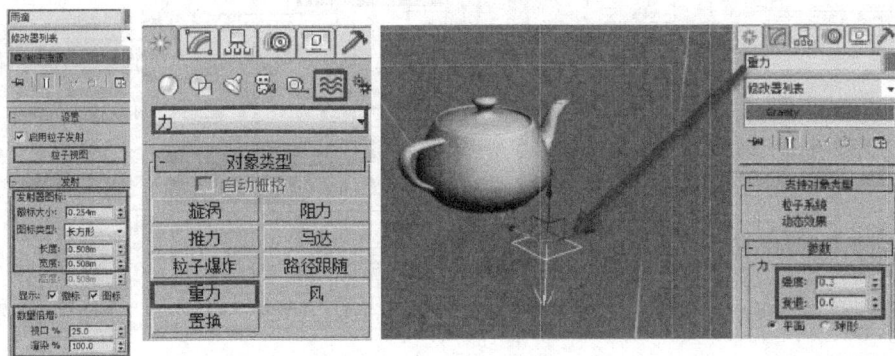

图 6.1.5 创建重力

步骤 5 设置地面材质。按 M 键进入材质编辑器，设置地面的复合材质为"虫漆材质"，基础材质为"水泥地"，虫漆材质为"水"，虫漆颜色混合为 92。设置动态雨水的贴图动画为"凹凸"，设置第 0 帧的相位为 0，第 200 帧相位为 14，其余参数设置如图 6.1.6 所示。

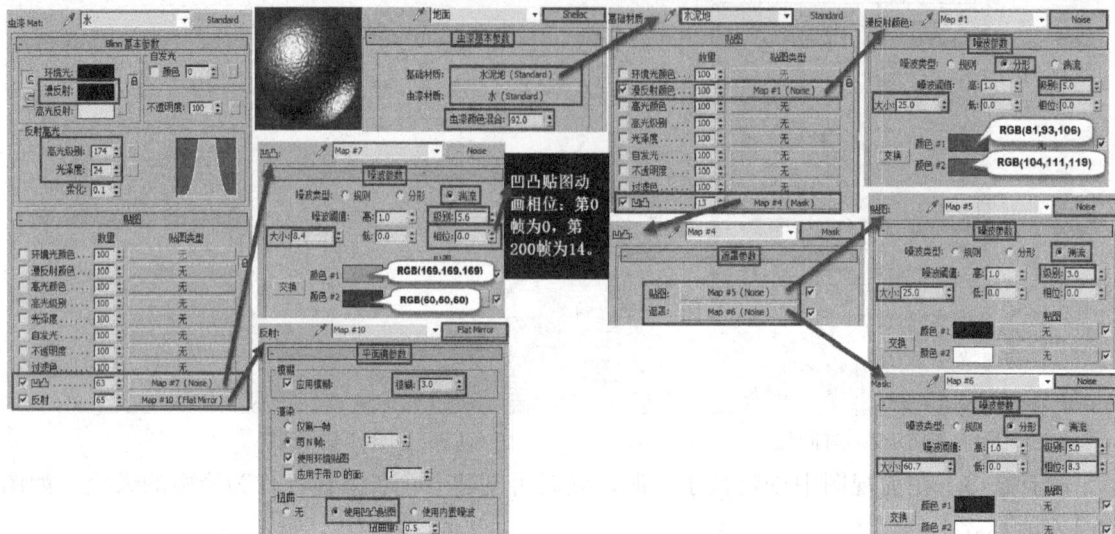

图 6.1.6　设置地面材质

步骤 6　设置茶壶材质。设置茶壶的复合材质为"虫漆材质"，基础材质与虫漆材质颜色混合为 30。基础材质为"标准材质"，漫反射颜色为白色，虫漆材质漫反射颜色为黑色，高光级别为 174，光泽度为 24，反射贴图为平面镜，数量为 65。凹凸贴图为噪波，数量为 63，噪波类型为湍流，大小为 8.4，级别为 5.6，颜色#1 为浅灰 RGB(169，169，169)，颜色#2 为 RGB(60,60,60)，茶壶上流水动画效果的贴图动画在第 0 帧处噪波相位为 0，Z 轴坐标偏移值为 0，在第 200 帧处噪波相位为 14，Z 轴坐标偏移值为 32.9，如图 6.1.7 所示。

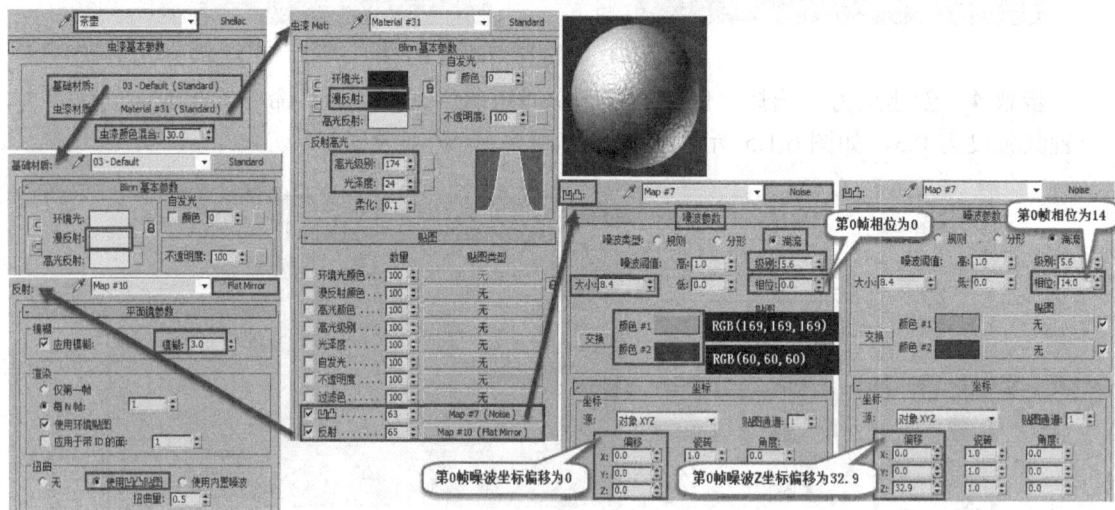

图 6.1.7　设置茶壶材质

步骤 7　设置水花材质。设置水花材质为"标准材质"，明暗器基本参数为"面贴图"，漫反射颜色为白色，自发光值为 43，高光级别为 115，光泽度为 79，不透明度为 74，贴图类型为遮罩，遮罩贴图为噪波，噪波类型为分形，大小为 26.2，级别为 3，遮罩为渐变，渐变类型为径向，如图 6.1.8 所示。

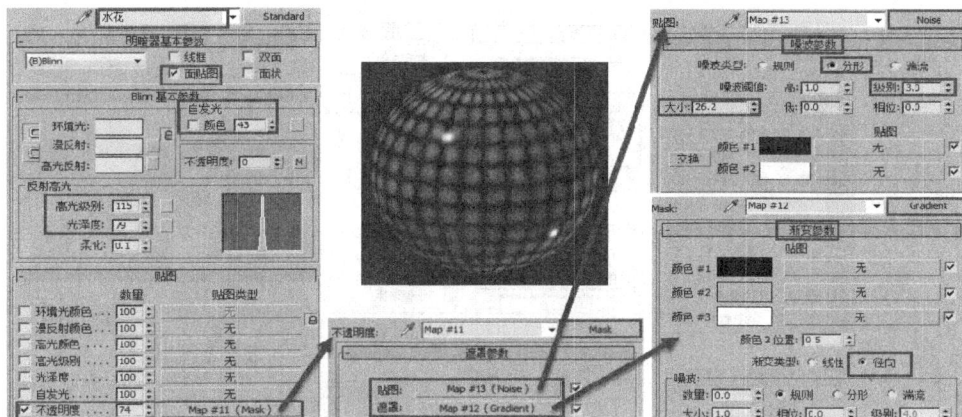
图 6.1.8 设置水花材质

步骤 8 设置雨滴材质。设置雨滴材质为"标准材质",漫反射颜色为白色,自发光值为 69,不透明度为 50,如图 6.1.9 所示。

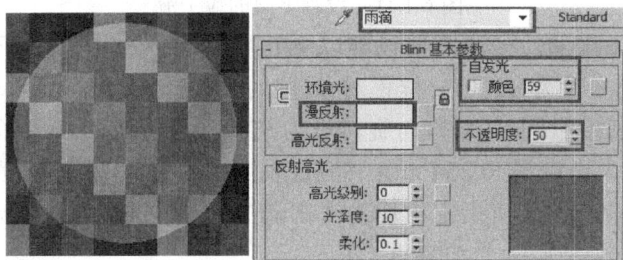
图 6.1.9 设置雨滴材质

步骤 9 创建自由摄影机,镜头选用 35 mm,视野为 33.3 度,启用"运动模糊",如图 6.1.10 所示。

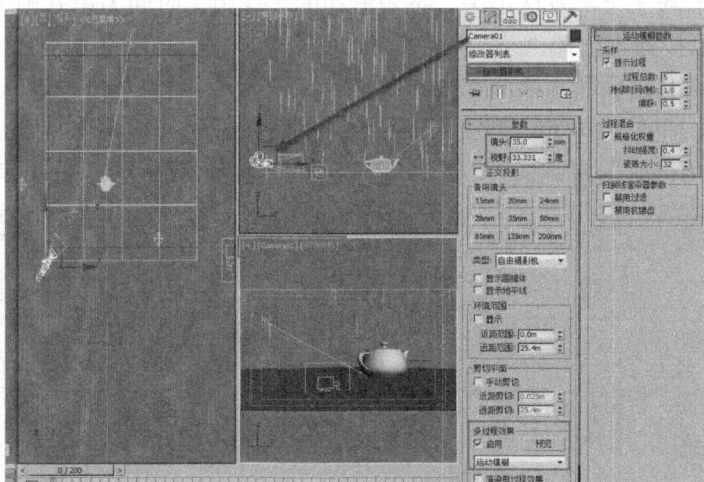
图 6.1.10 创建自由摄影机

步骤 10 进入粒子流源的修改面板,单击"粒子视图",打开粒子视图对话框,如图 6.1.11 所示。

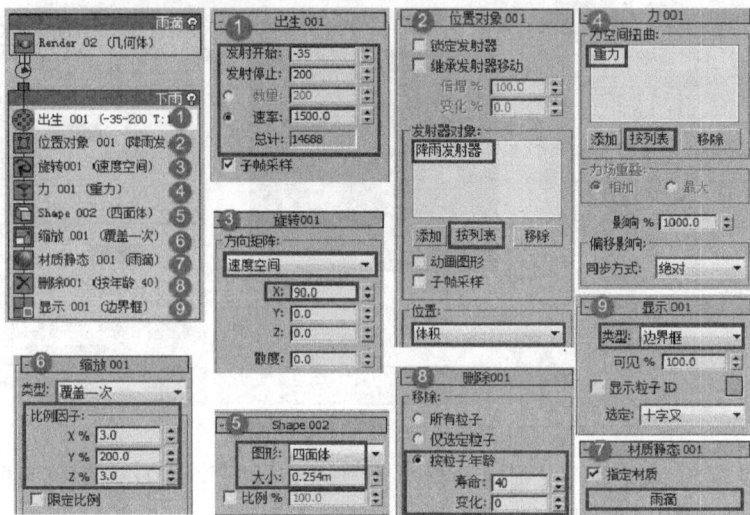

图 6.1.11　设置下雨的粒子流

步骤 11　对于下雨的粒子流需要设置以下九项参数：出生(发射开始时设为 −35，发射停止时设为 200，速率设为 1500)；位置对象(按列表选择降雨发射器，选择体积位置)；旋转(方向矩阵设为"速度空间"，X 方向旋转设为 90 度)；力(按列表选择重力)；图形标准(图形设为"四面体"，大小设为 0.254 m)；缩放(取消"限定比例"，比例因子设为"X%:3，Y%:200，Z%:3")；材质静态(指定材质为"雨滴")；删除(在"按粒子年龄"的选项中将寿命设为 40)；显示(类型设为"边界框")。

步骤 12　雨水落到地面和茶壶后会溅起水花，所以需要创建一个水花粒子效果。地面溅起的水花出生时间为第 0 帧至第 200 帧，速率为 1200；位置对象按列表选择"地面"，从其"曲面"产生；速度为 0.1，方向为"沿图标箭头"，勾选"反转"；显示类型为"十字叉"方式；将所有粒子全部发送出去。茶壶溅起的水花出生时间为第 0 帧至第 200 帧，速率为 150；位置对象按列表选择"茶壶"，从其"曲面"产生；速率按曲面速度为 7 m，选择茶壶的曲面法线。对从地面和茶壶溅起的水花进行二次繁殖，删除父粒子，设置子孙数为 50，变化为 30%，使用单位 1 m，散度为 50。水花消失过程中，设置图形朝向为"摄影机"，材质静态为"水花材质"，删除过程是 2～5 帧，并受重力影响掉至地面，如图 6.1.12 所示。

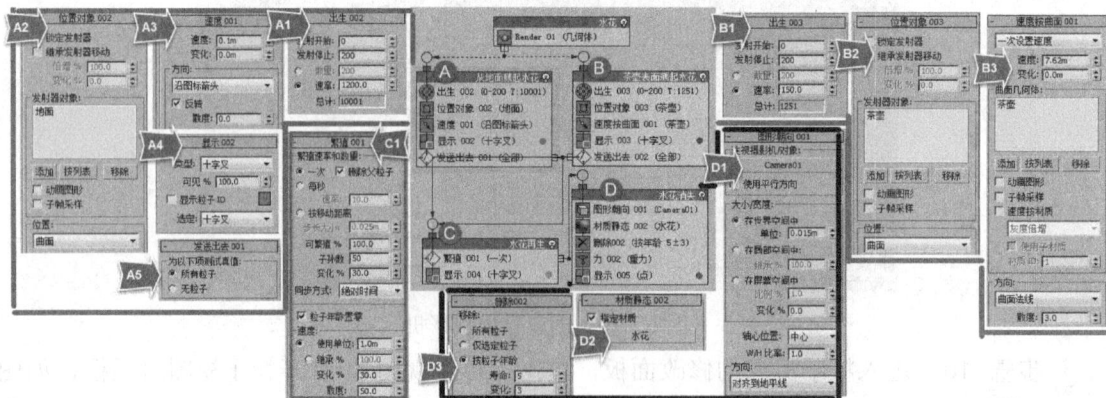

图 6.1.12　设置雨水掉落

步骤 13 创建目标平行光,启用阴影,将光线强度倍增设为 1.723,颜色设为 RGB(203,220,232),聚光区/光束设为 0.203 m,衰减区/区域设为 3.429 m,如图 6.1.13 所示。

步骤 14 创建两盏泛光灯,设置强度倍增为 0.46,颜色为 RGB(32,51,64),如图 6.1.14所示。

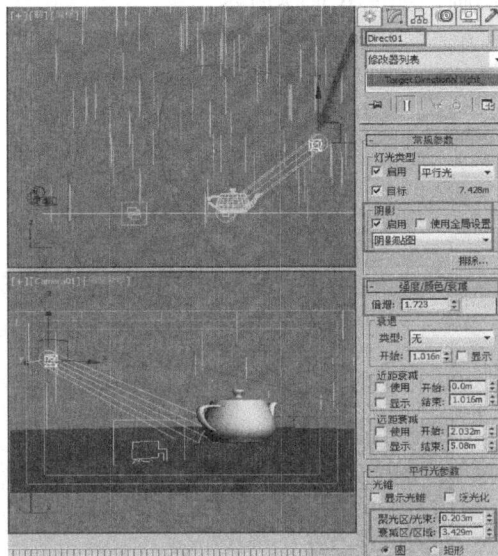

图 6.1.13 创建目标平行光

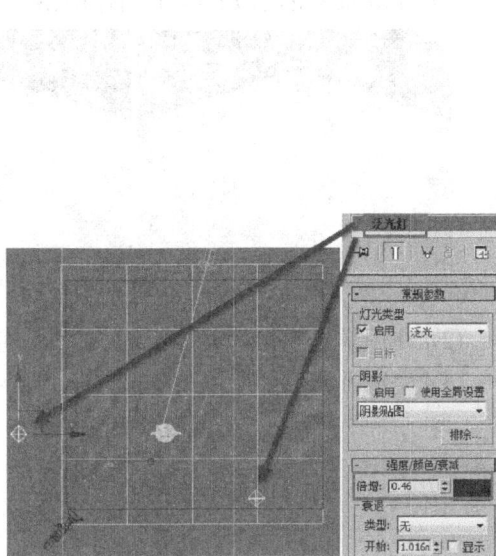

图 6.1.14 设置泛光灯

步骤 15 按 F10 打开"渲染设置"对话框,设置输出大小为 350×200,单击"渲染器"选项卡,设置过滤器为"Mitchell-Netravali",如图 6.1.15 所示。

最终渲染效果如图 6.1.16 所示。

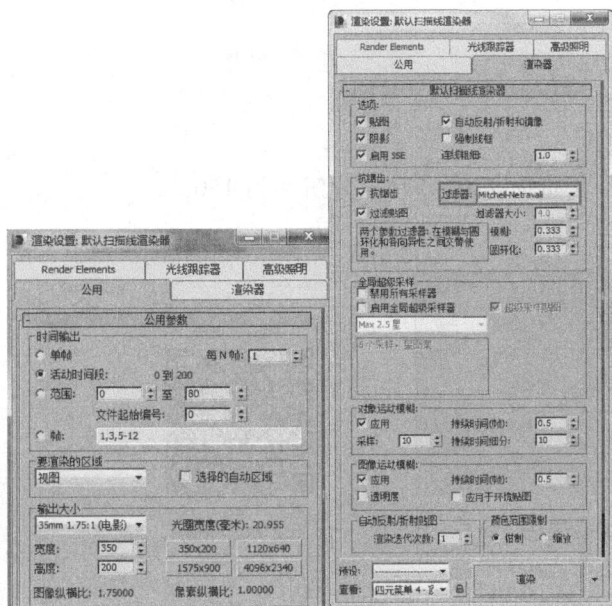

图 6.1.15 渲染设置

图 6.1.16 最终渲染效果图

拓展案例　豆子洒落动画制作

操作要求：

(1) 在场景中创建 PF 粒子制作散落乒乓球动画，如图 6.1.17 所示。

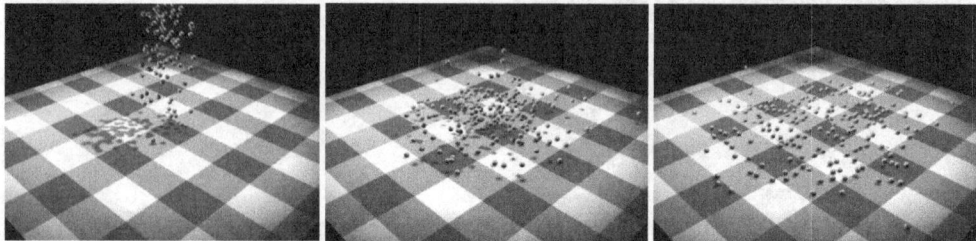

图 6.1.17　豆子洒落效果图

(2) 使用粒子正确，散落乒乓球效果逼真。

(3) 完成并归档，上传 zip 文件，渲染第 20、80 和 180 帧。

6.1 习题

6.1 实验

6.2　水 波 涟 漪

创建水波涟漪特效，如图 6.2.1 所示。

【设计要求】

(1) 水波涟漪特效动画符合自然规律。

(2) 渲染输出一个 avi 格式的文件，长宽为 720 × 576，分辨率为 150。

(3) 时间为 3 s。

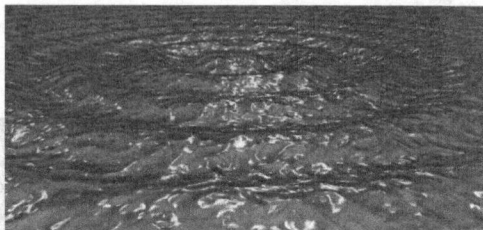

图 6.2.1　水波涟漪效果图

6.2 水波涟漪

【相关知识】

涟漪修改器可以在对象表面产生一串同心波，从中心向外辐射，使振动对象表面的顶点形成涟漪效果，也可以对一个对象指定多个涟漪修改，移动线框对象和涟漪中心，还可以改变或增强涟漪效果。它与空间扭曲对象的作用相同，空间扭曲常用于制作大量对象的涟漪效果。其参数设置面板如图 6.2.2 所示。

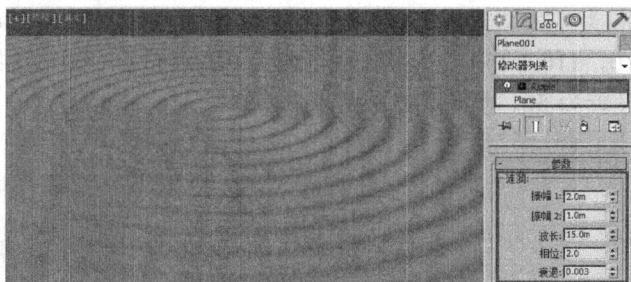

图 6.2.2　涟漪修改器参数设置面板

振幅 1 微调框：设置沿着涟漪对象自身 X 轴方向上的振动幅度。

振幅 2 微调框：设置沿着涟漪对象自身 Y 轴方向上的振动幅度。

波长微调框：设置每一个涟漪波的长度。

相位微调框：设置波从涟漪中心点发出的振幅偏移。此值的变化可记录为动画，改变此值可产生从中心向外连续波动的涟漪效果。

衰退微调框：设置从涟漪中心向外衰减时的振动影响，靠近中心的区域振动最强，随着距离的拉远，振动也逐渐变弱，符合自然界中的涟漪现象，当水滴落入水中后，水波向四周扩散，振动衰减直到消失为止。

【制作过程】

步骤 1　创建一个平面作为水面，长度和宽度都为 2000，相应分段数都为 100，如图 6.2.3 所示。

步骤 2　在修改器列表中选择涟漪，设置振幅 1 为 10，振幅 2 为 9，波长为 120，相位为 2，衰退为 0.001，如图 6.2.4 所示。

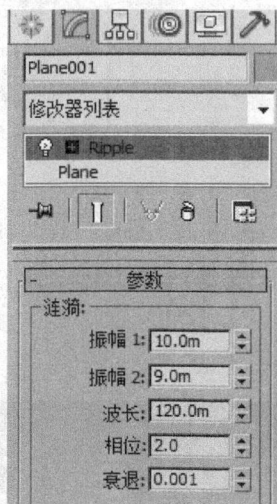

图 6.2.3　制作水面　　　　　　　　图 6.2.4　执行涟漪修改器命令

　　步骤 3　按 M 键进入材质编辑器，选择一个未使用过的材质球，命名为"水面"，漫反射颜色为黑色，高光级别为 80，光泽度为 55，柔化为 0。在"贴图"卷展栏中设置贴图类型为"凹凸"，选择"Noise(噪波)"，调整噪波类型为"湍流"，大小为 40，凹凸数量值为 30；设置反射贴图类型为"Falloff(衰减)"，前面颜色为"深蓝 RGB(0，68，99)"，侧面颜色为"浅蓝 RGB(0，116，159)"，反射数量值为 80；将反射贴图复制到"不透明度"贴图类型中，将数量设置为 50，如图 6.2.5 所示。

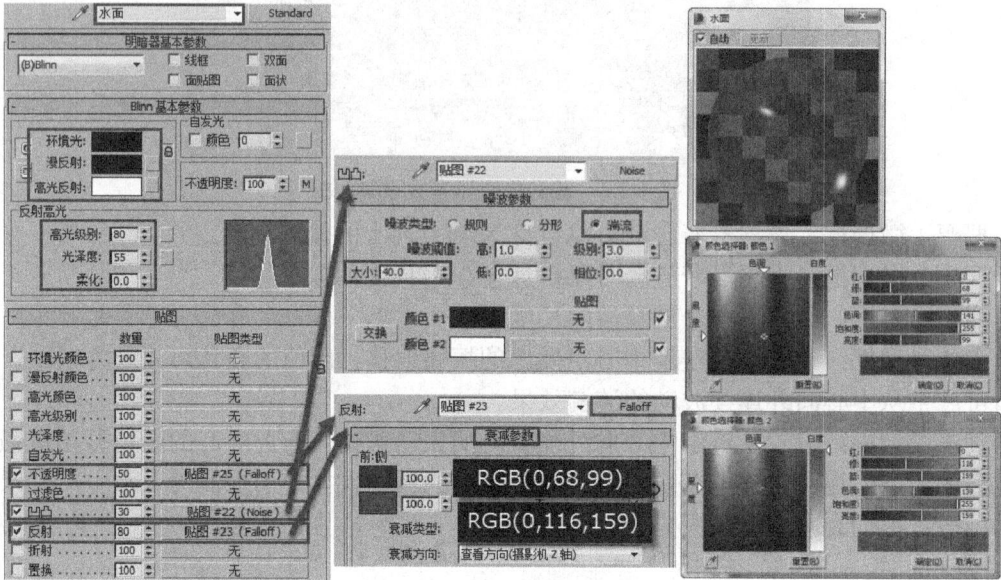

图 6.2.5　设置水面材质

　　步骤 4　创建三盏泛光灯，设置倍增值为 1.2，调整三盏灯的位置。再创建一个目标摄影机，选用 36 mm 的镜头，调整其位置，并将透视图切换为"Camera001"摄影机视图，如图 6.2.6 所示。

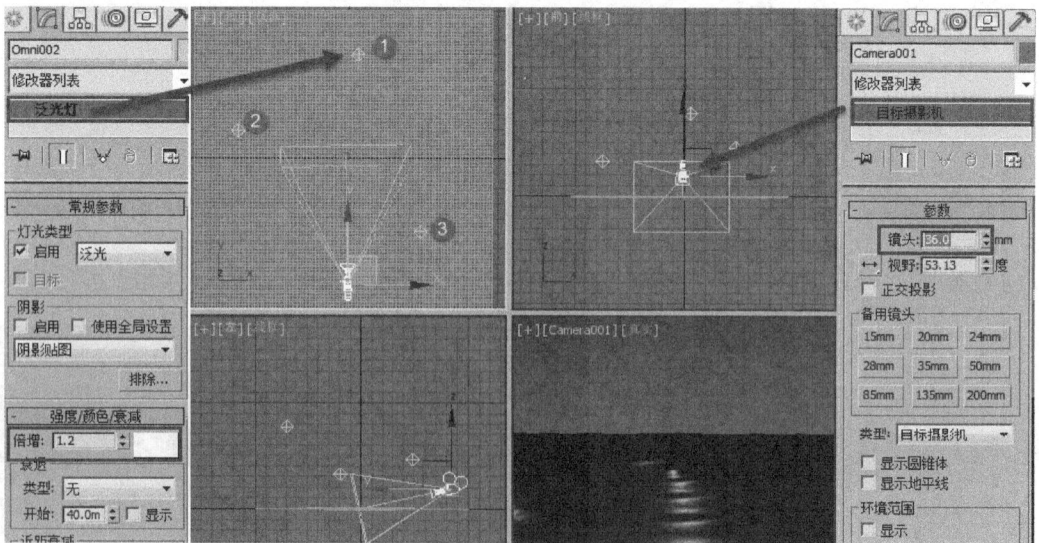

图 6.2.6　创建灯光

步骤5 按 F9 渲染水面涟漪，最终效果如图 6.2.7 所示。

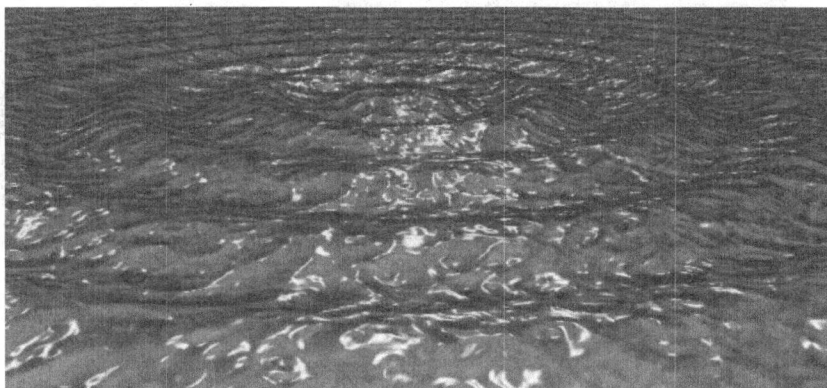

图 6.2.7 水面涟漪最终效果

★★★ **拓展案例** 蒲公英飘落动画制作

操作要求：

(1) 在场景中创建 PF 粒子制作蒲公英飘落动画，如图 6.2.8 所示。

图 6.2.8 蒲公英飘落动画效果

(2) 使用粒子正确，蒲公英飘落效果逼真。

(3) 完成并归档，上传 zip 文件，渲染第 100、200 和 300 帧。

6.2 习题

6.2 实验

6.3 液 体 流 动

创建液体流动特效，如图 6.3.1 所示。

图 6.3.1　液体流动

6.3 液体流动

【设计要求】

(1) 液体流动动画符合自然规律。

(2) 渲染输出一个 avi 格式的文件，长宽为 720 × 576，分辨率为 150。

(3) 时间为 3 s。

【制作过程】

第一部分　建立并设置粒子系统

步骤 1　启动 3ds max，选择"创建"→"几何体面板"命令，选择子类型为"粒子系统"，单击"粒子阵列"按钮并在场景中拖动建立粒子系统，将其命名为"水流"。这时播放动画不会看到有粒子发射，因为粒子阵列需要一个物体作为其发射源，如图 6.3.2 所示。

步骤 2　选中上一步建立的"水流"粒子系统，进入"修改"面板，单击"拾取对象"按钮，选择喷射水流的物体圆管。这时如果播放动画，可以看到粒子从物体的各个表面上向四面八方发射出来，粒子阵列和圆管绑定后的默认效果如图 6.3.3 所示。

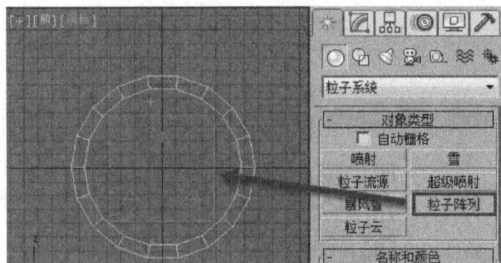

图 6.3.2　创建粒子阵列

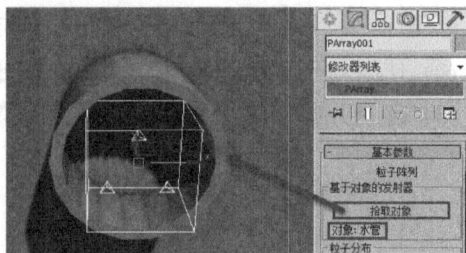

图 6.3.3　绑定"粒子阵列"和圆管

步骤 3　为水管添加一个"多边形选择"修改器，激活"多边形"子物体，选择水管出水口的面，让粒子从这个面上发射出来。完成之后，退出"多边形选择"修改器，如图 6.3.4 所示。

步骤 4　重新选择"水流"粒子系统，在其修改面板的"粒子分布"中选中"使用选定子物体"复选框，这个选项可以让"水流"粒子系统以水管上选中的那个面作为粒子发射的面，如图 6.3.5 所示。

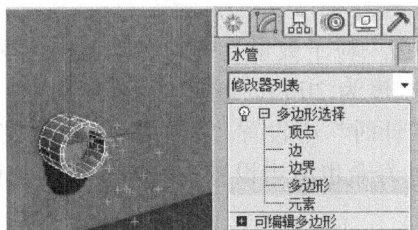

图 6.3.4 选择水管出水口

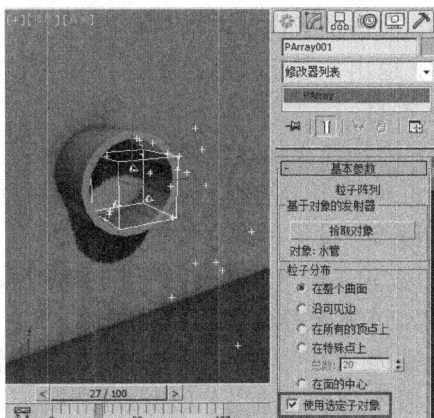

图 6.3.5 设置粒子从水管口喷出

1) 粒子阵列简介

粒子阵列可以制作粒子从物体的不同子物体上发射出来的效果，包括边、顶点和面，如图 6.3.6 所示。

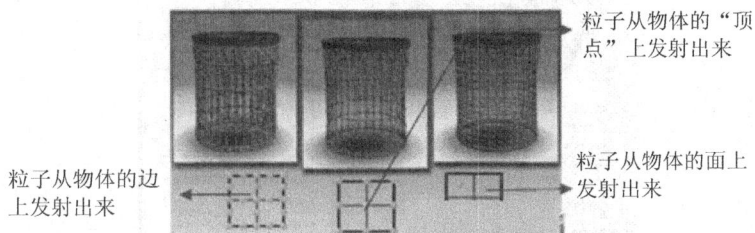

图 6.3.6 粒子阵列设置的三种方式

粒子阵列主要用来制作以下两种粒子效果：

(1) 粒子从物体表面发射出来的效果。在制作水流效果的例子中我们就使用了粒子阵列的这种特性。

(2) 用来制作比较复杂的物体爆炸效果。

粒子阵列的制作流程如下：

① 建立一个几何体作为粒子阵列的发射器。

② 创建粒子阵列。

③ 在粒子阵列物体的基本参数中使用"拾取物体"工具选取第一步中建立的物体，从而建立粒子阵列和几何体之间的联系。

④ 调整粒子阵列参数。

2) 多边形选择修改器

多边形选择修改器的作用是将一个物体的某个子物体选择集传递给上一层的修改器或者提供给其他操作使用。它就如同一个筛子，使更高一层的修改器或者相关操作只能对物体上的某一些子物体(点、边、面等)产生作用。

多边形选择修改器的一般使用流程如下：

(1) 添加多边形选择修改器。

(2) 激活修改器的某一个子物体级别。

（3）在这个子物体级别内部进行选择。

（4）退出多边形选择修改器，虽然退出了多边形选择，但是在第三步中建立的选择仍然是有效的。

（5）为物体添加其他修改器或者执行其他操作，比如在这个例子中，我们就需要调整和这个几何体绑定的粒子系统的相关参数。

步骤 5　设置"水流"粒子系统的其他参数。在"粒子数量"中勾选"使用速率"，设置其值为 50，在"粒子运动"中设置速度为 10，散度为 20 度，这个参数可控制粒子的散步范围，过大或者过小都会使水流失真。在"粒子计时"中设置"发射开始"和"发射停止"分别为 –30 和 100，也就是和动画等长。另外寿命也应当设置为 100，也就是说粒子产生之后不会自己消失，如图 6.3.7 所示。

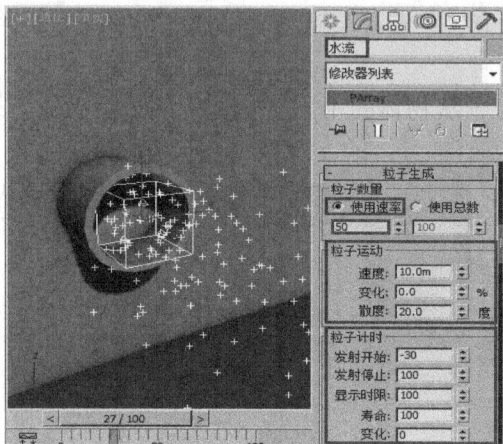

图 6.3.7　设置粒子系统参数

第二部分　建立空间弯曲

为了制作水流落下以及水流碰到地面后溅起的效果，需要用到两个空间弯曲，一个是"重力"空间弯曲，它的作用是使水流向下落，另外一个是"导向板"空间弯曲，它的作用是让地面具有回弹功能。

步骤 1　选择"创建"→"空间弯曲"→"力"命令，单击"重力"按钮，在场景中拖动建立重力并命名为"下落"，参数使用默认值，如图 6.3.8 所示。

图 6.3.8　设置重力参数

步骤 2 点击"绑定到空间弯曲"工具 ，将重力"下落"绑定到粒子阵列"水流"上面。

重力主要用来模拟重力作用于粒子系统所产生的效果。这种空间弯曲是有方向性的，它在场景中的图标带有一个箭头，这个箭头就是重力作用的方向。为了达到预期的重力效果，可以对这个方向进行调整，如图 6.3.9 所示。

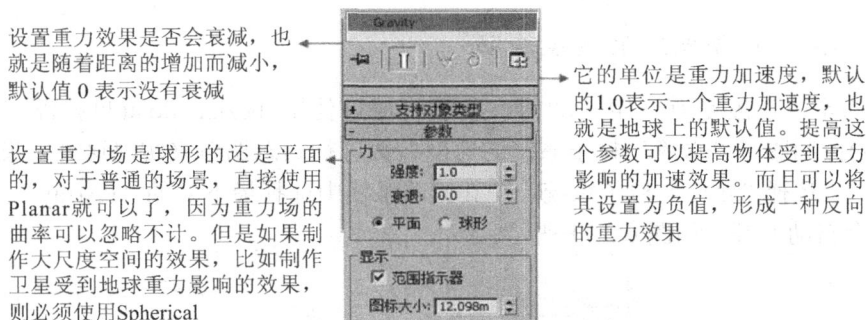

设置重力效果是否会衰减，也就是随着距离的增加而减小，默认值 0 表示没有衰减

设置重力场是球形的还是平面的，对于普通的场景，直接使用Planar就可以了，因为重力场的曲率可以忽略不计。但是如果制作大尺度空间的效果，比如制作卫星受到地球重力影响的效果，则必须使用Spherical

它的单位是重力加速度，默认的1.0表示一个重力加速度，也就是地球上的默认值。提高这个参数可以提高物体受到重力影响的加速效果。而且可以将其设置为负值，形成一种反向的重力效果

图 6.3.9 重力参数简介

步骤 3 播放动画，会发现粒子虽然受到重力影响落到了地面上，但是碰到地面后直接穿透过去了，显然这是不真实的，可以通过创建导向板来让地面具备反弹粒子的性能。选择"创建"→"空间弯曲"命令，单击"子物体选择框下拉"按钮，选择"导向器"，然后单击"导向板"按钮，在场景中拖动鼠标创建导向板物体，并将其覆盖在地面上，命名为"地面导向板"。注意其大小和位置将会影响到渲染效果，如图 6.3.10 所示。

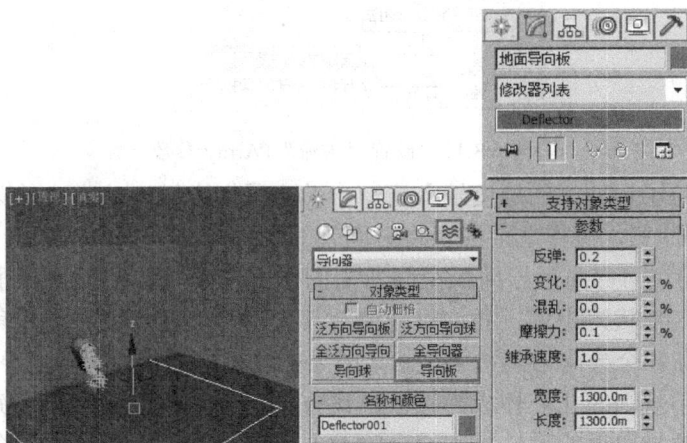

图 6.3.10 设置地面导向板

反弹：反弹可控制粒子碰到挡板之后回弹的速度，这个参数没有单位只是一个比率，默认值为 1.0，也就是当粒子碰到挡板之后会以原来的速度弹回。当然这种效果和我们的常识不符，因为碰撞之后总会有一些能量损失。一般应当将该值设置为小于 1.0 的值。对于制作流水撞击地面效果而言，这个参数应当设置为 0.2，以形成轻微的回弹效果。

变化：指回弹效果的随机变化程度。

混乱：指回弹角度的随机变化，如果设置为 0，回弹效果将类似于粒子碰到镜面物体，回弹角度和入射角度精确匹配。要想制作粒子碰到比较粗糙的物体表面时的回弹效果，可

以将这个参数设置为大于 0 的某个值。

摩擦力：定义挡板的摩擦系数，如果出现粒子沿着挡板运动的现象，这个参数就会作用。如果将其设置为 100%，粒子速度会立刻变成 0，如果设置为 0，粒子则不会因与挡板摩擦而减慢速度。

继承速度：当设置为大于 0 的数值时，挡板自身的运动也会作用于粒子的反弹。

第三部分　粒子发射的速度波动

真实的水流速度是有一定波动的，我们将通过使用 bezier float(贝兹浮点)控制器和 noise(噪波)控制器对"水流"粒子系统的速度参数进行动态调整来实现这种效果。

步骤 1　选择"水流"粒子系统，在其修改堆栈中选择最下面的"PArray"条目，其参数面板将会自动展开，如图 6.3.11 所示。

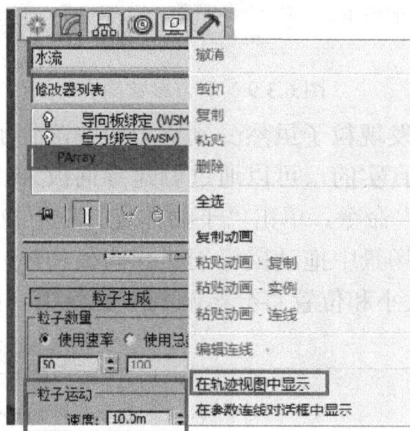

图 6.3.11　设置"水流"PArray 参数

步骤 2　在粒子运动中的速度输入窗口中单击鼠标右键，从弹出的菜单中选择"在轨迹视图中显示"。注意，操作之前应当将时间轴的滑块调整到第一帧。

导向板(挡板)空间弯曲：导向板空间弯曲的作用就是阻挡并反弹粒子的运动。导向板是最基本的挡板，形状为矩形，我们只能调节其大小、空间位置和旋转角度。这一类空间弯曲中还有导向球和全导向器两种类型，其中导向球是球形挡板，而全导向器则更为灵活，它能让任何一个不规则的几何体成为挡板。比方说，如果我们要制作水流漫过台阶的动画效果，使用普通的导向板的话，每一级台阶都要建立一个，而如果使用全导向器则可以将整个台阶转换成一个挡板物体。

步骤 3　在轨迹视图窗口中选择菜单"编辑"→"控制器"→"指定"命令，为这个参数指定控制器。在弹出的指定浮点控制器对话框中选择控制器类型为"Bezier 浮点"，如图 6.3.12 所示。

步骤 4　完成上一步操作之后，speed 参数的名称将会变成"speed:bezier float"，表示这个参数正受到贝兹浮点控制器的控制，仍然选择这个条目，再次选择菜单"编辑"→"控制器"→"指定"命令，这一次从指定浮点控制器对话框中选择"浮点列表"控制器。严格地说，浮点列表本身并不是一个控制器，它是起一个容器的作用。若参数有了这个控制器，我们就可以对其添加多个对浮点型参数起作用的控制器。我们还可以通过为这些浮点型控制器设置作用的权重值来决定哪一个控制器的效果表现得比较明显，如图 6.3.12 所示。

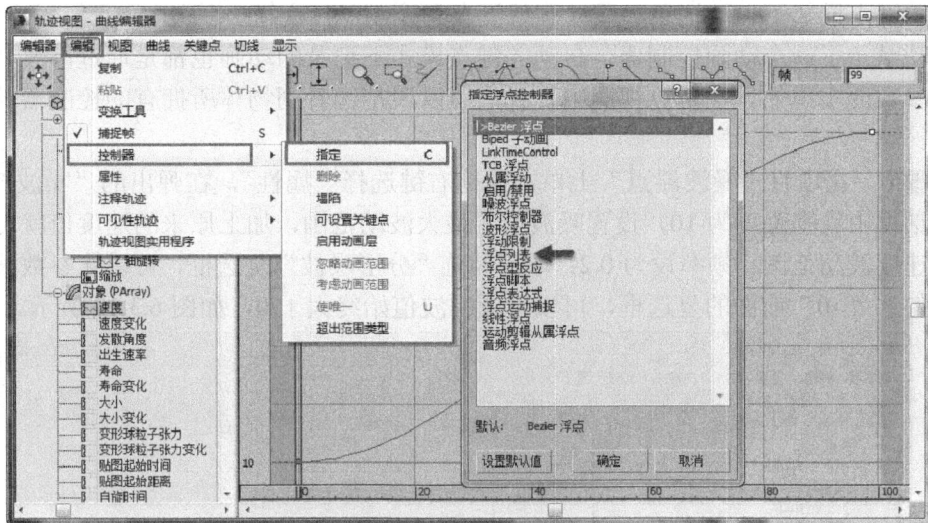

图 6.3.12　设置浮点型控制器

　　步骤 5　完成上一步操作后，会发现速度前面多了一个加号，表示可以展开，展开可以看到下面多了一个"可用"项目，选择这个项目，可以再次为它运行添加控制器，这一次选择"噪波浮点"控制器，如图 6.3.13 所示。

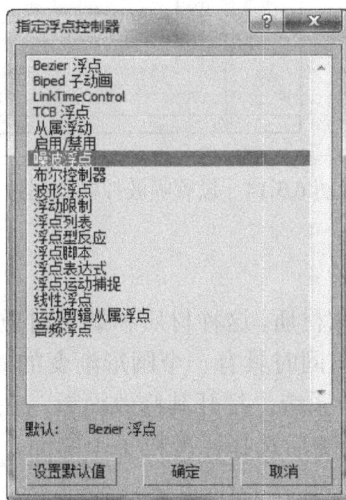

图 6.3.13　选择噪波浮点控制器

　　轨迹视图可让用户从完全不同的角度查看场景。在轨迹视图中，我们看到的不是各种形状的模型，而是抽象的参数，这些参数控制了场景中的所有几何体的外观和动画效果，因此轨迹视图又被称为"数据驱动"的视图，而普通的顶视图、前视图或者透视视图则是"几何体驱动"的视图。轨迹视图又有两种显示方式，分别是曲线编辑器和摄影表。

　　轨迹视图的左侧是一个树形列表，列出了场景中的所有物体，环境效果也被列于其中。每一个物体或者环境效果下面又包含控制其效果的所有参数。轨迹视图右侧显示在左侧窗口中选中的某个参数随时间的变化轨迹或者变化值。

控制器是 3ds max 中动画制作的基本手段，所有动画都离不开控制器。你可能会以为在自动关键点模式下自动记录一段动画就没有和控制器打交道。事实上，几何体建立之后，就被自动赋予了一个动画控制器，自动关键点模式下记录的动画也都是通过修改其动画控制器的参数而实现的。在轨迹视图中，我们可以清楚地看到物体所拥有的控制器并对其进行修改。

步骤 6　在项目"噪波浮点"上单击鼠标右键选择"属性"，在弹出的"噪波控制器"属性对话框中设置强度为 10，设置噪波值的最大波动范围，加上原来的速度值就可以知道最终的速度波动范围；频率设为 0.2；取消勾选"分形噪波"复选框，可以让参数波动更加平滑；勾选">0"前面的复选框，可以设置噪波值始终大于 0，如图 6.3.14 所示。

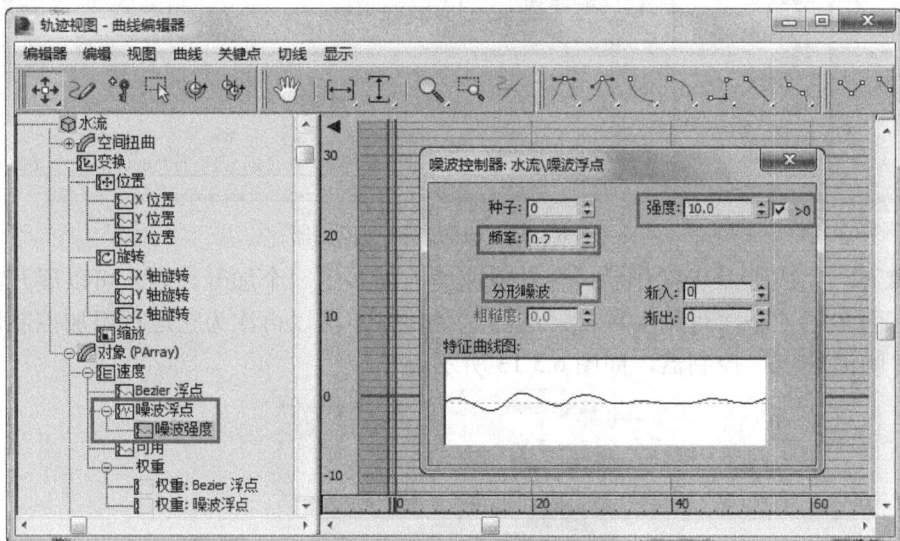

图 6.3.14　设置噪波控制器属性

第四部分　创建材质

对于水流效果可以使用泡沫材质，这种材质和烟雾材质有点类似。粒子的类型仍然是面，但同时具有一个圆形渐变的效果。

步骤 1　选择"水流"粒子系统，打开其修改面板，在"粒子类型"中选择"标准粒子"，然后选择标准粒子中的面，如图6.3.15 所示。

步骤 2　按快捷键 M 打开材质编辑器，选择一个空白样本球，调整其漫反射颜色为"青色 RGB(150，181，205)"，高光级别为 180，光泽度为 100，勾选"面贴图"选项。

步骤 3　在不透明度贴图通道上添加一个渐变贴图，设置其渐变类型为"径向"。在漫反射贴图通道上加入一个遮罩贴图，设置其遮罩贴图为"渐变"，并设置其渐变类型为"径向"，如图6.3.16 所示。

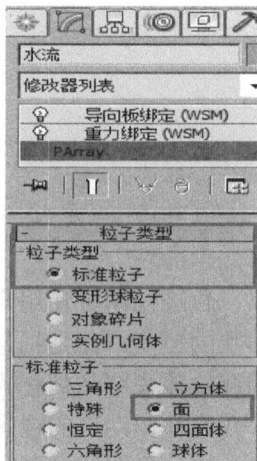

图 6.3.15　设置粒子类型

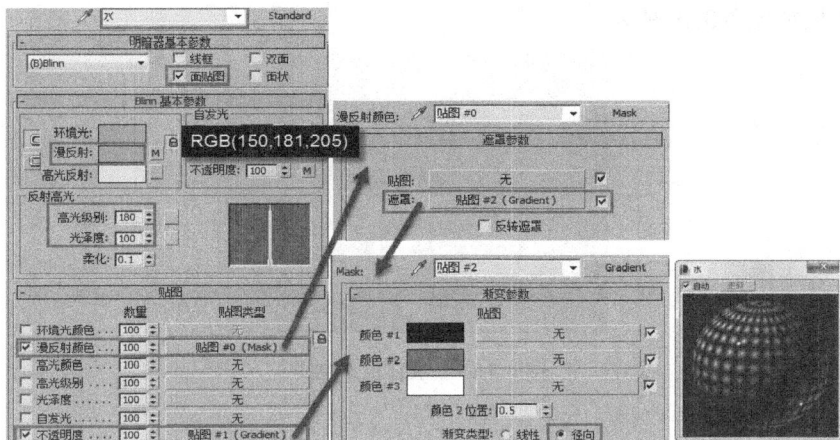

图 6.3.16 设置水材质的不透明度贴图

第五部分 添加运动模糊

在 3ds max 的动画制作中，运动模糊不仅是强化动态效果的方法，也是掩盖瑕疵的一个诀窍。虽然只要物体的运动速度足够快，运动模糊似乎"理所当然"地会产生，但是动画毕竟不是真实的物理场景，很多情况下运动模糊绝不是画蛇添足，而是必不可少的步骤。在这个例子中，如果不为粒子的运动添加运动模糊，则水珠会一个一个蹦出来的，与真实的物理效果大相径庭。

步骤 1 在场景中选择"水流"粒子系统，单击菜单"编辑"→"对象属性"，打开"对象属性"对话框，在"运动模糊"组中设置模糊类型为"图像"，勾选"启用"选项，如图 6.3.17 所示。

步骤 2 打开渲染场景对话框(快捷键 F10)，选择"渲染器"选项卡，在下面的"对象运动模糊"组中勾选"应用"复选框，然后开始渲染，如图 6.3.18 所示。

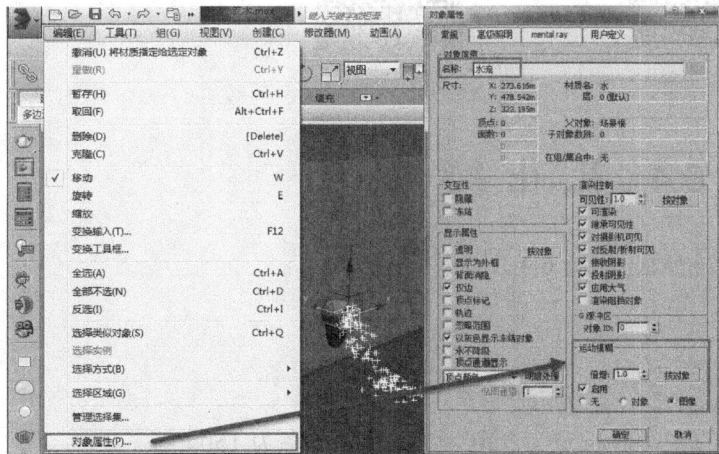

图 6.3.17 设置水流对象属性

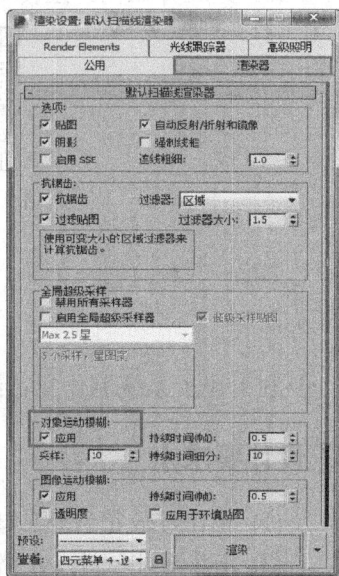

图 6.3.18 设置渲染参数

最终效果如图 6.3.19 所示。

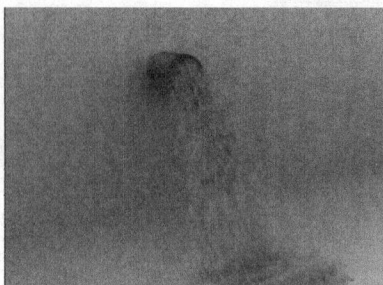

图 6.3.19　液体流动效果

拓展案例　　喷水动画制作

操作要求：

(1) 在场景中创建喷射粒子制作喷水动画，如图 6.3.20 所示。

图 6.3.20　喷水动画效果

(2) 使用粒子正确，喷水效果逼真。

(3) 完成并归档，上传 zip 文件，渲染第 1、50 和 100 帧。

6.3 习题　　　　　　　　　6.3 实验

6.4　礼 花 绽 放

利用粒子系统制作礼花绽放特效，如图 6.4.1 所示。

【设计要求】

(1) 礼花绽放符合燃放规律。

(2) 渲染输出一个 avi 格式的文件，长宽为 720 × 576，分辨率为 150。

(3) 时间为 3 s。

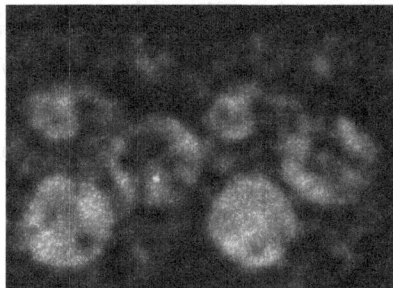

图 6.4.1　礼花绽放特效　　　　　　　　　6.4 礼花绽放

【制作过程】

步骤 1　选择"创建"→"几何体"命令，在列表框中选择"粒子系统"，单击"对象类型"面板中的"超级喷射"，在透视图创建一个超级喷射的粒子系统，如图 6.4.2 所示。

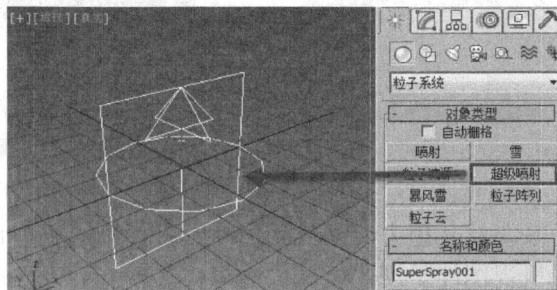

图 6.4.2　创建"超级喷射"粒子系统

步骤 2　单击"修改命令选项卡"按钮，修改超级喷射粒子系统的基本参数。设置粒子分布的轴扩散为 30 度，平面扩散为 90 度，视口采用"网格"方式显示，粒子数百分比为 100%；粒子生成使用总数为 20，粒子运动速度为 2.5 m，变化为 20%，粒子计时发射开始时间为 –60 帧，发射停止时间为 60 帧，显示时限为 100，寿命为 40 帧，粒子大小为 0.35 m，增长耗时和衰减耗时都为 0；粒子类型为标准粒子"立方体"；设置粒子"消亡后繁殖"，繁殖数目为 1，影响为 100%，倍增为 200，变化为 100%，方向混乱度为 100%，使礼花喷射后再生粒子，并向四周进射，如图 6.4.3 所示。

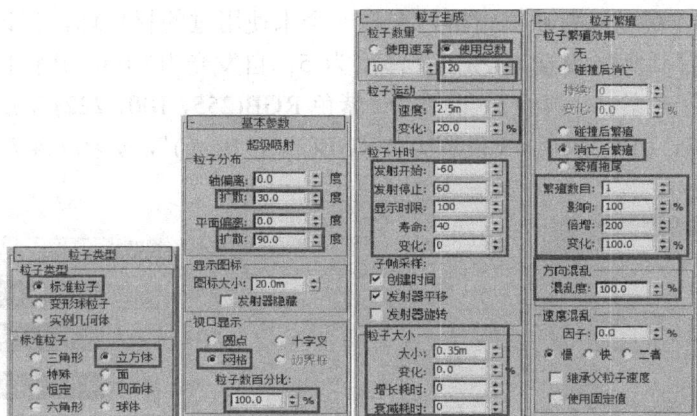

图 6.4.3　超级喷射粒子系统的基本参数

　　步骤 3　创建重力。选择"创建"→"空间扭曲"命令，在列表框中选择"力"，在"对象类型"中选择"重力"，调整重力强度为 0.2，在透视图的超级喷射粒子系统边创建重力，如图 6.4.4 所示。

　　步骤 4　在主工具栏中单击"绑定到空间扭曲"按钮 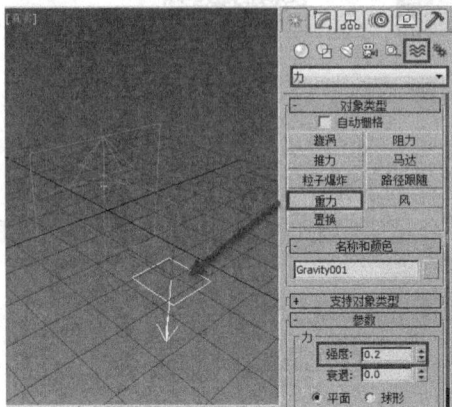，激活该选项，在透视图中将超级喷射粒子系统图标拖曳到重力上，使超级喷射产生的粒子受重力影响向下落，如图 6.4.5 所示。

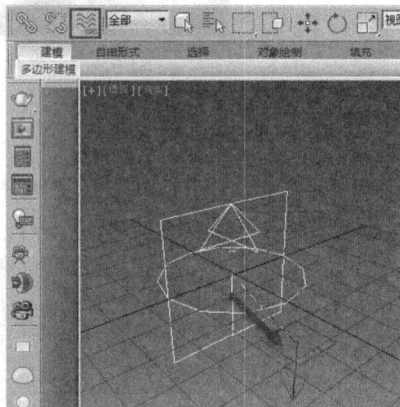

图 6.4.4　创建重力　　　　　　图 6.4.5　将超级喷射粒子系统绑定重力

　　步骤 5　复制粒子系统及其重力，同时创建一台目标摄影机，设置镜头为 36 mm，调整摄影机角度，使摄影机视图能呈现出礼花的全景，如图 6.4.6 所示。

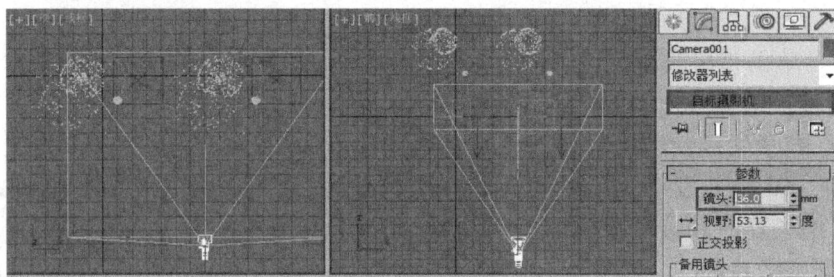

图 6.4.6　创建一台目标摄影机

　　步骤 6　按 M 键进入材质编辑器，选择一个未使用过的材质球，将该材质赋给场景中的粒子系统，设置其高光级别为 25，光泽度为 5，自发光为 100。并将自发光贴图设置为"Partide Age(粒子年龄)"，颜色 #1 设置为"紫色 RGB(255，100，222)"，颜色#2 设置为"橙色 RGB(243，173，0)"，颜色 #3 设置为"RGB(255，0，0)"，如图 6.4.7 所示。

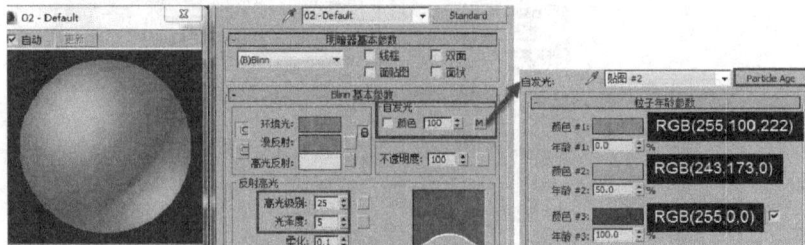

图 6.4.7　设置粒子系统材质

步骤 7 在透视图中选择粒子系统并单击鼠标右键，在弹出的菜单中选择"对象属性"，打开"对象属性"对话框，设置 G 缓冲区的"对象 ID"为 1，运动模糊按图像倍增设置为 0.2，如图 6.4.8 所示。

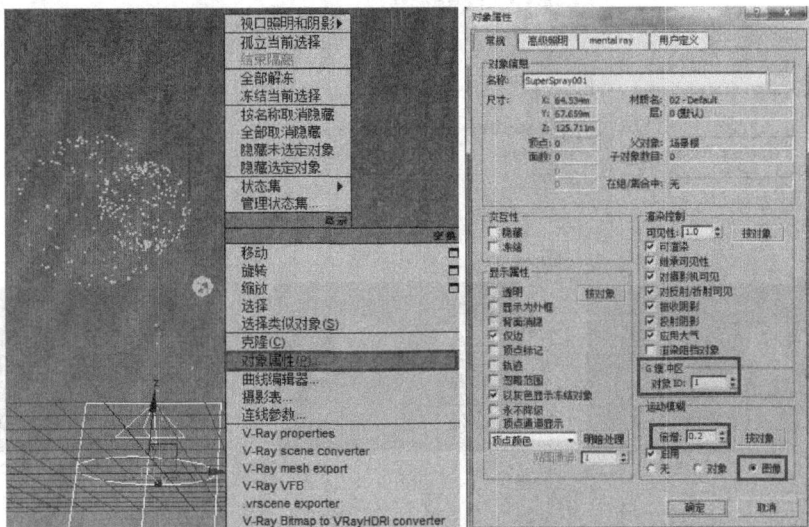

图 6.4.8　设置粒子系统的"对象属性"

步骤 8 选择主工具栏中的"渲染"→"视频后期处理"命令，打开"视频后期处理"对话框，单击"添加场景事件"按钮，在"编辑场景事件"对话框中指定"Camera001"，单击"添加图像过滤事件"按钮，指定"镜头效果光晕"作为图像过滤事件，单击"添加图像输出事件"按钮，将文件保存为"礼花.jpg"，如图 6.4.9 所示。

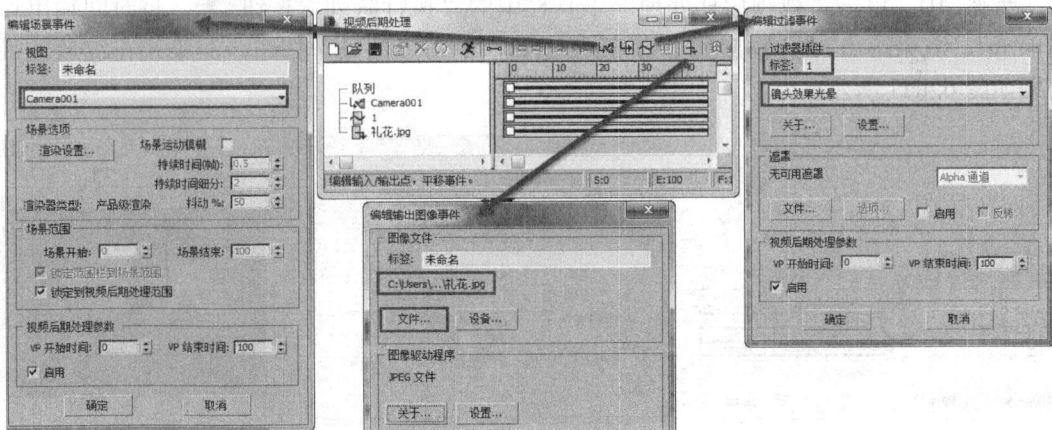

图 6.4.9　设置视频后期处理参数

步骤 9 在"编辑过滤事件"对话框中，单击"设置"按钮，打开"镜头效果光晕"窗口，单击"VP 队列"、"预览"，此时可预览到礼花绽放的效果图，在"属性"选项卡中，勾选"对象 ID"为 1，过滤事件为"边缘"；在"首选项"选项卡中，设置效果大小为 1，颜色为"渐变"；在"噪波"选项卡中，设置运动参数为 3，这样礼花绽放时会带有模糊效果，如图 6.4.10 所示。

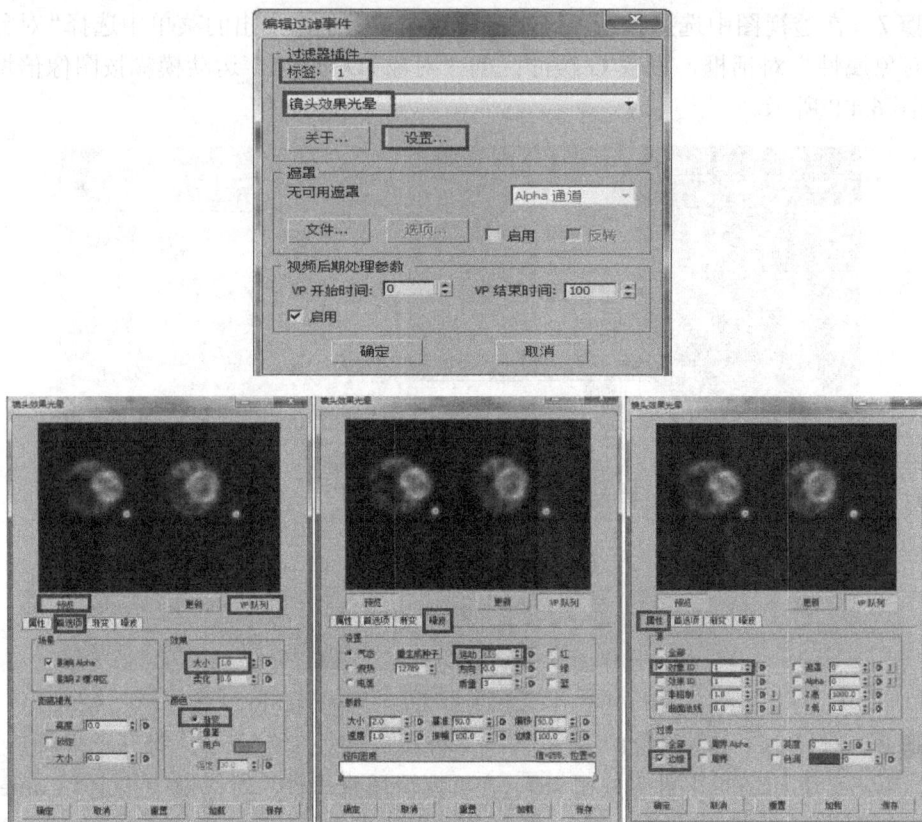

图 6.4.10　设置"镜头效果光晕"参数

步骤 10　单击"视频后期处理"工具栏中的"执行队列"按钮 ✗，将时间输出设为"单个"，渲染第 0 帧，输出大小为 320×240，单击"渲染"按钮，渲染礼花绽放的最终效果如图 6.4.11 所示。

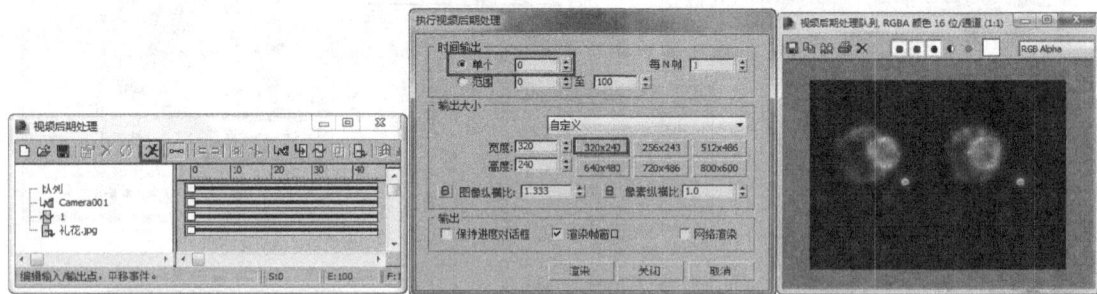

图 6.4.11　渲染礼花绽放的效果图

📖 拓展案例　文字过光动画效果

操作要求：

(1) 设计并制作文字过光动画，文字内容为"数媒动漫"，背景素材自选。

(2) 根据光源的表现方式，体现炫彩效果。

(3) 完成并归档，上传 zip 和 avi 文件，动画尺寸为 640×480。

6.4 习题

6.4 实验

6.5 树 叶 飘 落

用变化工具制作树叶飘落效果，如图 6.5.1 所示。

图 6.5.1 树叶飘落动画效果

6.5 树叶飘落

【设计要求】

(1) 设置蓝天白云背景，树叶飘落符合自然规律。

(2) 渲染输出一个 avi 格式的文件，长宽为 720×576，分辨率为 150。

(3) 时间为 3 s。

【制作过程】

步骤 1 用创建工具在顶视图创建一个平面对象，在参数卷展栏里将长度、宽度设置为 154 和 106，如图 6.5.2 所示。

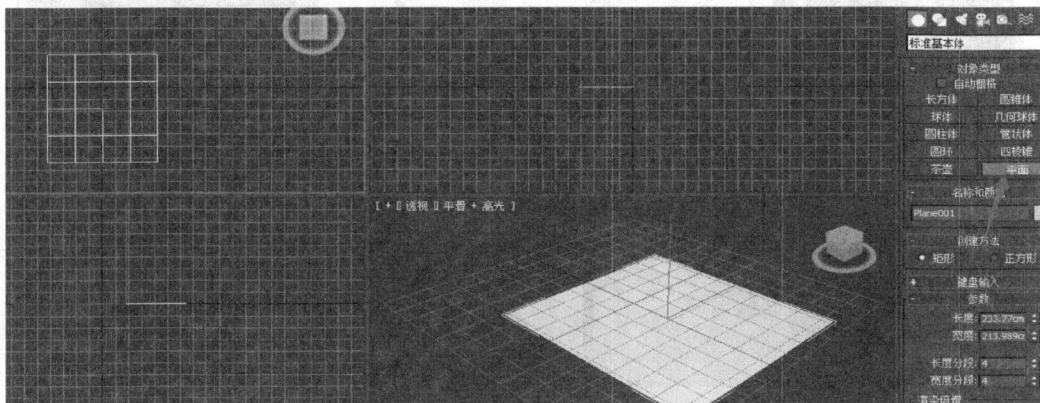

图 6.5.2 创建平面

步骤 2　为其添加一个噪波修改器，并调整噪波修改器的一些参数，如图 6.5.3 所示。

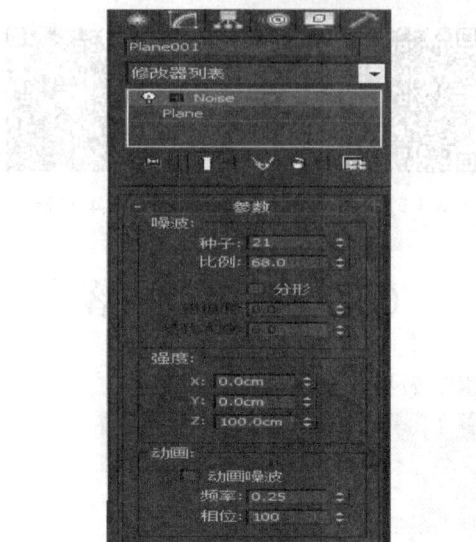

图 6.5.3　添加噪波修改命令

步骤 3　按数字 8 键为背景附上"天空"贴图，如图 6.5.4 所示。

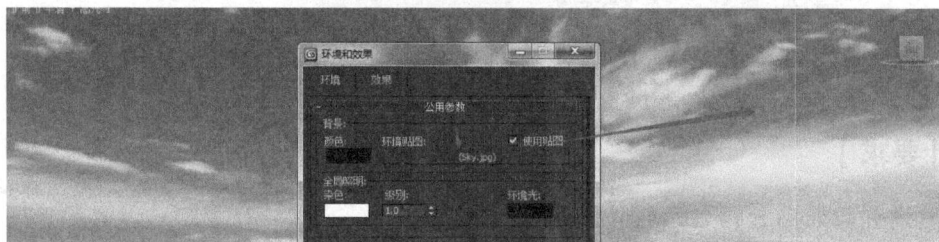

图 6.5.4　设置环境背景

步骤 4　在材质球上给树叶的漫反射添加位图贴图为"叶子 01.jpg"，如图 6.5.5 所示。

步骤 5　使用相同的方法为不透明度添加其他树叶的贴图"叶子 02.jpg"，为凹凸通道添加其他树叶的贴图"叶子 03.jpg"，如图 6.5.6 所示。

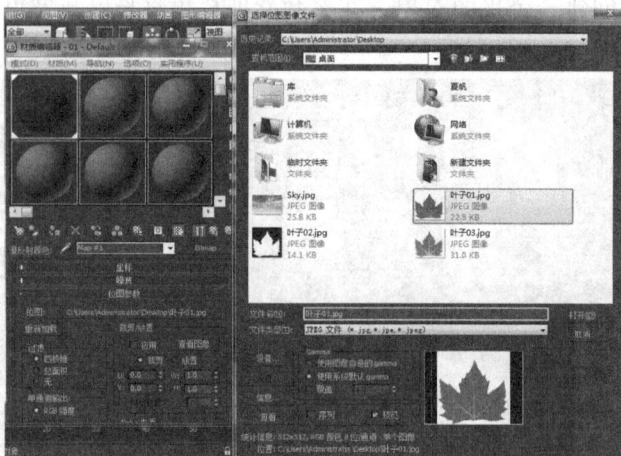

图 6.5.5　给树叶赋漫反射贴图

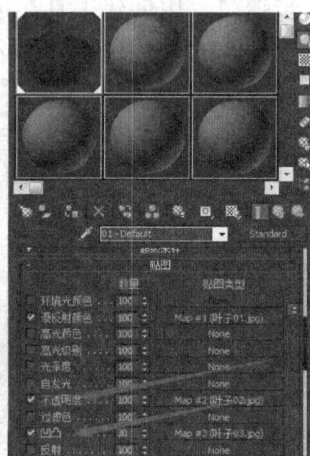

图 6.5.6　赋其他贴图材质

步骤 6 打开自动关键记录模式, 在第 30 帧处使用旋转和移动工具将树叶移动一段距离并旋转其位置, 如图 6.5.7 所示。

图 6.5.7 制作树叶飘落动画

拓展案例 火焰动画制作

操作要求:

(1) 在场景中创建球形 Gizom, 使用大气环境效果制作火焰动画。

(2) 使用的 Gizom 形状正确, 大气环境效果正确, 动画效果流畅。

(3) 完成并归档, 上传 zip 和 avi 文件, 动画尺寸为 640×480。

6.5 习题

6.5 实验

第 7 章　综 合 项 目

本章主要学习基于 3ds max 的建筑漫游设计、室内设计、工业设计和校园虚拟漫游设计。建筑漫游以高层建筑为主体，在表现此类建筑时，首先要理解建筑师的设计，理解要表现的重点，然后通过前期和后期工作的配合来完成。

7.1　别墅建筑漫游

【项目描述】

某公司要完成一幢别墅建筑的建筑漫游动画制作，要求根据客户要求制作一栋别墅建筑的交互漫游，并希望在此基础上与客户沟通继续完善并达成合作意向，如图 7.1.1 所示。

图 7.1.1　别墅建筑动画效果

【项目要求】

1) 三维模型的设计制作

根据参考效果图完成楼体模型制作，如图 7.1.2 所示。

图 7.1.2　别墅效果图

7.1 别墅建筑漫游

2) 材质贴图的设计制作

楼体墙、窗户、门、屋顶等材质贴图的制作；地形、游泳池材质贴图的制作；其他场景物体材质贴图的制作。

3) 摄影机设置

创建一个摄影机并制作一段关键帧动画。设计一个 3～5 秒的镜头动画，镜头动画可以为鸟瞰环绕表现、由远推近表现、镜头平移表现等。

4) 灯光布局

选择合适的光源类型，完成白天场景灯光布局。

5) 渲染输出

完成 3～5 秒的三维视频 avi 文件(720×576)的渲染和输出。

【制作过程】

第一部分 别墅周边场景建模

步骤 1 选择"自定义"→"单位设置"命令，在弹出的"单位设置"面板中，设置公制为"厘米"，如图 7.1.3 所示。

步骤 2 按快捷键 T 切换到顶视图，选择"创建"→"几何体"→"长方体"命令，在顶视图中创建一个长度为 1800 cm，宽度为 1350 cm，高度为 20 cm 的长方体，命名为"草皮地面"，如图 7.1.4 所示。

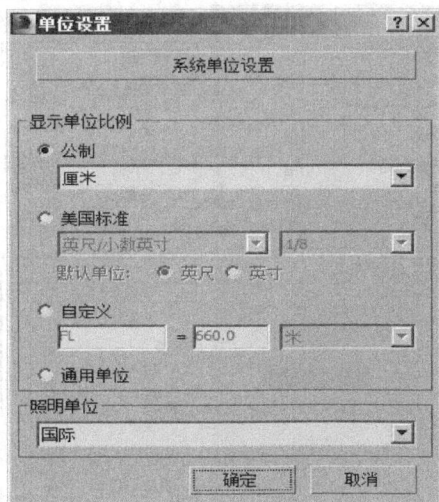

图 7.1.3 单位设置

图 7.1.4 创建草皮地面

步骤 3 再创建一个长方体，命名为"泳池坑"，设置长度为 340 cm，宽度为 250 cm，高度为 50 cm，放置在草皮地面的右下角，如图 7.1.5 所示。

步骤 4 选择"泳池坑"长方体，按 Ctrl＋V 键克隆复制一个长方体，将高度修改为 –200 cm，命名为"游泳池"，单击鼠标右键，选择"隐藏"，将游泳池长方体隐藏，如图 7.1.6 所示。

图 7.1.5　创建泳池坑

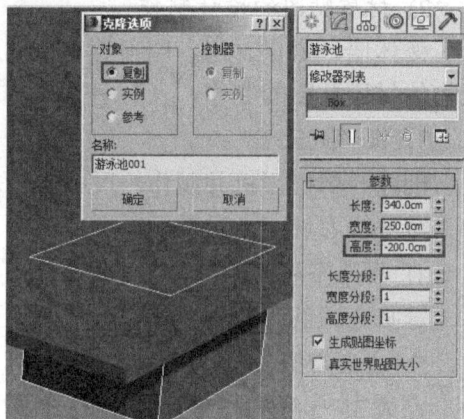

图 7.1.6　复制游泳池

步骤 5　选择"创建"→"几何体"命令，选择"复合对象"按钮，在"对象类型"面板中选择"布尔"，先单击"草皮地面"，再单击"拾取操作对象 B"，拾取场景中的"泳池坑"，在草皮地面挖一个方形的坑，如图 7.1.7 所示。

步骤 6　单击鼠标右键选择"取消全部隐藏"，将"游泳池"长方体显示出来，单击鼠标右键，将游泳池转换为可编辑多边形，按快捷键 4 启用多边形模式，选择游泳池顶面，在"编辑几何体"面板中单击"分离"按钮，将游泳池顶面分离为"泳池水面"，如图 7.1.8 所示。

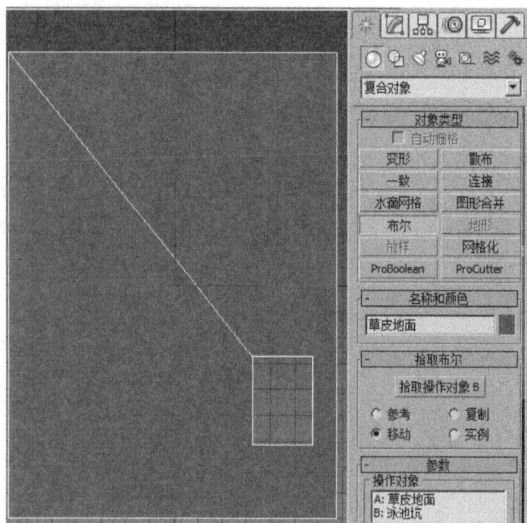

图 7.1.7　布尔游泳池坑

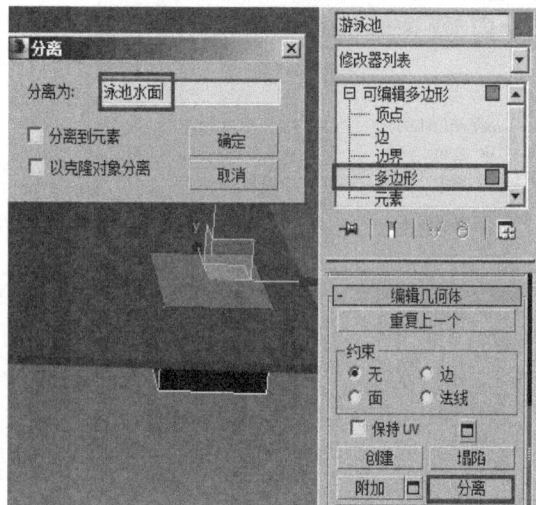

图 7.1.8　分离泳池水面

步骤 7　按快捷键 2 切换到"边"选择模式，框选"泳池水面"的四条边，单击"利用所选内容创建图形"，在弹出的"创建图形"对话框中，将曲线名命名为"泳池边"，图形类型设置为"线性"，如图 7.1.9 所示。

步骤 8　勾选"泳池边"的"在视口中启用"选项，将其设置为"矩形"，设置长度为6 cm，宽度为 20 cm，然后将泳池边转换为可编辑多边形，如图 7.1.10 所示。

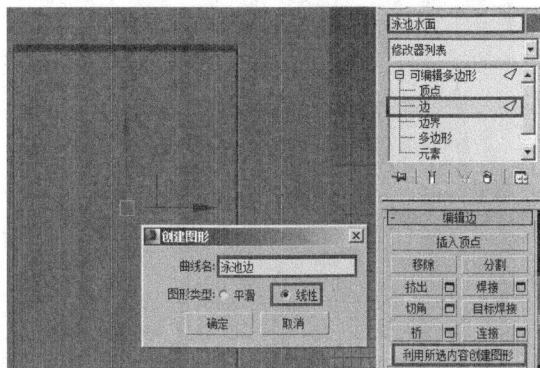

图 7.1.9 创建泳池边二维图形

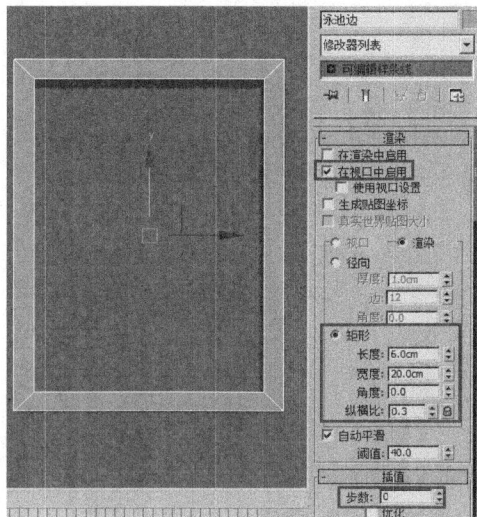

图 7.1.10 设置泳池边为矩形边框

步骤 9 按快捷键 L 切换到左视图，创建一个长度为 46 cm，宽度为 28 cm 的矩形作为泳池扶手，并将矩形转换为可编辑样条线，如图 7.1.11 所示。

图 7.1.11 创建泳池扶手矩形框

步骤 10 按快捷键 1 启用顶点选择模式，将扶手矩形上端的两个顶点设置为"贝塞尔顶点"，调整顶点的两个句柄制作出扶手圆滑的形状，如图 7.1.12 所示。

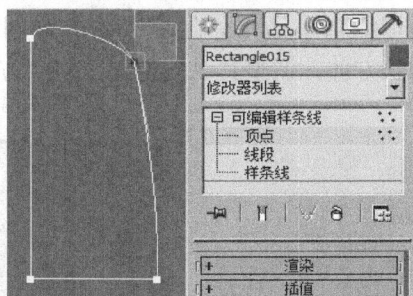

图 7.1.12 调整扶手的相应顶点

步骤 11 将扶手线条设置为"在视口中启用"，径向厚度设置为 2 cm，边设置为 4，步数设置为 6，并将扶手线条转换为可编辑多边形，如图 7.1.13 所示。

步骤 12 按快捷键 Ctrl + V 实例克隆另一根泳池扶手，如图 7.1.14 所示。

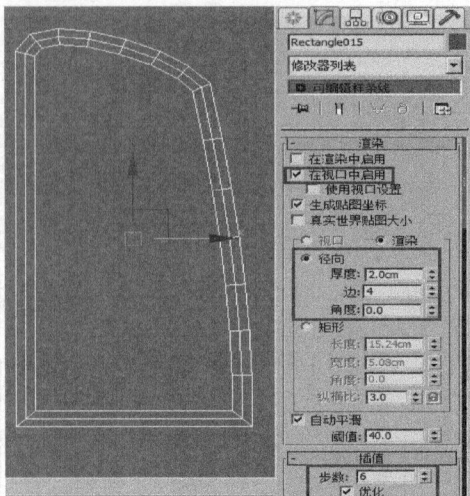

图 7.1.13　设置泳池扶手的形状

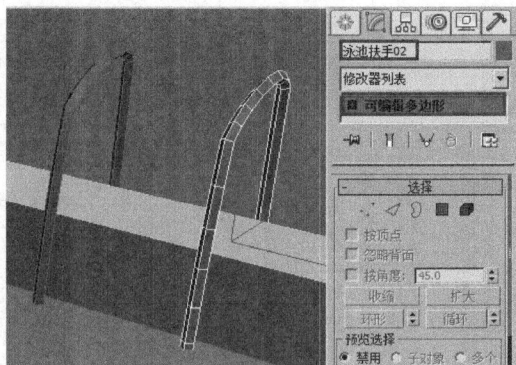

图 7.1.14　复制另一根扶手

步骤 13　创建一个长度为 1070 cm，宽度为 650 cm 的矩形作为别墅地面，调整其位置如图 7.1.15 所示。

步骤 14　将地面矩形转换为可编辑样条线，单击"顶点"，选择"优化"，在矩形左侧线段上插入两个顶点，如图 7.1.16 所示。

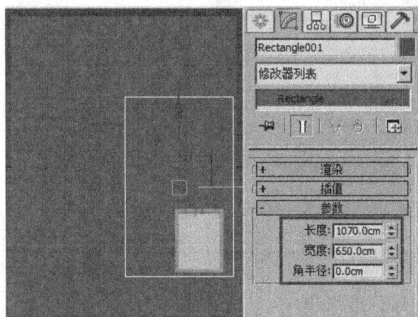

图 7.1.15　创建别墅地面矩形

图 7.1.16　优化别墅地面矩形形状

步骤 15　调整顶点的位置及线段的形状为"7"字形，如图 7.1.17 所示。

步骤 16　将矩形转换为可编辑多边形，在游泳池位置创建一个长度为 340 cm，宽度为 250 cm，高度为 60 cm 的长方体，调整其纵向位置，将长方体穿过别墅地面，如图 7.1.18 所示。

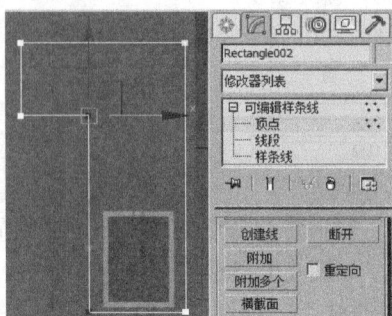

图 7.1.17　调整地面形状

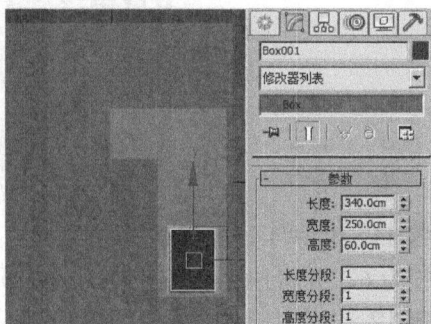

图 7.1.18　在泳池位置创建长方体

步骤 17 选择别墅地面，创建几何体的复合对象，选择"布尔"对象类型，拾取长方体，将地面的泳池坑挖出孔，如图 7.1.19 所示。

步骤 18 按快捷键 2 启用"边"选择模式，选择地面外围的 6 条边，单击鼠标右键，在弹出的菜单中选择"挤出"，将边挤出 −10 个单位，形成地面的厚度，如图 7.1.20 所示。

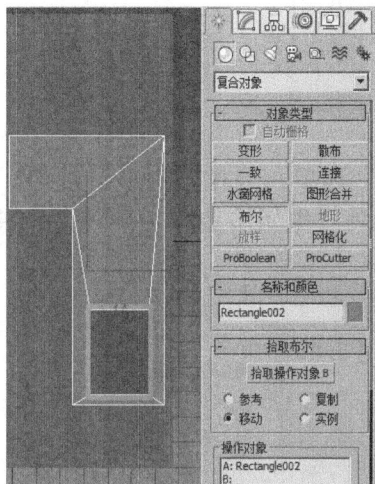

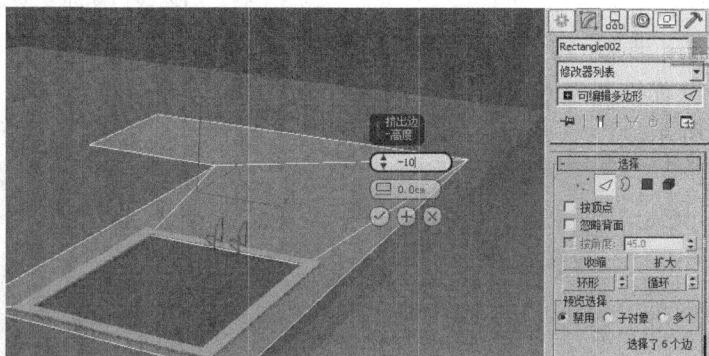

图 7.1.19 将地面与泳池方体布尔相减

图 7.1.20 挤出地面的高度

步骤 19 在前视图中创建一个长度为 230 cm，宽度为 15 cm，高度为 600 cm 的长方体作为别墅右侧墙体，放置到地面前端位置，如图 7.1.21 所示。

步骤 20 创建线条图形，在顶视图草皮地面上创建一个矩形，在矩形线条上优化几个顶点，调整顶点的 Bezier 角点的句柄，将道路设计成"人"字形，如图 7.1.22 所示。

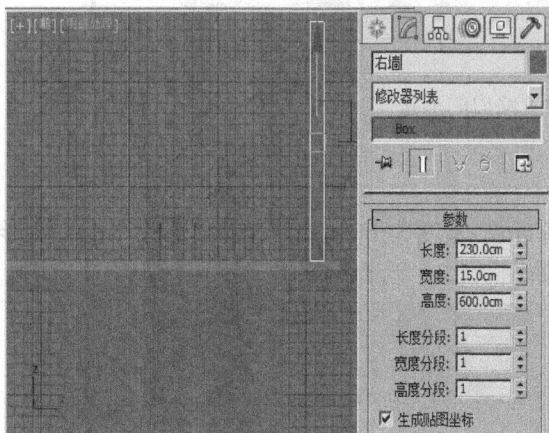

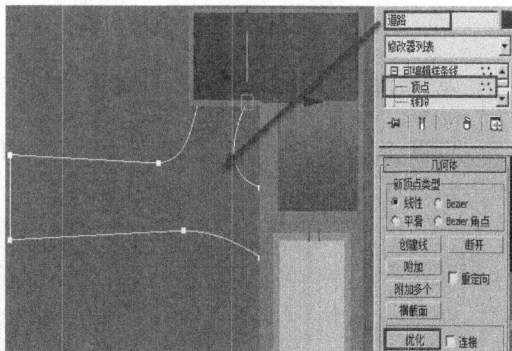

图 7.1.21 创建右墙

图 7.1.22 创建道路线条

步骤 21 将道路线条图形转换为可编辑多边形，按 Ctrl 键单击鼠标左键选择道路与草皮交界的线条作为路肩，单击"利用所选内容创建图形"按钮，将路肩创建为图形，如图 7.1.23 所示。

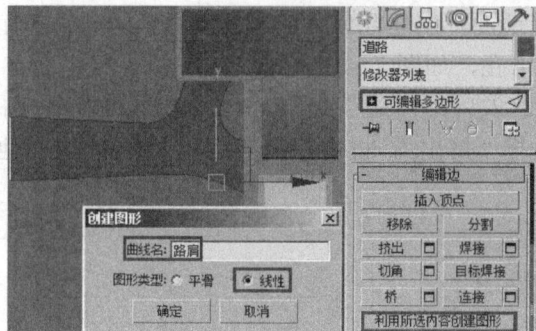

图 7.1.23　勾选路肩的线条图形

步骤 22　选择"路肩"图形，勾选"在视口中启用"选项，选择"矩形"方式，设置长度为 6 cm，宽度为 12 cm，并将"路肩"图形转换为可编辑多边形，如图 7.1.24 所示。

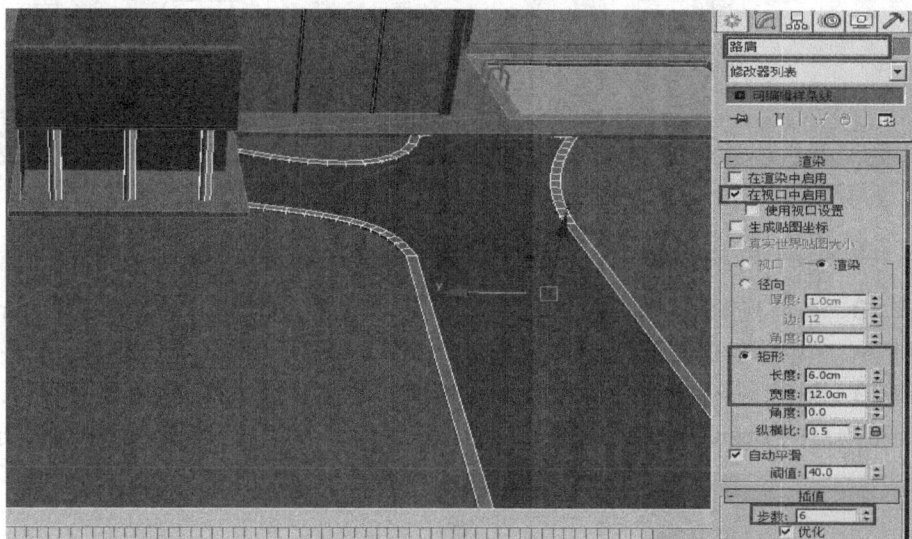

图 7.1.24　设置路肩的形状

第二部分　别墅建筑主体建模

步骤 1　在前视图中创建一个长度为 116 cm，宽度为 600 cm，角半径为 5 cm 的矩形，作为别墅 2 楼的楼层，调整其相应的位置，如图 7.1.25 所示。

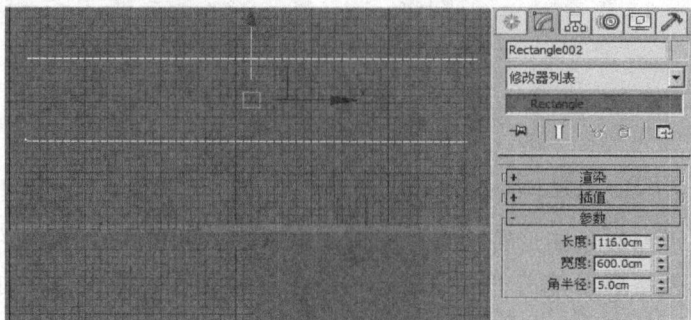

图 7.1.25　创建圆角矩形作为别墅 2 楼

步骤 2 设置圆角矩形"在视口中启用",设置矩形长度为 259 cm,宽度为 12 cm,插值步数为 2,将圆角矩形转换为可编辑多边形,作为二楼后楼体,如图 7.1.26 所示。

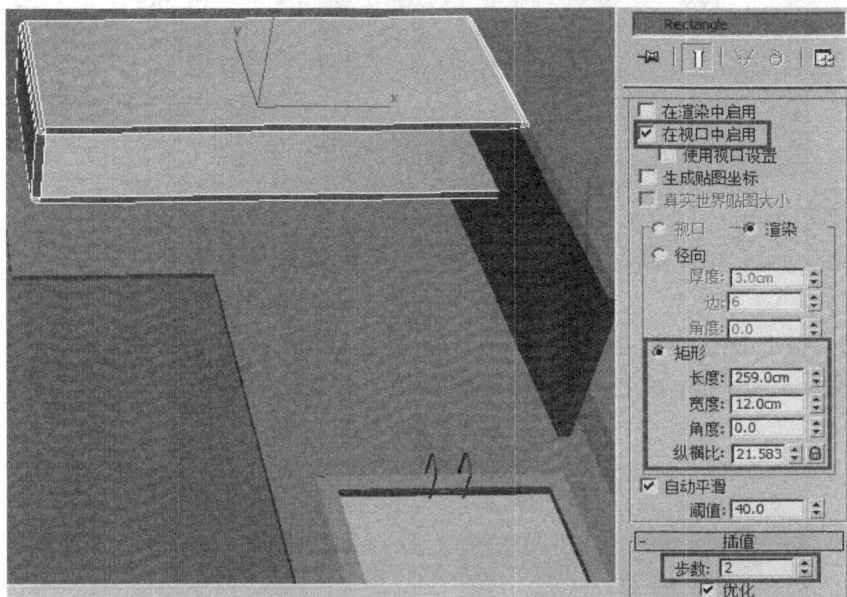

图 7.1.26 设置线条边框显示为矩形

步骤 3 按 L 键切换到左视图,再创建一个圆角矩形,设置长度为 116 cm,宽度为 331 cm,角半径为 4 cm,设置矩形线条渲染"在视口中启用",设置矩形长度为 297 cm,宽度为 10 cm,插值步数为 2,将圆角矩形转换为可编辑多边形,作为二楼前楼体,将其转换为可编辑多边形,放置在二楼后楼体右前端,如图 7.1.27 所示。

步骤 4 将前楼体转换为可编辑多边形,将楼体中间的隔板和隔墙分离出来,缩短其相应面的长度,如图 7.1.28 所示。

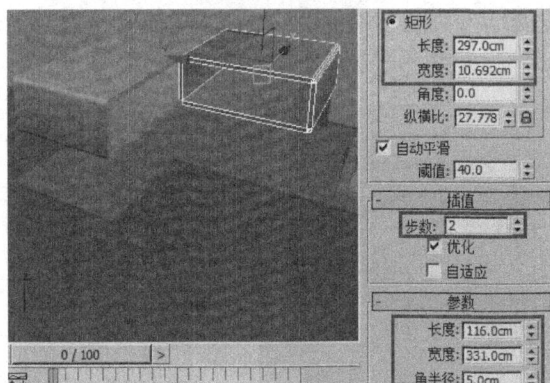

图 7.1.27 创建别墅 2 楼前楼体

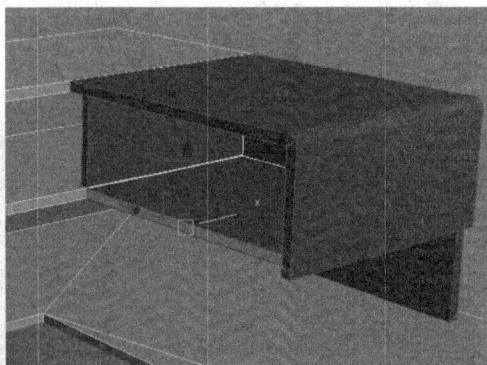

图 7.1.28 调整前楼体的 2 楼楼板

步骤 5 按 F 键切换到前视图,创建一个长度为 278 cm,宽度为 589 cm 的平面,长度分段和宽度分段都为 1,命名为"后玻璃墙",将该平面移动到后墙位置,如图 7.1.29 所示。

图 7.1.29　创建后玻璃墙平面

步骤 6　按 L 键切换到左视图，创建一个长度为 365 cm，宽度为 320 cm，长度分段为 1，宽度分段为 3 的平面，命名为"前楼玻璃墙"，将玻璃墙放置在前楼左侧位置，如图 7.1.30 所示。

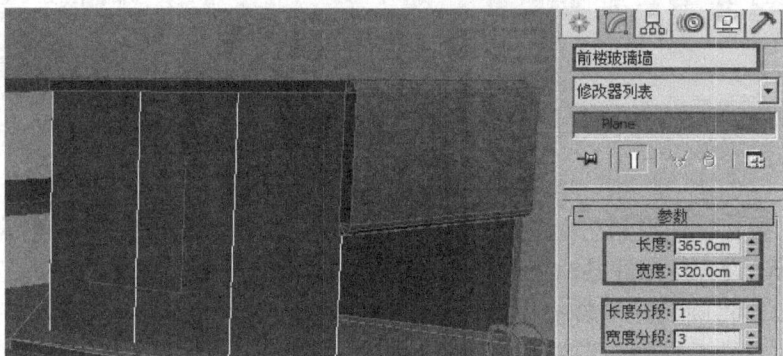

图 7.1.30　创建前楼侧玻璃墙

步骤 7　按 F 键切换到前视图，创建一个长度为 230 cm，宽度为 320 cm，长度分段为 1，宽度分段为 3 的平面，命名为"后楼前玻璃墙"，将该平面移动到后楼前端位置，如图 7.1.31 所示。

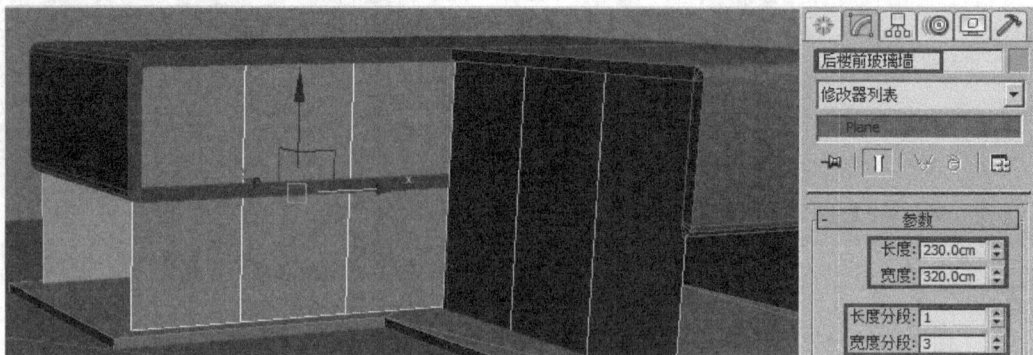

图 7.1.31　创建后楼前玻璃墙

步骤 8　按 Alt + Q 切换到孤立模式，按 F 键切换到前视图，按数字键 2 启用边的选择模式，在后楼前玻璃墙左侧使用"连接"方式做出窗户的边框，如图 7.1.32 所示。

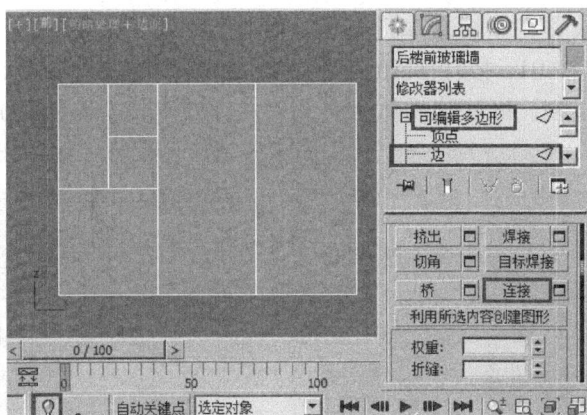

图 7.1.32 连接窗户边框

步骤 9 按数字键 4 启用多边形选择模式，选择后楼前玻璃墙左下角的面，按"del"键删除，如图 7.1.33 所示。

步骤 10 在前视图中创建一个长度为 120 cm，宽度为 280 cm，长度分段为 1，宽度分段为 6 的平面，命名为"前 1 楼玻璃门"，如图 7.1.34 所示。

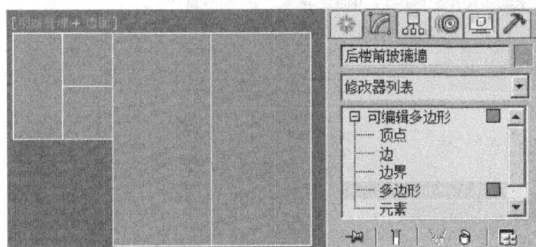

图 7.1.33 删除后楼前玻璃墙左下角

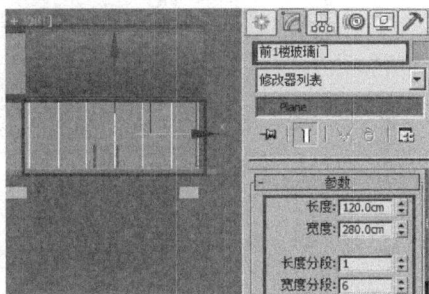

图 7.1.34 创建前 1 楼玻璃门

步骤 11 将前 1 楼玻璃门平面转换为可编辑多边形，按 Alt＋Q 切换到孤立模式，按 F 键切换到前视图，按数字键 2 启用边的选择模式，在前 1 楼玻璃门相应线段处使用"连接"方式做出玻璃门的边框，如图 7.1.35 所示。

步骤 12 在左视图中创建一个长度为 115 cm，宽度为 253 cm，高度为 10 cm 的长方体，命名为"后 1 楼左墙"，如图 7.1.36 所示。

图 7.1.35 连接玻璃门边框

图 7.1.36 创建后 1 楼左墙

步骤 13 在顶视图中创建一个长度为 15 cm，宽度为 15 cm，高度为 232 cm 的长方体，命名为"立柱 01"，放置在 1 楼玻璃门左侧，如图 7.1.37 所示。

步骤 14　选择立柱 01，按住 Shift 键将立柱 01 拖拽到别墅中间，在弹出的克隆选项对话框中选择"实例"复制，将复制物体命名为"立柱 02"，调整立柱 02 的位置，如图 7.1.38 所示。

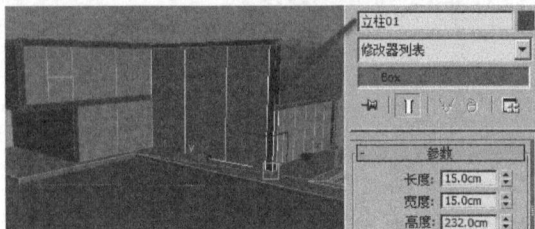

图 7.1.37　创建立柱 01　　　　　　　　　　图 7.1.38　复制立柱 02

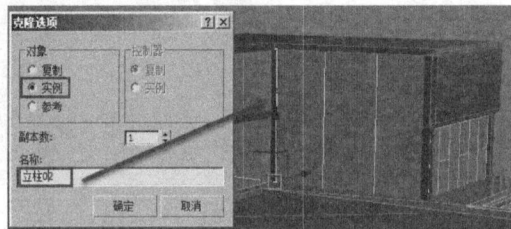

步骤 15　选择一楼玻璃门。在"编辑几何体"命令面板中单击"附加"后的小按钮，在弹出的"附加列表"对话框中，选择"前楼玻璃墙"、"后楼前玻璃墙"、"后玻璃墙"，将所有玻璃墙附加成一个整体，如图 7.1.39 所示。

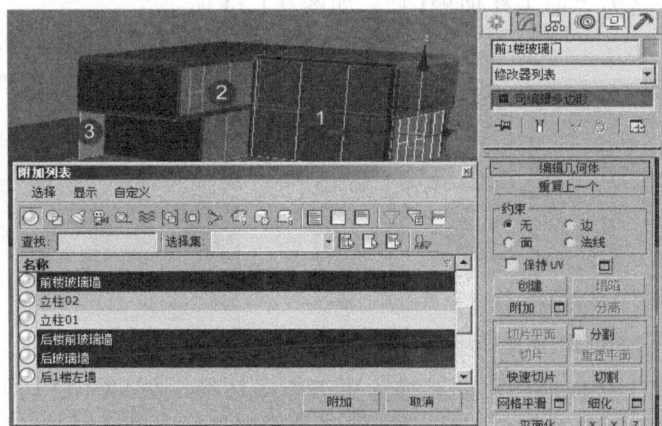

图 7.1.39　附加所有玻璃墙为一个整体

步骤 16　按快捷键 2 启用"边"选择模式，按住 Ctrl 键并单击鼠标左键选择图 7.1.40 所示的红色线条，再单击"利用所选内容创建图形"按钮，在弹出的"创建图形"对话框中，输入曲线名"铝合金框"，图形类型设置为"线性"，如图 7.1.40 所示。

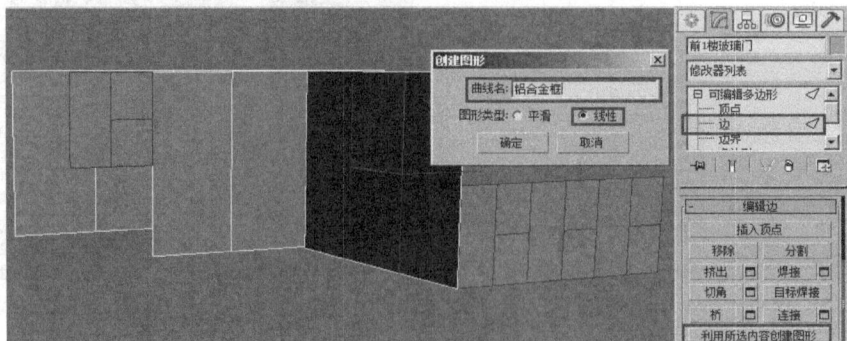

图 7.1.40　创建铝合金框图形

步骤 17 选择铝合金框图形，勾选"在视口中启用"，设置图形线条渲染方式为"矩形"，设置长度为 4 cm，宽度为 3 cm，如图 7.1.41 所示。

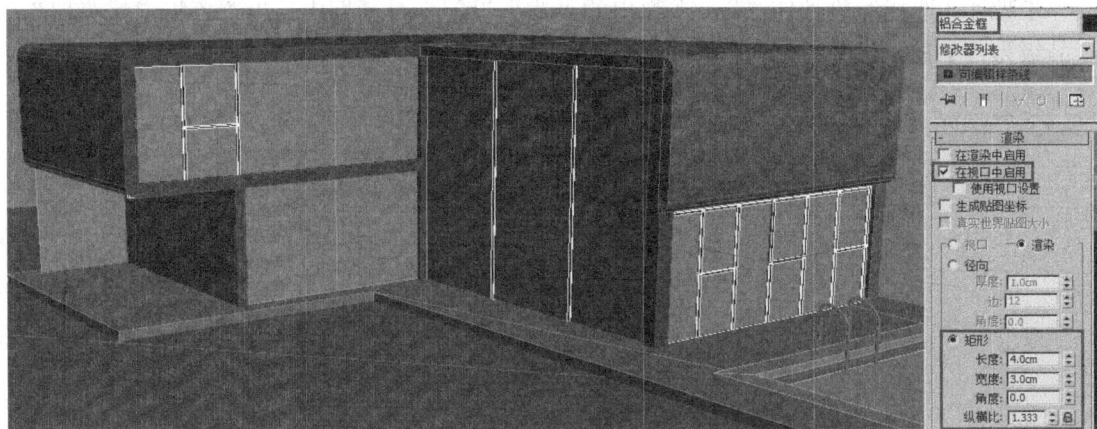

图 7.1.41 设置铝合金框线条的矩形渲染方式

步骤 18 将铝合金框转换为可编辑多边形，如图 7.1.42 所示。

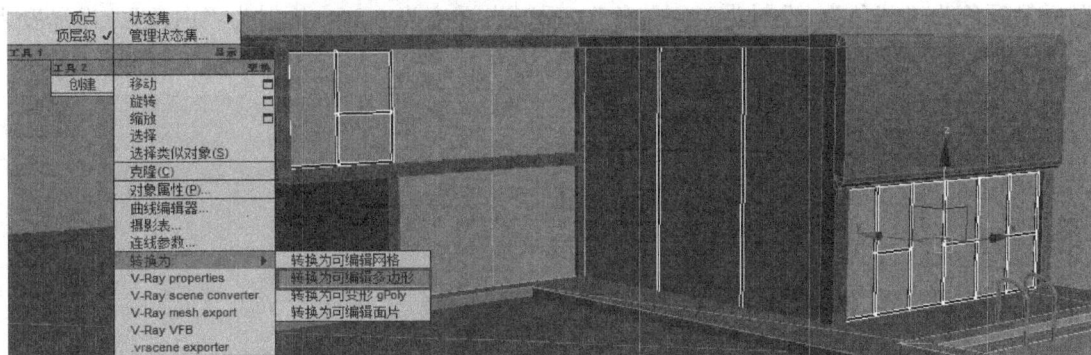

图 7.1.42 将铝合金框线条转换为可编辑多边形

步骤 19 在顶视图后楼左侧位置创建一根半径为 8 cm，高度为 118 cm，高度分段为 1，端面分段为 1，边数为 6 的圆柱体，命名为"圆柱 01"，再按 Shift 键将圆柱 01 向后实例复制两根，如图 7.1.43 所示。

图 7.1.43 创建并复制圆柱

第三部分　材质与贴图

步骤 1　选择渲染按钮 ，在弹出的"渲染设置"对话框中，设置"指定渲染器"的产品级为"V-Ray Adv 2.10.01"，如图 7.1.44 所示。

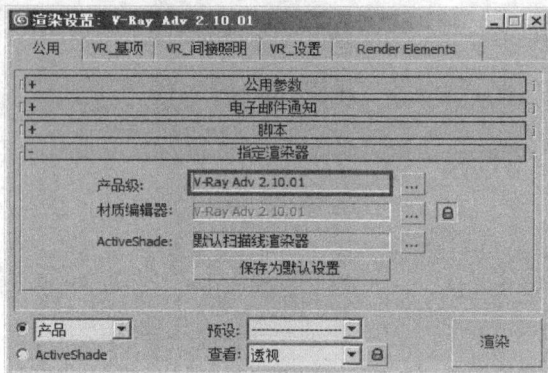

图 7.1.44　指定 VRay 渲染器

步骤 2　按 M 键打开材质编辑器，选择一个材质球命名为"水"，设置材质为"VRayMtl"，漫反射颜色为"蓝色"，反射为"深灰色"，反射光泽度为 0.86，折射为"白色"，光泽度为 0.81，将"水"材质赋给泳池水面，按 F9 快速渲染游泳池，效果如图 7.1.45 所示。

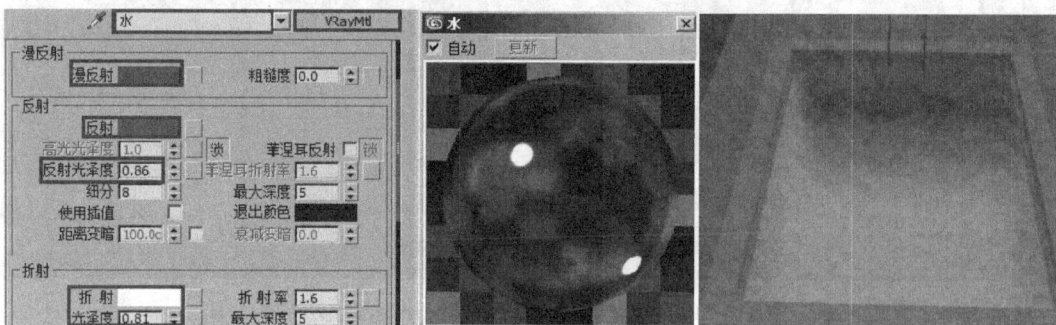

图 7.1.45　给泳池水面赋水材质

步骤 3　选择第二个材质球，命名为"玻璃"，设置材质为"VRayMtl"，漫反射颜色为"蓝色"，反射为"深灰色"，反射光泽度为 0.84，折射为"浅蓝色"，光泽度为 1，折射率为 2，将"玻璃"材质赋给别墅所有玻璃，按 F9 快速渲染别墅整体，效果如图 7.1.46 所示。

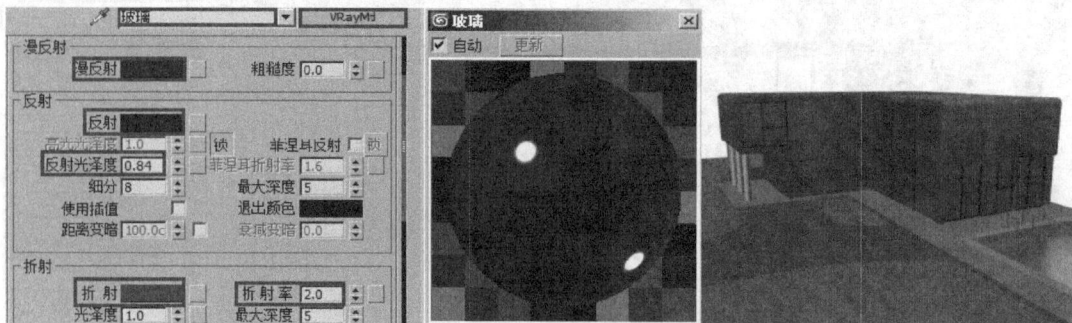

图 7.1.46　设置玻璃材质

步骤 4 选择第三个材质球，命名为"花地砖"，设置材质为"VRayMtl"，漫反射贴图为"花地砖.jpg"，反射为"深灰色"，反射光泽度为 0.88，启用"菲涅耳反射"，设置菲涅耳折射率为 4.7，将"花地砖"材质赋给别墅地面，按 F9 快速渲染别墅整体，效果如图 7.1.47 所示。

图 7.1.47　设置地面地砖材质

步骤 5 选择第四个材质球，命名为"泳池地砖"，设置材质为"VRayMtl"，漫反射贴图为"泳池地砖.jpg"，反射为"深灰色"，反射光泽度为 0.81，将"泳池地砖"材质赋给泳池地面，按 F9 快速渲染别墅整体，效果如图 7.1.48 所示。

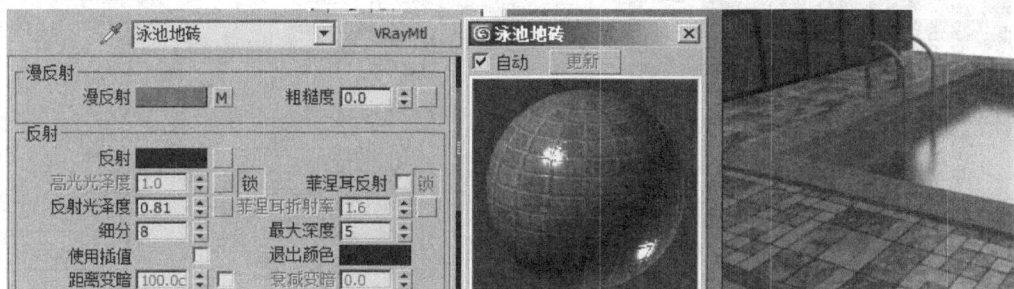

图 7.1.48　设置泳池地面材质

步骤 6 选择第五个材质球，命名为"金属"，设置材质为"VRayMtl"，反射贴图为"金属.jpg"，反射光泽度为 0.79，将"金属"材质赋给泳池扶手和铝合金框，按 F9 快速渲染别墅整体，效果如图 7.1.49 所示。

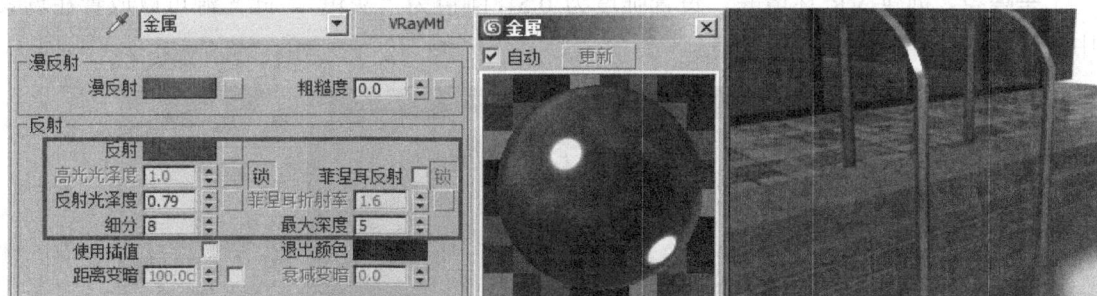

图 7.1.49　设置金属材质

步骤 7 分别给草皮地面赋"绿色"材质，道路赋"深灰色"材质，百叶窗赋"紫色"材质，墙体赋"灰色"材质，按 F9 快速渲染别墅整体，效果如图 7.1.50 所示。

图 7.1.50   设置其他材质

第四部分   灯光与环境

步骤 1   创建 VR 光源，设置倍增器为 2，颜色为 "浅黄色"，大小半长度为 116 cm，半宽度为 50 cm，启用 "不可见"，将 VR 光源创建在玻璃门位置，光照方向朝门外，如图 7.1.51 所示。

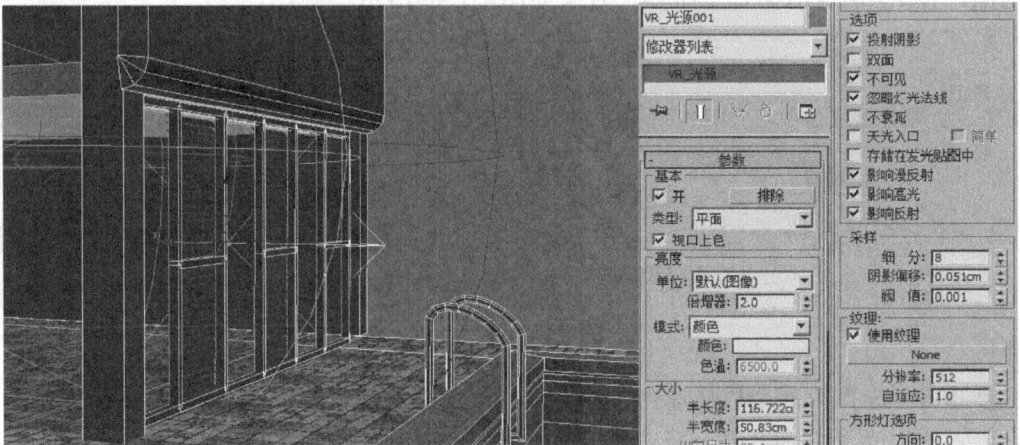

图 7.1.51   创建 VR 光源

步骤 2   创建 VR 环境光，设置强度为 0.5，颜色为 "灰色"，此光源可以放置在场景中任意位置，如图 7.1.52 所示。

图 7.1.52   创建 VR 环境光

步骤 3　在游泳池边创建 VR 光源，设置光源大小半长度为 128 cm，半宽度为 225 cm，在泳池边倾斜 45 度角，亮度颜色为"浅紫色"，如图 7.1.53 所示。

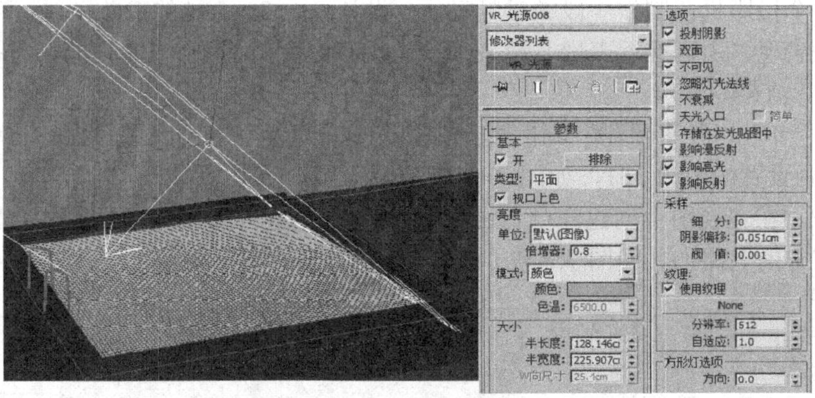

图 7.1.53　创建泳池边 VR 光源

步骤 4　创建泛光灯，启用"VRayShadow"阴影，设置倍增为 0.3，颜色为"淡黄色"，启用"近距衰减"，开始为 0 cm，结束为 98 cm，启用"远距衰减"，开始为 142 cm，结束为 217 cm，分别在别墅上方再复制六个泛光灯，如图 7.1.54 所示。

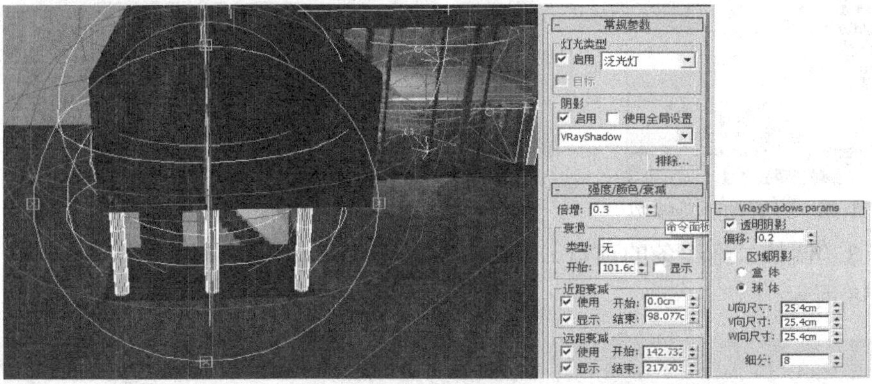

图 7.1.54　创建泛光灯

步骤 5　分别在别墅的每个窗户前创建一盏 VR 光源，光源大小与窗户大小相同，别墅整体效果如图 7.1.55 所示。

图 7.1.55　别墅整体效果图

第五部分　摄影机设置

创建一个摄影机并制作一段关键帧动画。设计一个 3～5 秒的镜头动画，镜头动画可以为鸟瞰环绕表现、由远推近表现、镜头平移表现等。完成一个 3～5 秒的三维视频 avi 文件 (720×576) 的渲染和输出。

步骤 1　单击"时间配置"按钮 ，弹出"时间配置"对话框，设置帧速率为"NTSC"，按 5 s 的动画设置帧数为 151，如图 7.1.56 所示。

步骤 2　在左视图中创建一台自由摄影机，再创建一条二维曲线，从别墅前方俯视延伸到建筑前方的马路上，如图 7.1.57 所示。

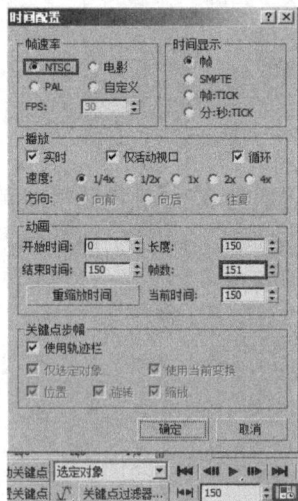

图 7.1.56　设置动画总帧数　　　　　图 7.1.57　创建自由摄影机和二维线条

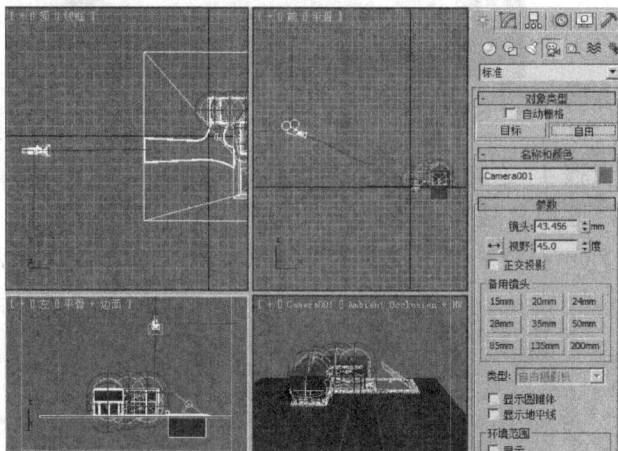

步骤 3　调整二维线条的顶点，设置所有顶点为平滑，将曲线作为摄影机移动的路径，如图 7.1.58 所示。

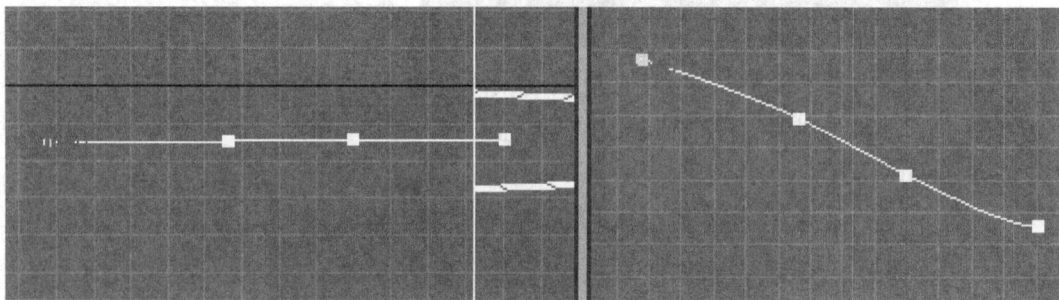

图 7.1.58　调整路径曲线的顶点

步骤 4　选择摄影机，单击"运动"按钮 ，在"运动"面板的"指定控制器"卷展栏中单击"位置：路径约束"，单击指定控制器按钮 ，在弹出的"指定位置控制器"对话框中选择"路径约束"，如图 7.1.59 所示。

步骤 5　在"运动"面板中点击"添加路径"，将场景中的"Line001"添加到摄影机路径，勾选"跟随"复选框，则摄影机在路径上运动时会随着曲线方向运动，如图 7.1.60 所示。

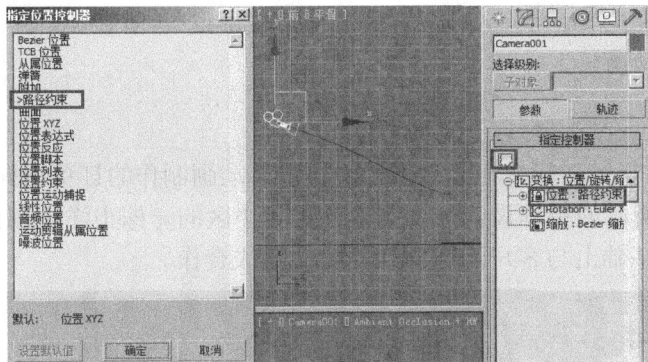

图 7.1.59 指定路径约束的位置控制器   图 7.1.60 添加摄影机运动路径

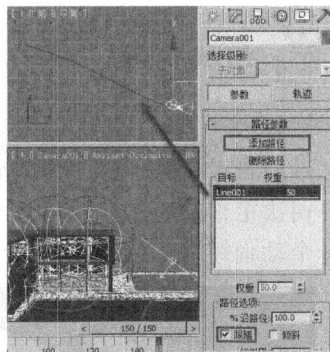

步骤 6 按 F10 打开"渲染设置"对话框,设置活动时间段为 0 到 150,输出大小为"自定义",宽度为 720,高度为 576,渲染输出"建筑漫游.avi",单击"渲染",如图 7.1.61 所示。

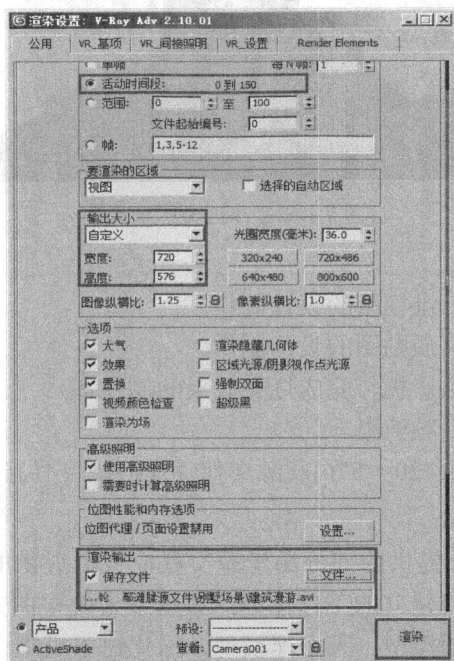

图 7.1.61 渲染设置及渲染输出动画效果图

拓展案例 **小区建筑漫游动画**

1) 项目背景

原野设计是一家三维设计公司，获知某新建小区有进行建筑漫游动画制作的订单意向，公司决定根据客户给出的图 7.1.62 所示的单栋设计效果图，初步为小区的一栋小洋楼制作一个动画短片 DEMO，并希望在此基础上与客户沟通继续完善并达成合作。

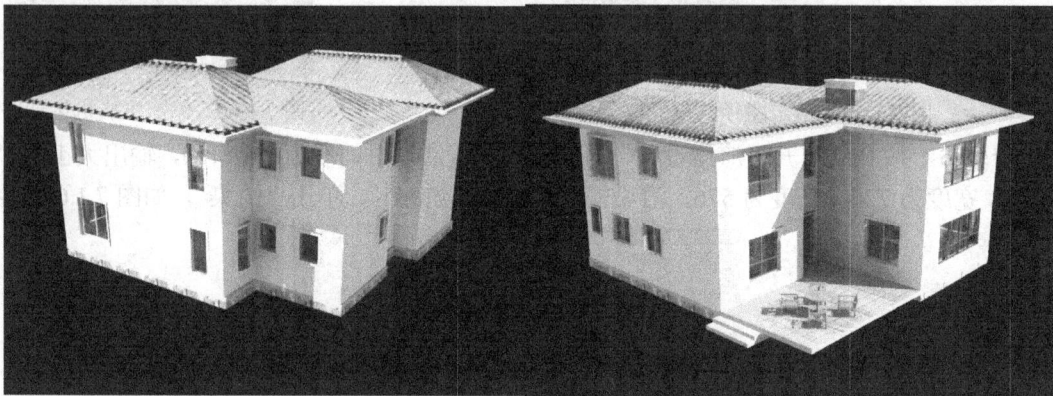

图 7.1.62   小区参考效果图

2) 项目步骤

根据项目要求，完成三维模型的设计制作。

根据项目要求，完成材质贴图的设计制作。

根据项目要求，设置摄影机，完成灯光效果的制作。

根据项目要求，完成视频渲染。

提交一个视频 avi 文件(720×576)及源文件(归档 zip 文件)到指定文件夹。

3) 制作内容

(1) 模型制作：请结合提供的部分场景源文件，根据提供的图纸、照片，正确选择建模方法，完成以下三维模型建立的工作任务：根据参考效果图完成楼体模型的制作，将制作的楼体模型与提供的地形模型、天空球模型、绿化树木模型合并。

(2) 材质制作：请根据提供的图纸、照片，正确选择材质和贴图方法，完成以下材质贴图工作任务：楼体的墙、窗户、门、屋顶等材质贴图的制作；地形、池塘材质贴图的制作；天空球材质贴图的制作；其他场景物体材质贴图的制作。

(3) 摄影机设置：请根据楼体表现需要，根据以下镜头要求设置一个摄影机关键帧动画：设计一个 3～5 秒的镜头动画，镜头动画可以为鸟瞰环绕表现、由远推近表现、镜头平移表现。

(4) 灯光设置：请根据提供的图纸、照片，正确分析场景灯光构成，选择合适的灯光类型，正确设置参数，完成白天场景灯光布置的工作任务。

(5) 渲染输出：请参考提供的真实图纸照片效果，通过渲染测试，设置正确渲染参数，在规定时间内完成完成图片 JPEG 文件(800×600)及动画视频 avi 文件(400×300)的渲染和输出，提交视频 avi 文件、图片 JPEG 文件和源文件(归档 zip 文件)到指定文件夹。

7.1 实验

7.2 工 业 设 计

【项目描述】

某广告公司获得某品牌吊灯宣传广告的设计合约，公司制定了一整套广告方案。方案中给出了描述吊灯各方位三维表现的图片，公司决定根据客户给出的吊灯原型图片，如图 7.2.1 所示，制作一个吊灯三维模型，渲染输出吊灯效果图并制作主要部件拆解动画视频。

7.2 工业设计

图 7.2.1　吊灯效果图

【项目要求】

1) 三维模型的设计制作

吊灯吸顶的模型制作。

吊灯吊杆的模型制作。

吊灯灯框的模型制作。

2) 材质贴图的设计制作

紫檀木材质的制作。

羊皮纸材质的制作。

3) 灯光效果的制作

根据场景灯光构成，选择合适的灯光类型，完成灯光布局。

4) 创建摄影机，设置模型部件拆解动画。

根据吊灯的结构，将吊灯分解为吊灯吸顶、吊杆、灯框、灯罩等各组成部分，并合理设置摄影机。制作 4 秒左右的拆解动画，并合理设置摄影机以观察了解其拆解过程。

5) 渲染输出

输出 JPEG 效果图(800×600)和一个动画视频 avi 文件(400×300)。

【制作过程】

第一部分　三维模型的设计制作

步骤 1　吊灯吸顶的模型制作。在透视图中创建一个半径为 200 mm，高度为 100 mm，高度分段为 1，端面分段为 1，边数为 12 的圆柱体，命名为"吊灯吸顶"，如图 7.2.2 所示。

步骤 2　吊灯吊杆的模型制作。创建"线"的二维图形，设置线的长度为 1500 mm，选择"在视口中启用"渲染模式，径向厚度为 30 mm，将二维线条转换为可编辑多边形，如图 7.2.3 所示。

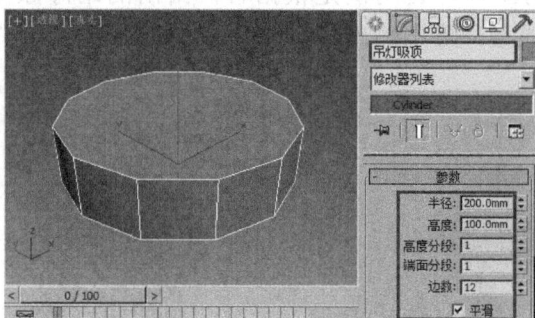

图 7.2.2　创建吊灯吸顶灯座　　　　　　　　　　图 7.2.3　创建灯杆

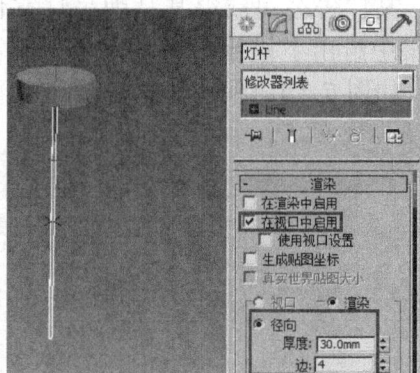

步骤 3　制作灯具上的支架板。创建一个半径为 400 mm，高度为 40 mm，高度分段为 1，端面分段为 1，边数为 12 的圆柱体，命名为"灯框上板"。

步骤 4　制作灯罩。创建一个半径为 360 mm，高度为 800 mm，高度分段为 1，端面分段为 1，边数为 12 的圆柱体，命名为"灯罩"。

步骤 5　按 Shift 键将"灯框上板"的圆柱体实例复制移动到灯罩下面，如图 7.2.4 所示。

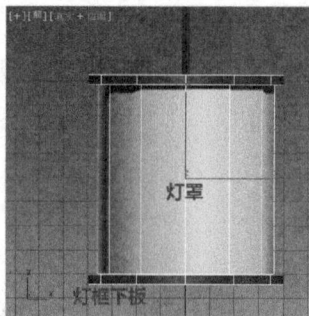

图 7.2.4　创建灯具框架

步骤 6　在前视图中创建一个矩形图形，修改并调整矩形的形状，将线条设置为长度为 30 mm，宽度 12 mm 的矩形渲染方式，将矩形图形命名为"木边框 01"，再转换为可编辑多边形，如图 7.2.5 所示。

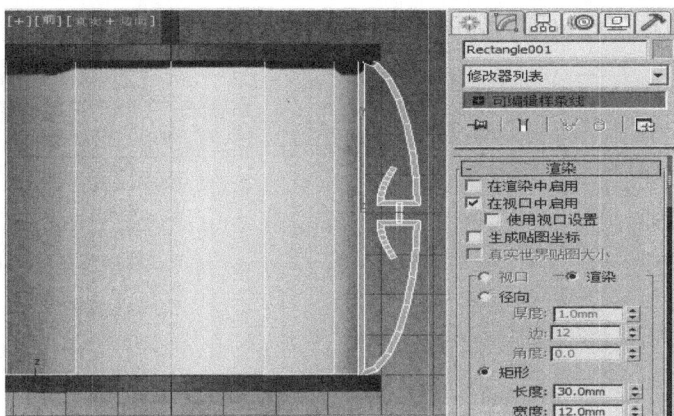

图 7.2.5　创建木边框 01

步骤 7　在前视图中选择"木边框 01"，单击"层次选项卡"按钮 ，单击"仅影响轴"按钮，在状态栏中设置"木边框 01"的轴心坐标为(0，0，–1400)，如图 7.2.6 所示。

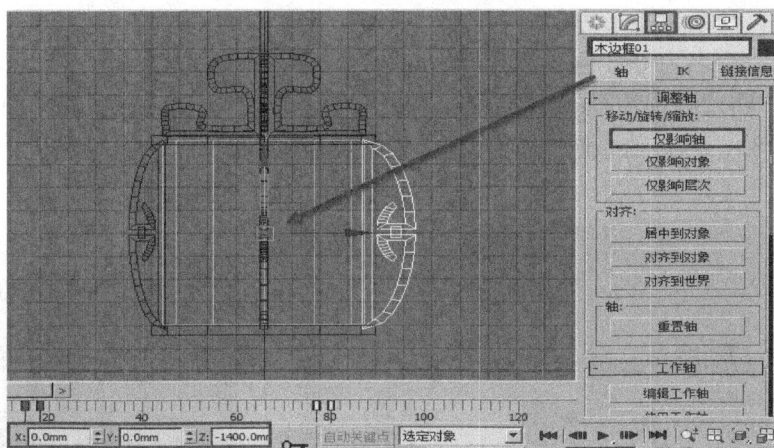

图 7.2.6　设置木边框 01 轴心

步骤 8　在顶视图中选择菜单栏中的"工具"→"阵列"命令，在弹出的"阵列"对话框中，设置旋转总计为 360 度，对象类型为"实例"，阵列维度 1D 为 4，先点击"预览"，确定复制正确后单击"确定"，如图 7.2.7 所示。

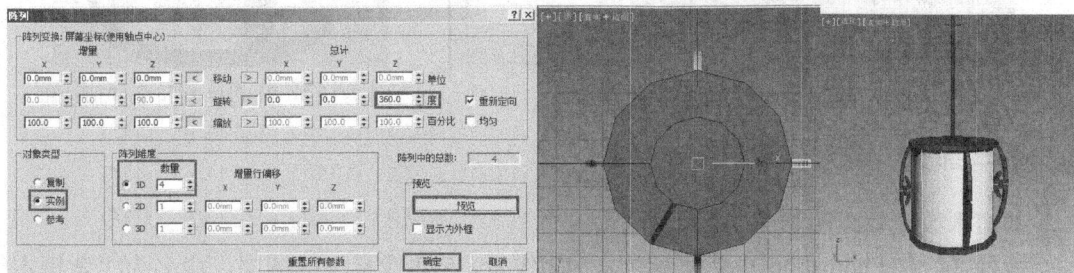

图 7.2.7　阵列复制四个灯罩边框

步骤 9　单击"按名称选择"工具 ，同时选择"木边框 01"～"木边框 04"四个边框，单击"层次选项卡"按钮 ，单击"仅影响轴"按钮和"居中到对象"按钮，将轴心对齐到各木边框中心位置，如图 7.2.8 所示。

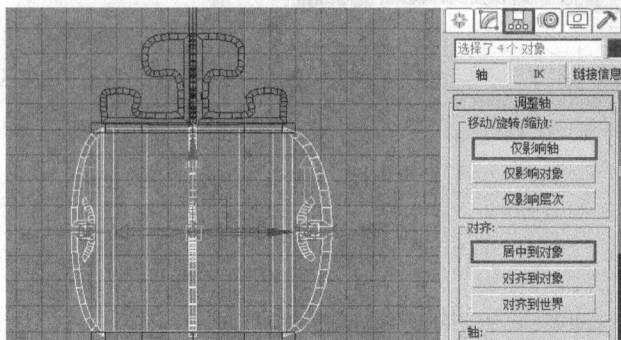

图 7.2.8　各木边框轴心归位

步骤 10　在前视图中创建一个 340 mm×340 mm 的矩形，放置在"灯框上板"上方边缘，在线条相应位置插入几个"优化"顶点，并调整相应顶点的形状，设置"在视口中启用"渲染方式，线条以矩形方式显示，设置长度为 30 mm，宽度为 24 mm，将图形转换为可编辑多边形，命名为"灯顶边框 01"，如图 7.2.9 所示。

步骤 11　将"灯顶边框 01"的轴心坐标设置为(0，0，0)，在顶视图中复制四个"灯顶边框 01"阵列，再将轴心调整到各灯顶边框自身的轴心位置，如图 7.2.10 所示。吊灯模型制作完成。

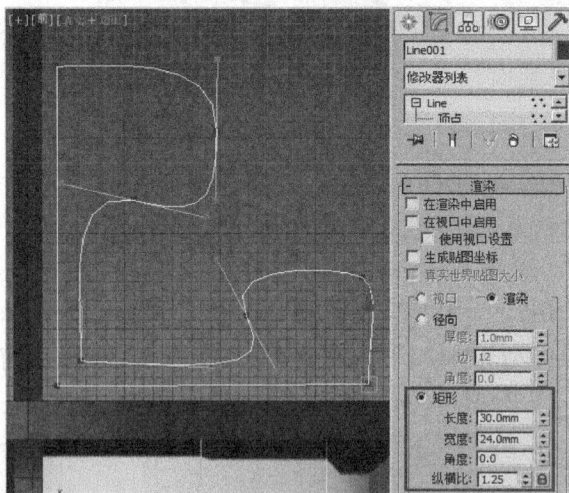

图 7.2.9　创建灯顶边框 01 图形

图 7.2.10　阵列复制四个灯顶边框

第二部分　材质贴图设计制作

紫檀木纹理效果图如图 7.2.11 所示。

步骤 1　在 Photoshop 里新建一个"512 像素×512 像素"的图层，命名为"紫檀木纹理"，如图 7.2.12 所示。

步骤 2　将图层 1 命名为"背景"，按 Shift＋F5 键打开"填充"对话框，将内容使用设为"颜色…"，混合模式设为"正常"，在弹出的"拾色器"中设置颜色为 #5a3222，如图 7.2.13 所示。

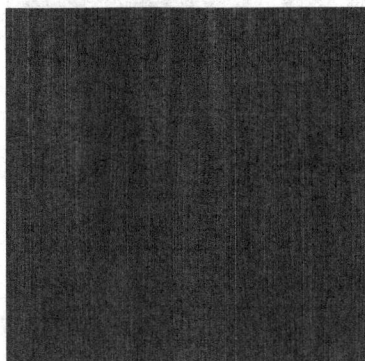

图 7.2.11　紫檀木纹理效果图　　　　　　　　图 7.2.12　新建文档

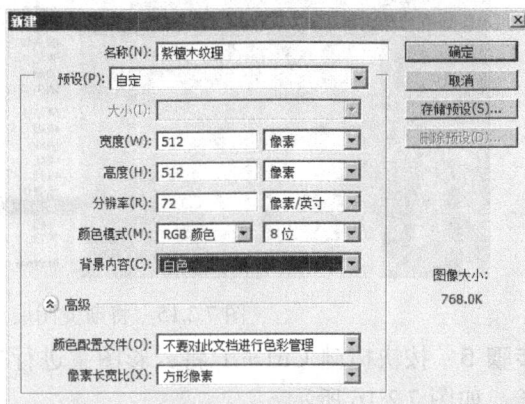

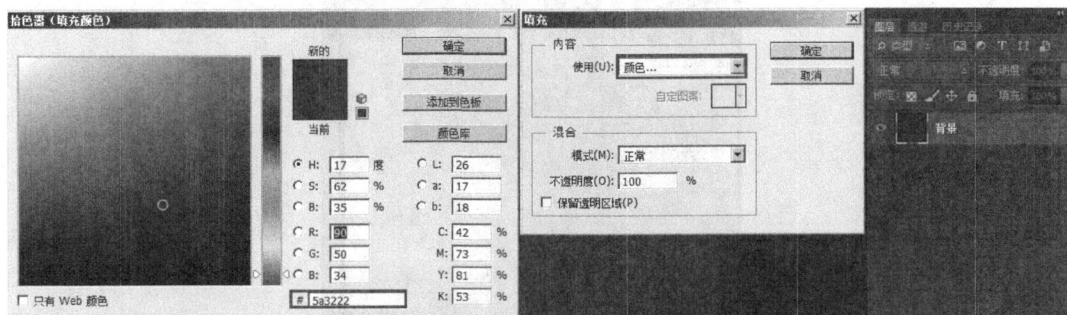

图 7.2.13　创建深褐色背景图层

步骤 3　创建一个新的图层并命名为"渐变"，在英文输入法下按快捷键 D，将前/背景色设置为"黑白"，如图 7.2.14 所示。

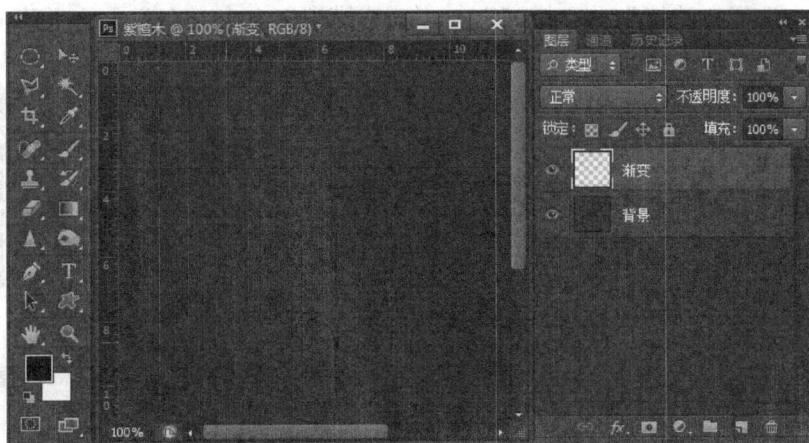

图 7.2.14　新建"渐变"图层

步骤 4　选择"滤镜"→"渲染"→"云彩"命令，将渐变图层设置为"黑白云彩效果"，如图 7.2.15 所示。

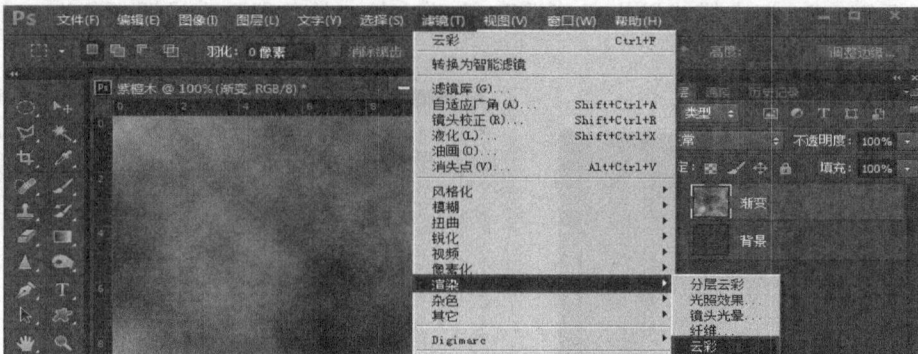

图 7.2.15　将渐变图层设置为云彩效果

步骤 5　按快捷键 Ctrl + T 将云彩图案进行自由拉伸，在 H(高度)里输入 500%，把图形拉长，如图 7.2.16 所示。

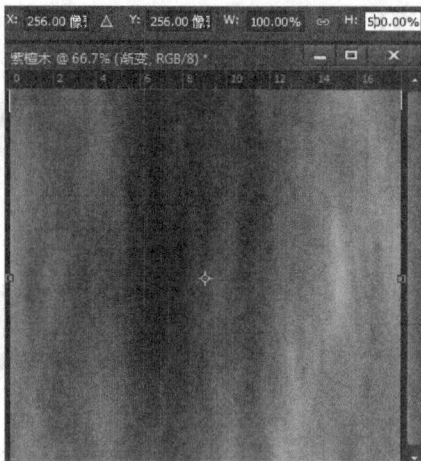

图 7.2.16　将图形拉长

步骤 6　选择"滤镜"→"模糊"→"动感模糊"命令，在弹出的"动感模糊"对话框中，设置角度为 90 度，距离为 236 像素，如图 7.2.17 所示。

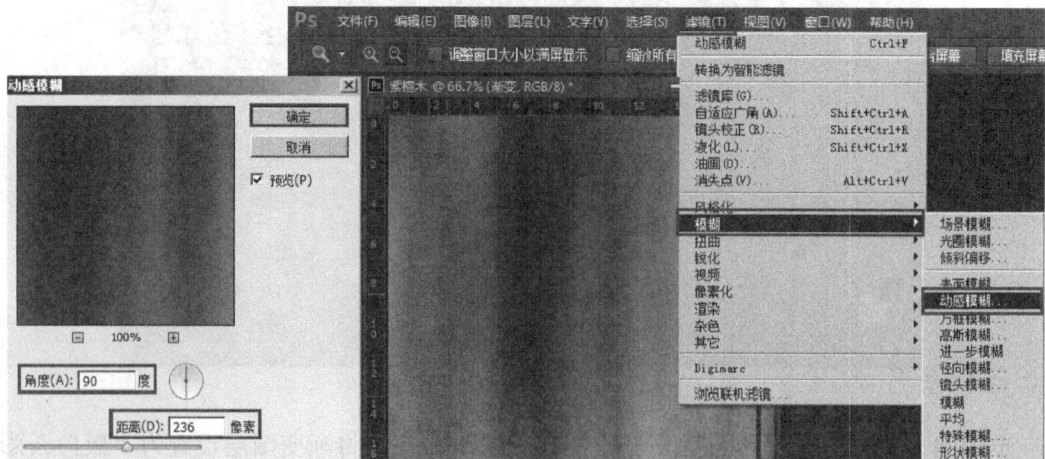

图 7.2.17　设置图形动感模糊

步骤 7 选择"图像"→"调整"→"色调分离"命令,在"色调分离"对话框中,设置色阶为 25,制作出木纹的年轮效果,如图 7.2.18 所示。

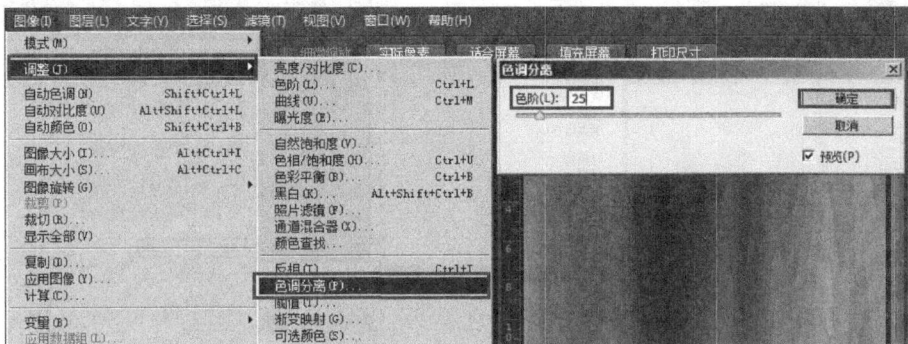

图 7.2.18 图像色调分离

步骤 8 选择"滤镜"→"风格化"→"查找边缘"命令,使图像木纹纹理更加清晰,如图 7.2.19 所示。

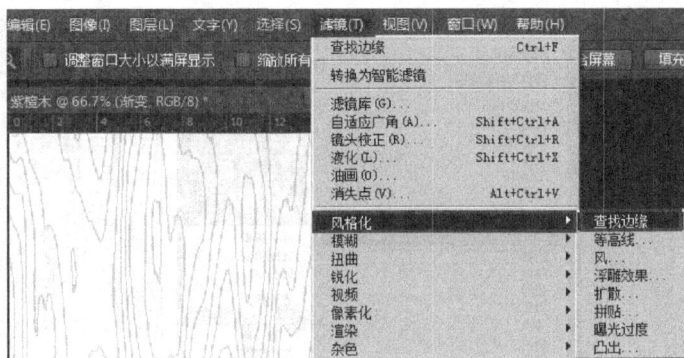

图 7.2.19 设置图像查找边缘效果

步骤 9 选择"图像"→"调整"→"色阶"命令,在"色阶"对话框中输入左端色阶为 200,调整色阶的目的是为了让木纹理更好地显示出来,如图 7.2.20 所示。

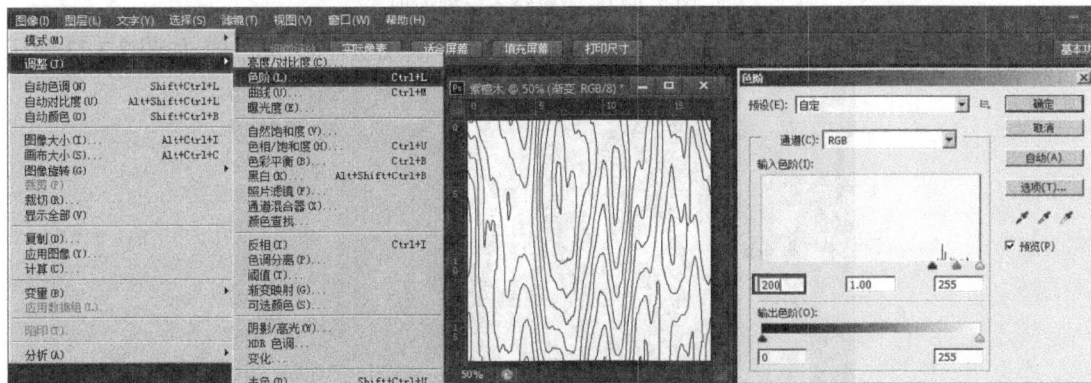

图 7.2.20 设置木纹色阶

步骤 10 为了给图像增加更多的纹理效果,选择"滤镜"→"杂色"→"添加杂色"

命令，设置数量为 65%，勾选"高斯分布"和"单色"，如图 7.2.21 所示。

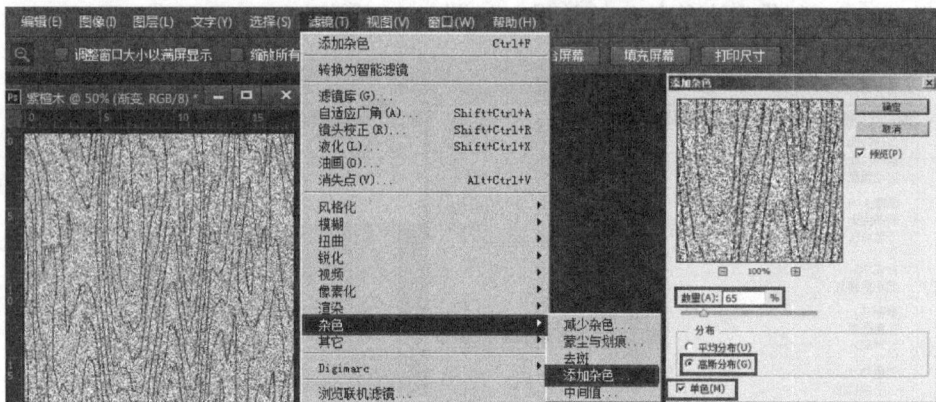

图 7.2.21　添加杂色效果

步骤 11　选择"滤镜"→"模糊"→"动感模糊"命令，在动感模糊对话框中，设置角度为 90 度，距离为 15 像素，将纹理线条模糊处理，如图 7.2.22 所示。

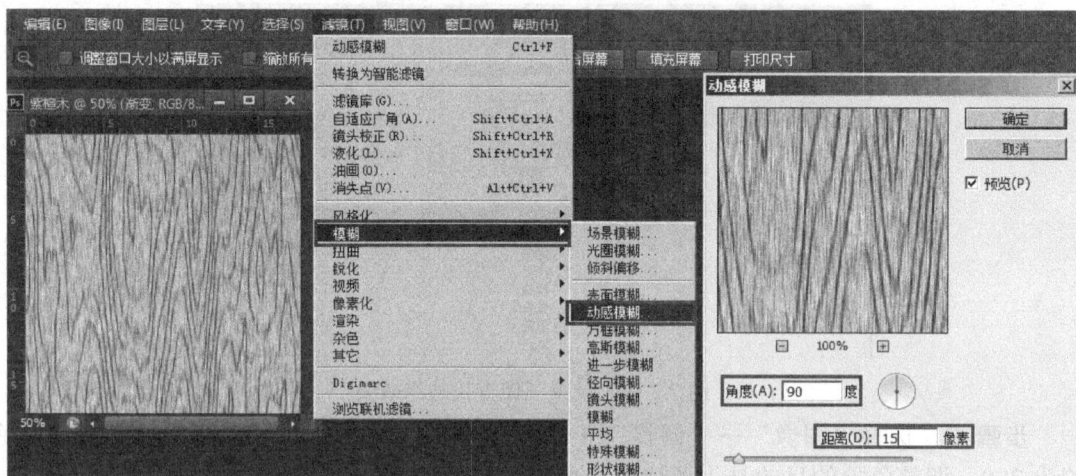

图 7.2.22　木纹线条模糊处理

步骤 12　将渐变图层的混合模式设置为正片叠底，木纹纹理制作完成，如图 7.2.23 所示。

图 7.2.23　渐变图层叠加到背景制作木纹纹理

步骤 13 将文档保存为"檀木.jpg"。

第三部分 羊皮纸材质的制作

步骤 1 在 Photoshop 里新建一个 512×512 的图层，命名为"羊皮纸纹理"，将图层 1 命名为"羊皮纸"，设置前景色为 #f89904，背景色为 #fffdbf。

步骤 2 选择"滤镜"→"渲染"→"云彩"命令，将渐变图层设置为黄色云彩效果，如图 7.2.24 所示。

图 7.2.24 设置云彩滤镜效果

步骤 3 选择"滤镜"→"滤镜库"命令，在滤镜库对话框中选择"纹理"→"纹理化"命令，设置纹理为"画布"，设置缩放为 90%，凸现值为 3，光照命令为"下"，如图 7.2.25 所示。

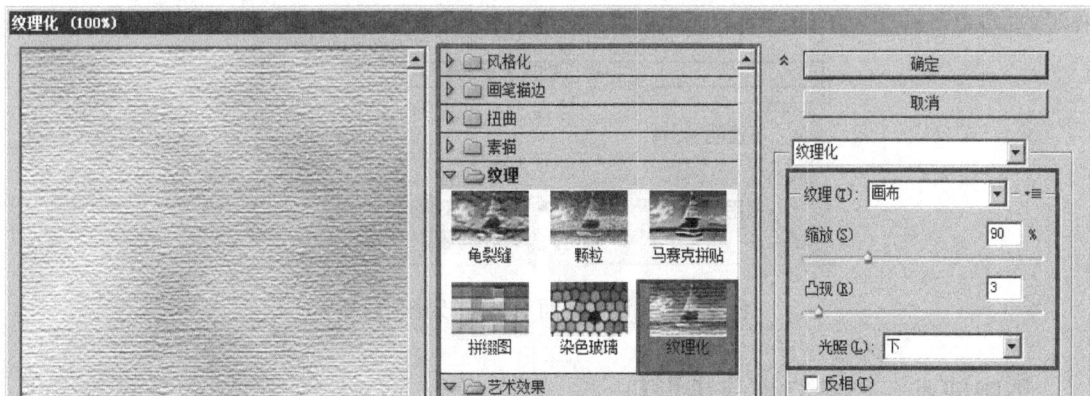

图 7.2.25 设置纹理化滤镜效果

步骤 4 保存"羊皮纸纹理.jpg"文档。

步骤 5 在 3ds max 中，按 M 快捷键打开材质编辑器对话框，新建"紫檀木"材质球，设置漫反射位图为"檀木.jpg"，高光级别为 40，光泽度为 30，单击"将材质指定给选定对象”工具 ，将材质赋给灯具框架，如图 7.2.26 所示。

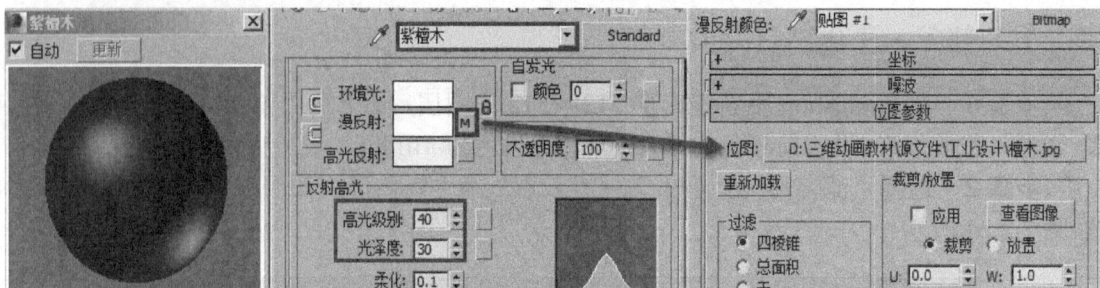

图 7.2.26　设置灯具框架“紫檀木”材质

步骤 6　新建“羊皮纸”材质球，设置漫反射位图为“羊皮纸纹理.psd”，高光级别为 40，光泽度为 30，单击“将材质指定给选定对象”工具 ，将材质赋给灯罩框架，如图 7.2.27 所示。

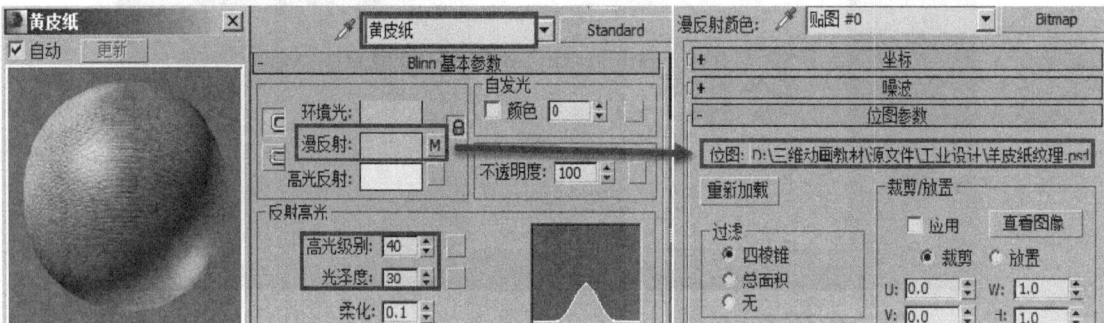

图 7.2.27　设置灯罩“羊皮纸”材质

步骤 7　新建“地面”材质球，将其设置为“无光/投影”复合材质，单击“将材质指定给选定对象”工具 ，将材质赋给地面，如图 7.2.28 所示。

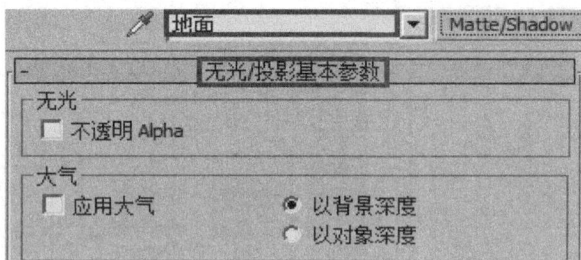

图 7.2.28　设置地面“无光/投影”材质

第四部分　创建灯光与摄影机

步骤 1　选择“创建”→“灯光”命令，在弹出的对话框中选择“标准”，在“灯光类型”中选择“泛光”，在顶视图左下角创建一盏泛光灯，调整泛光灯的位置及角度，启用“区域阴影”，设置对象阴影颜色为“灰色”，渲染吊灯的效果如图 7.2.29 所示。

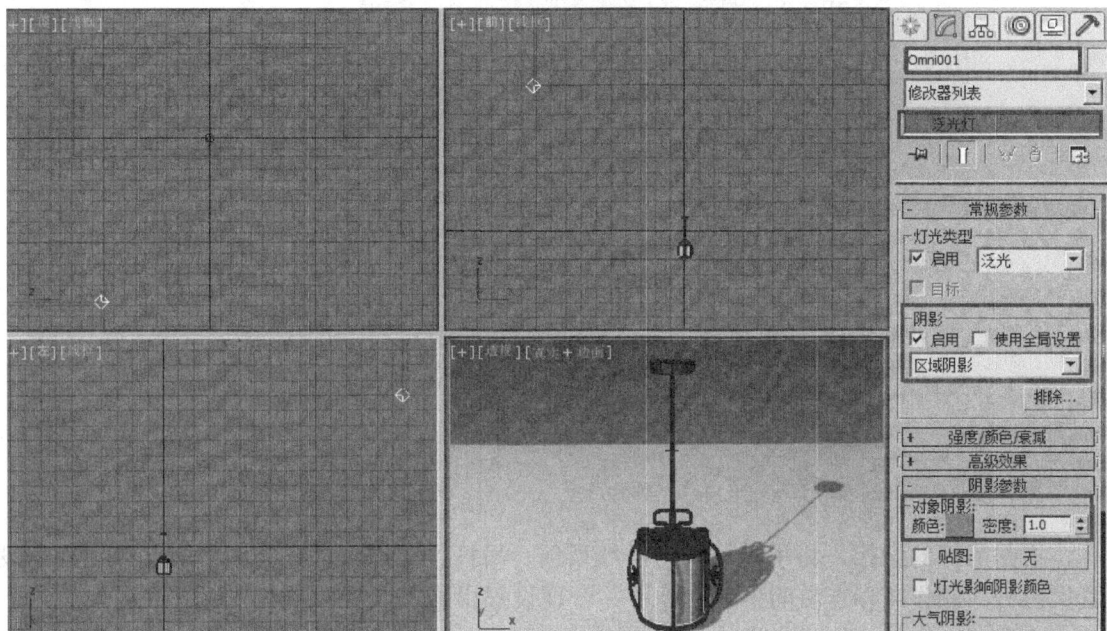

图 7.2.29 创建并调整泛光灯

步骤 2 选择"创建"→"摄影机"命令，在弹出的对话框中选择"标准"，在"对象类型"中选择"目标"，将镜头设置为 35 mm，调整镜头的角度，如图 7.2.30 所示。

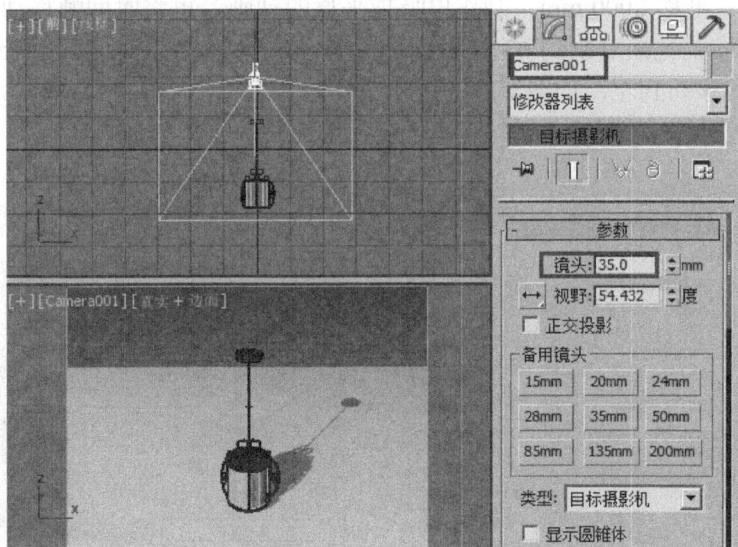

图 7.2.30 创建目标摄影机

步骤 3 选择"创建"→"图形"命令，在"对象类型"面板中单击"文本"按钮 文本 ，在文本输入框中输入"吊灯拆解动画"，设置大小为 497 mm，字体为"华文仿宋"，勾选"在渲染中启用"和"在视口中启用"，设置径向厚度为 18 mm，边为 4，将文字创建在前视图吊灯左上角，如图 7.2.31 所示。

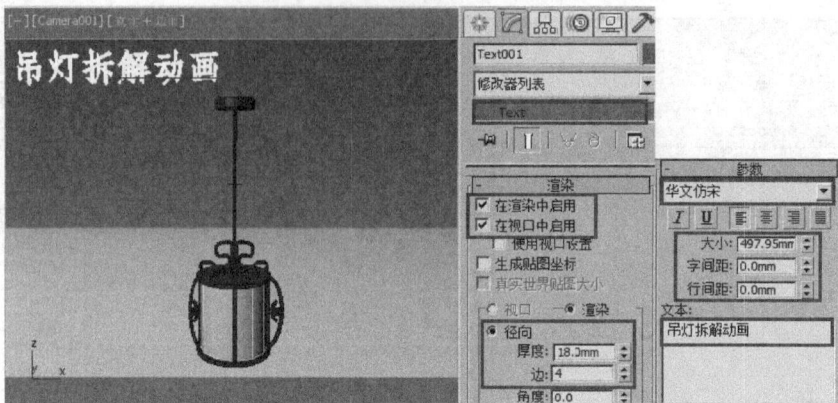

图 7.2.31　创建文本

第五部分　设置模型部件拆解动画

根据吊灯的结构，将吊灯分解为吊灯吸顶、吊杆、灯框、灯罩等各组成部分并合理设置摄影机。制作 4 秒左右的拆解动画，并合理设置摄影机以观察了解其拆解过程。

步骤 1　单击"时间配置"按钮 ，在弹出的"时间配置"对话框中，设置帧速率为"NTSC"，帧数为 121，制作 4 秒左右的拆解动画，如图 7.2.32 所示。

步骤 2　单击"自动关键点"按钮 ，选择吊灯吸顶，分别在时间帧第 0 帧和第 65 帧处单击鼠标右键创建关键帧，吊灯吸顶保持在原位，将时间帧移动到第 3 帧，把吊灯吸顶沿 X 轴向右平移 2000 mm，制作出吸顶平移的动画，再将时间帧移动到 63 帧，按住 Shift 键将第 3 帧关键帧复制到 63 处帧创建关键帧，移动滚动条可以预览到吊灯吸顶从左移到右，再从右移动到左，如图 7.2.33 所示。

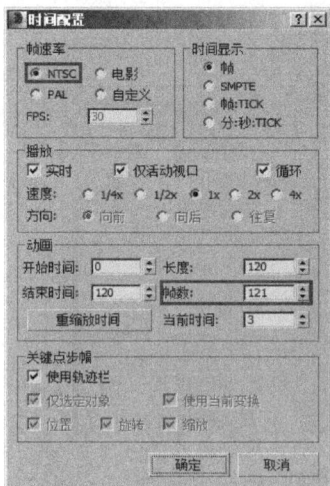

图 7.2.32　时间配置

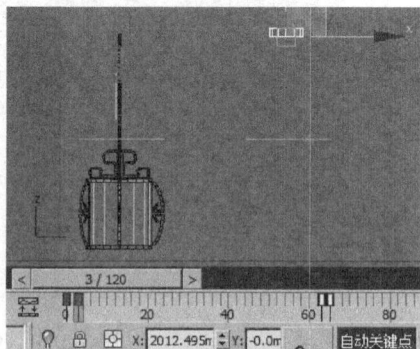

图 7.2.33　制作吊灯吸顶动画

步骤 3　选择"灯杆"，在第 5 帧和第 70 帧处创建关键帧，将滚动条移动到第 8 帧，将"灯杆"向右平移 2000 mm，再旋转 90 度，缩小 70%，再将第 8 帧复制到第 67 帧(方法同步骤 2)，如图 7.2.34 所示。

步骤 4 选择"灯罩",在第 10 帧和第 75 帧处创建关键帧,在第 13 帧处将"灯罩"向右平移 2000 mm,再将第 13 帧复制到第 72 帧,如图 7.2.35 所示。

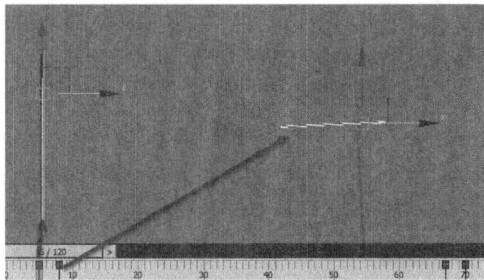

图 7.2.34 制作灯杆拆解动画

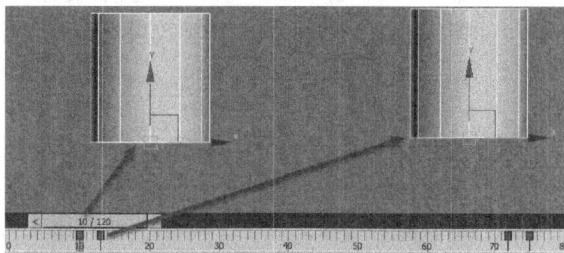

图 7.2.35 制作灯罩拆解动画

步骤 5 选择"木边框 01",在第 15 帧和第 80 帧处创建关键帧,在第 18 帧处将"木边框 01"向左上方移动到(−1400,0,270)位置,再将第 18 帧复制到第 77 帧,"木边框 02、03、04"也按此方法创建拆解动画,如图 7.2.36 所示。

步骤 6 选择"灯框下板",在第 35 帧和第 38 帧处创建关键帧,在第 95 帧处将"灯框下板"向左移动到 1400 mm,沿 X 轴旋转 90 度,再将第 95 帧复制到第 97 帧;选择灯框上板,在第 40 帧和第 43 帧处创建关键帧,在第 98 帧处将灯框上板向左移动到 2100 mm,再将第 98 帧复制到第 120 帧,如图 7.2.37 所示。

图 7.2.36 制作四条木边框拆解动画

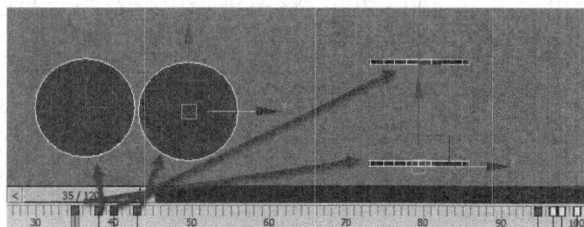

图 7.2.37 制作灯框上下板拆解动画

步骤 7 选择"灯顶边框 01",在第 44 帧和第 102 帧处创建关键帧,在第 47 帧处将"灯顶边框 01"向左移动到 1400 mm,再将第 47 帧复制到第 100 帧;在"灯顶边框 02"的关键帧 48 帧、51 帧、103 帧、106 帧处制作拆解动画;在"灯顶边框 03"的关键帧 52 帧、54 帧、107 帧、110 帧处制作拆解动画;在"灯顶边框 04"的关键帧 55 帧、58 帧、111 帧、113 帧处制作拆解动画,如图 7.2.38 所示。

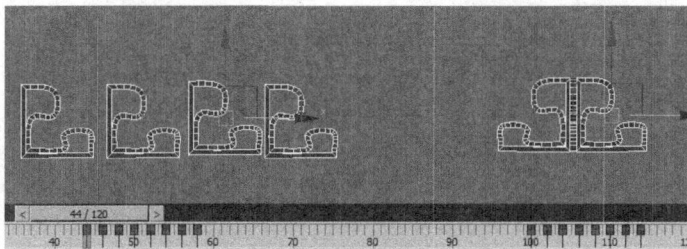

图 7.2.38 制作灯顶边框拆解动画

第六部分   渲染输出

步骤 1   按快捷键 F10 打开"渲染设置"对话框，选择"单帧"，设置输出大小为 800×600，将渲染输出保存为"吊灯效果图.jpg"，渲染吊灯效果如图 7.2.39 所示。

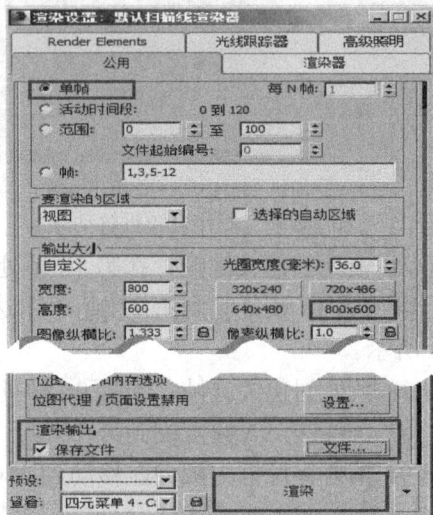

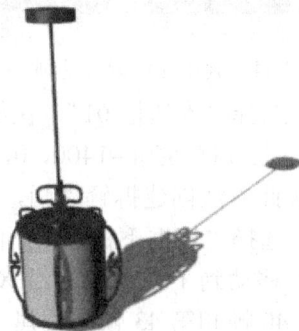

图 7.2.39   渲染吊灯效果图

步骤 2   按快捷键 F10 打开"渲染设置"对话框，选择"活动时间段 0 到 120"，设置输出大小为 400×300，将渲染输出保存为"吊灯拆解动画.avi"，渲染吊灯拆解动画如图 7.2.40 所示。

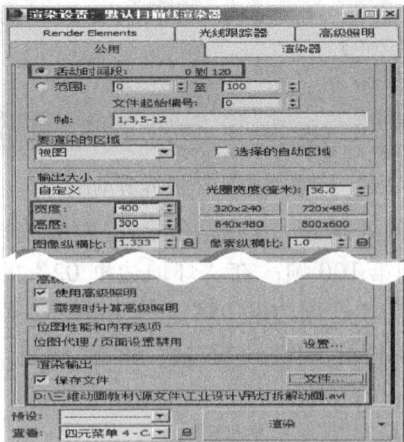

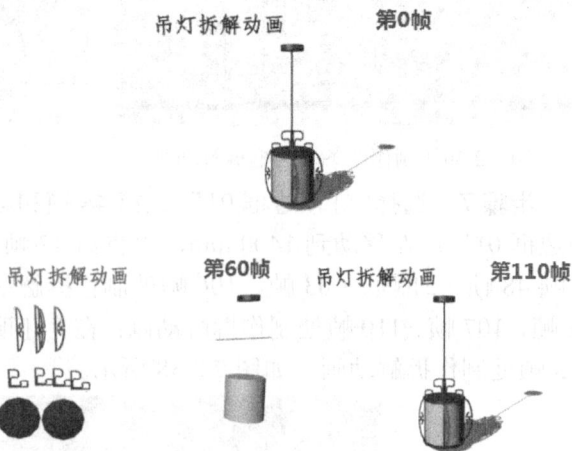

图 7.2.40   渲染吊灯拆解动画

★★★ **拓展案例**   盒子拆解动画

1) 项目背景

瑞影文化是一家文化传播公司，主要从事广告设计制作。最近公司获得了一个梳妆台广告设计合约，公司设计团队制订了一整套广告方案。方案中描述了盒子的结构，公司决定根据客户给出的图 7.2.41 所示的梳妆台盒子原型，初步为盒子制作一个模型，渲染输出盒子效果图片并制作主要部件拆解动画视频文件。

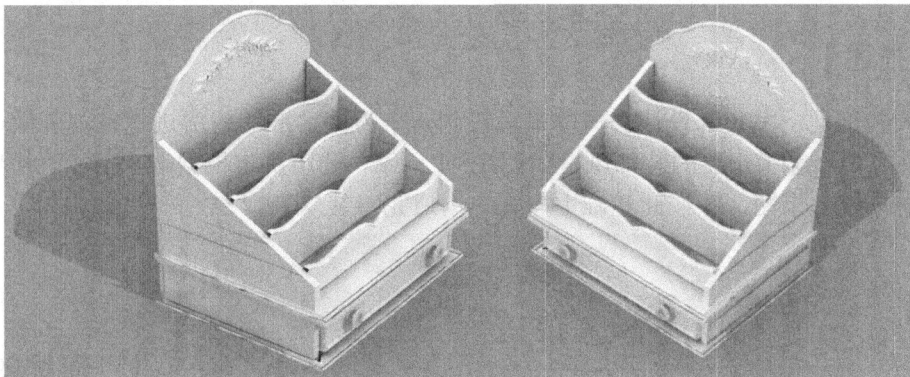

图 7.2.41　盒子图片

2) 项目步骤

根据项目要求，完成三维模型的设计制作。

根据项目要求，完成材质贴图的设计制作。

根据项目要求，完成灯光效果的制作。

根据项目要求，设置摄影机，制作该模型部件模型拆解动画。

提交模型效果图 JPEG 文件(800×600)、拆解动画视频 avi 文件(400×300)及源文件(归档 zip 文件)到指定文件夹。

3) 制作内容

模型制作：请结合提供的图纸、照片，正确选择建模方法，完成以下三维模型建立工作任务：盒子底座模型制作；盒子结构的模型制作，盒子外观的雕刻花纹模型制作。

材质制作：请根据提供的图纸、照片，正确选择材质和贴图方法，完成以下材质贴图工作任务：盒子材质制作及贴图。

摄影机设置及动画制作：请根据盒子结构，将盒子分解为盒子底部、盒子雕刻花纹等多个组成部分。

灯光设置：请正确分析场景的灯光构成，选择合适的灯光类型，正确设置参数，完成灯光布置工作任务。

渲染输出：请参考提供的真实图纸的照片效果，通过渲染测试，设置正确的渲染参数，在规定时间内完成完成图片 JPEG 文件(800×600)及动画视频 avi 文件(400×300)的渲染和输出，提交视频 avi 文件、图片 JPEG 文件和源文件(归档 zip 文件)到指定文件夹目录中。

7.2 实验

7.3　室　内　设　计

【项目描述】

九天装饰是一家装饰设计公司，最近接到一个为某客户的住房进行室内装潢设计的客户订单，客户给出了想要的装饰风格如图7.3.1所示，公司决定根据客户需求，初步设计制作卧室的三维效果图，并在此基础上与客户沟通完善装修方案。

图 7.3.1　卧室参考图

7.3 室内设计

【项目要求】

1) 三维模型的设计制作

结合提供的部分场景源文件，根据提供的图纸、照片，正确选择建模方法，完成以下三维模型建立的任务：衣柜模型制作、双人床模型制作、窗户模型制作、地板模型制作、墙体模型制作。

2) 材质贴图的设计制作

根据提供的图纸、照片，正确选择材质和贴图方法，完成以下材质贴图制作任务：木质地板材质贴图制作、双人床材质贴图制作、木质衣柜材质贴图制作、玻璃窗户材质贴图制作、墙体材质贴图制作，以及其他未赋材质物体的材质贴图制作。

3) 摄像机设置

根据所给参考效果图视角，完成摄影机设置的任务。

4) 灯光设置

根据提供的图纸、照片，正确分析场景灯光构成，选择合适的灯光类型，正确设置参数，完成白天场景灯光布置的任务。

5) 渲染输出

参考提供的图纸照片效果，通过渲染测试，设置正确的渲染参数，完成三维效果图的渲染和输出。保存效果图(尺寸为 1024 × 768)及源文件(归档 zip 文件)。

【制作过程】

第一部分 制作卧室模型

步骤 1 启动 3ds max 2014 软件，执行"自定义"→"单位设置"命令，在弹出的"单位设置"对话框中，设置显示单位为"毫米"，然后单击"系统单位设置"按钮，在弹出的"系统单位设置"对话框中设置单位为"毫米"，单击"确定"按钮，如图 7.3.2 所示。

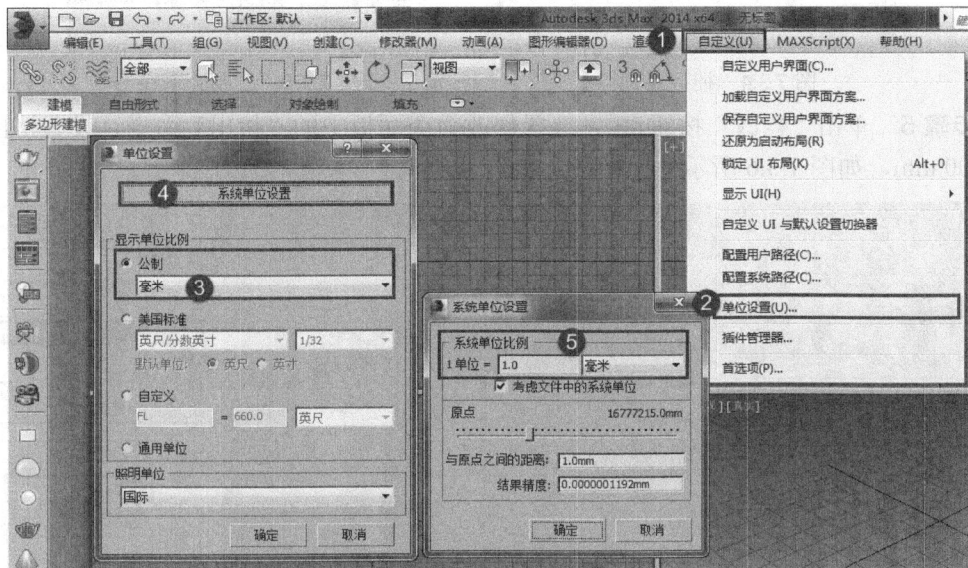

图 7.3.2 设置单位

步骤 2 单击 按钮，在弹出的下拉菜单中选择"导入"命令，在弹出的"选择要导入的文件"对话框中，选择"室内平面图.dwg"文件，导入后的图纸文件如图 7.3.3 所示。

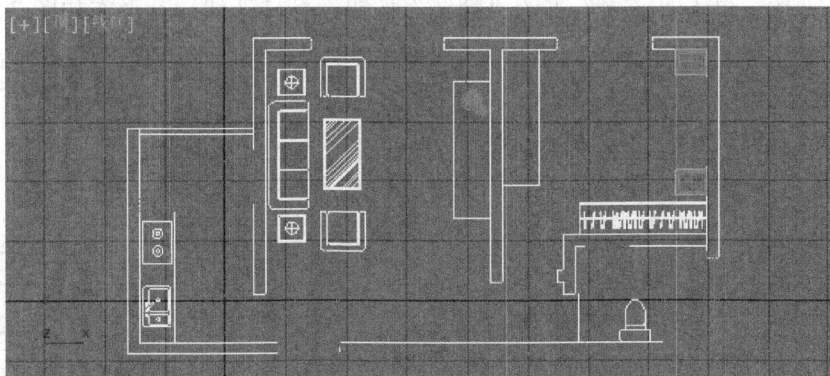

图 7.3.3 导入图纸

步骤 3 右键单击工具栏中的"捕捉开关"按钮 ，在弹出的"栅格和捕捉设置"对话框中点击"捕捉"选项卡，然后选中"顶点"复选框，如图 7.3.4 所示。

步骤 4 单击"线"按钮，在顶视图中参照图纸绘制二维线形图像，如图 7.3.5 所示。

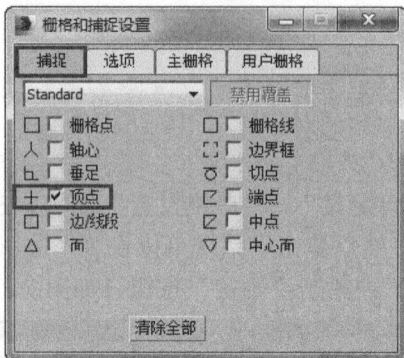

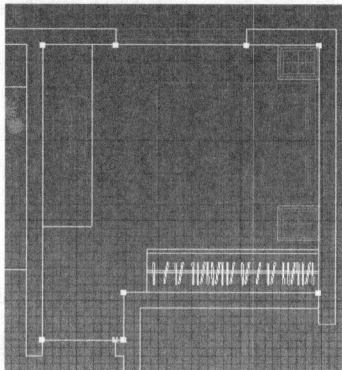

图 7.3.4   捕捉【顶点】   图 7.3.5   绘制卧室线形

步骤 5   单击"修改"按钮，选择修改命令面板中的"挤出"命令，设置挤出数量为 2700 mm，如图 7.3.6 所示。

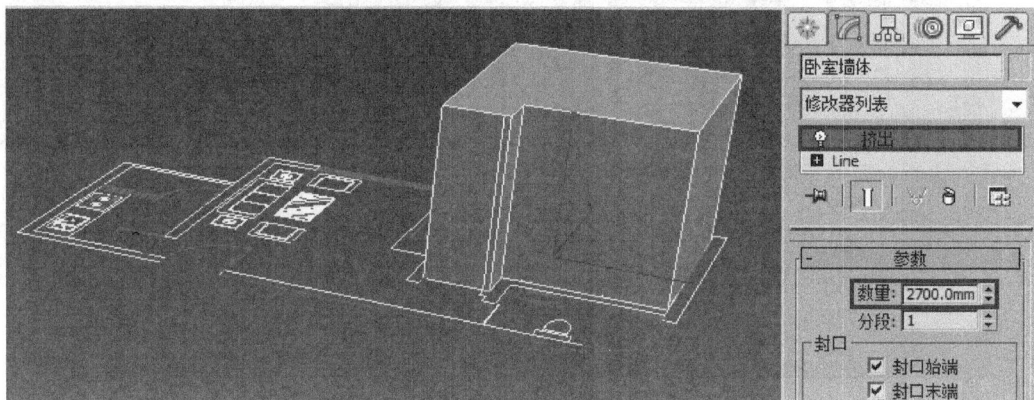

图 7.3.6   挤出卧室墙体

步骤 6   将卧室墙体转换为可编辑多边形，按快捷键"5"，激活"元素"子对象，选择创建的长方体，单击"元素"下的"翻转"按钮，翻转法线，其形态如图 7.3.7 所示。

图 7.3.7   翻转法线的效果

步骤7　单击工具栏菜单"编辑"→"对象属性"，在弹出的"对象属性"对话框中选择"背面消隐"复选框，如图 7.3.8 所示。

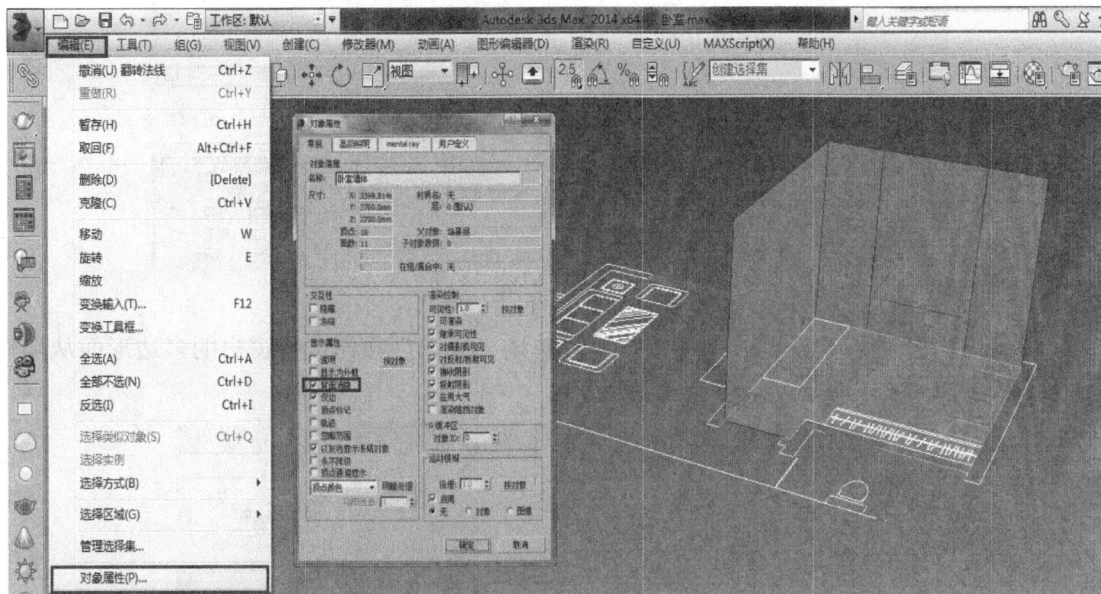

图 7.3.8　背面消隐后的效果

步骤8　按快捷键 2，在视图中选择窗口中的两条线段，在"编辑边"卷展栏中单击"连接"右侧的小按钮，在弹出的"连接边"对话框中设置连接的多边形为"边"，设置边的条数为 2，向两边拉开 40 个单位，向上移动 20 个单位，如图 7.3.9 所示。

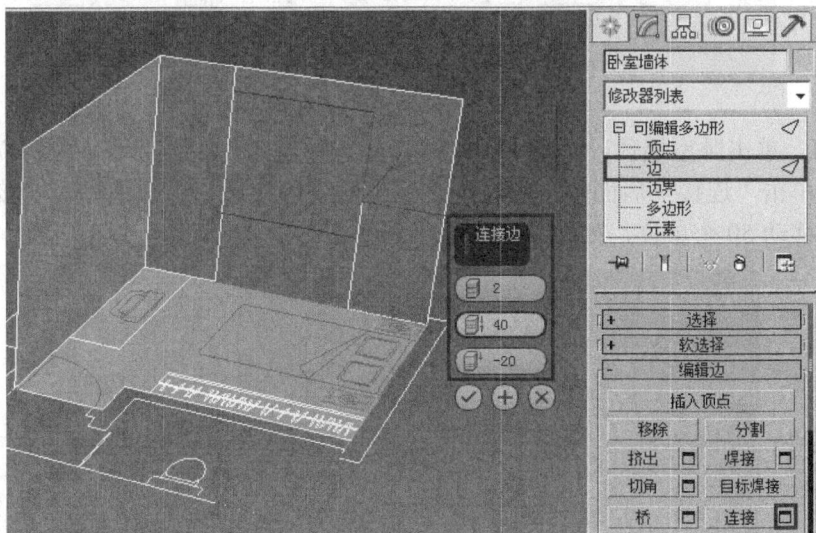

图 7.3.9　连接窗户的上下两条边

步骤9　按快捷键 4，在视图中选择窗户的多边形面，在"编辑多边形"卷展栏中单击"挤出"按钮右侧的小按钮，在弹出的对话框中设置挤出高度为 −280 mm，如图 7.3.10 所示。

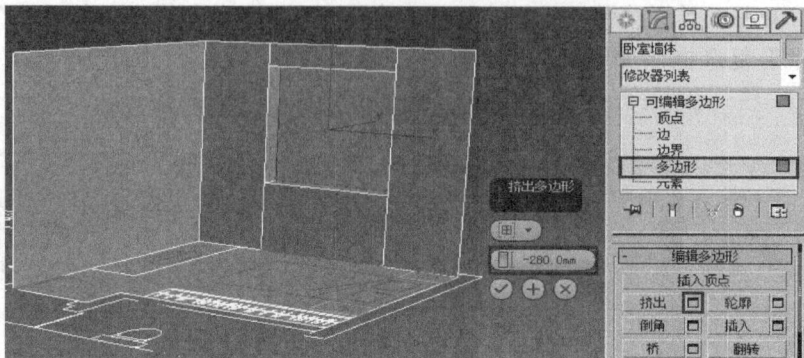

图 7.3.10　挤出窗口厚度

步骤 10　在"编辑几何体"卷展栏中，单击"分离"按钮，将窗户的多边形面从墙体分离出来，如图 7.3.11 所示。

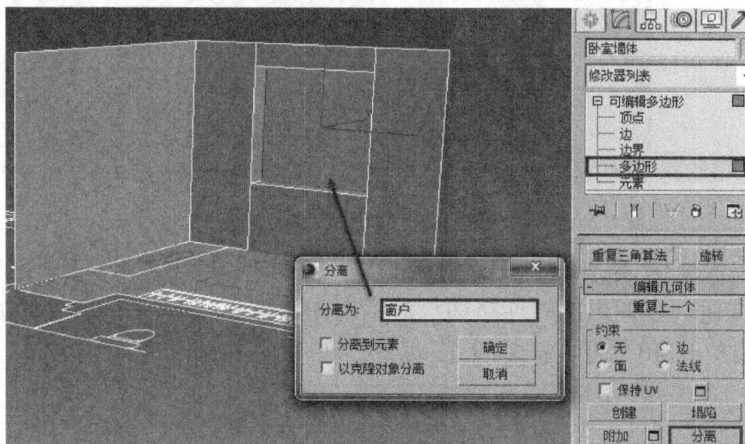

图 7.3.11　分离窗户

步骤 11　单击卧室墙体，按数字键 2 激活边选择模式，在卧室墙体门的位置选择门的两条竖线，单击"连接"后面的小按钮，在弹出的"连接边"参数中设置连接边数为 1，连接线向上移动 50 个单位，如图 7.3.12 所示。

图 7.3.12　连接门的顶边

步骤 12 按快捷键 4 激活多边形选择模式,单击门的多边形面,在"编辑几何体"卷展栏中单击"分离"按钮,将门分离成另一个物体,如图 7.3.13 所示。

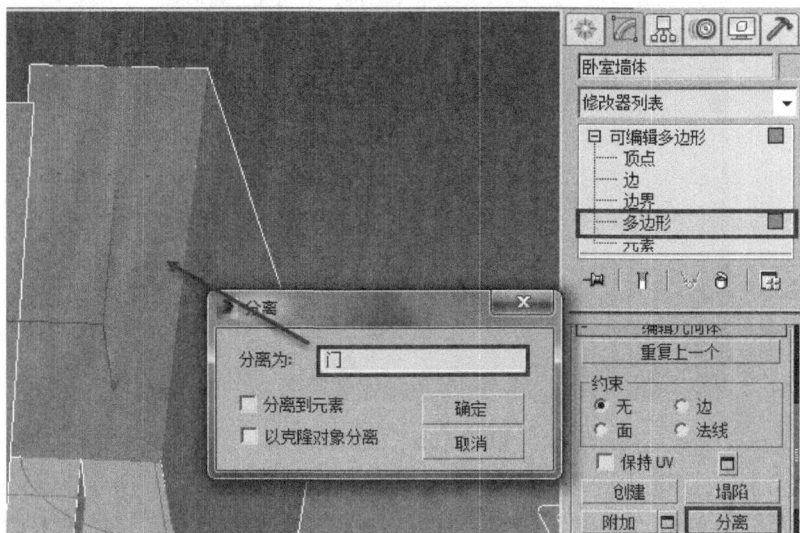

图 7.3.13 分离门物体

步骤 13 按快捷键 2,进入边子对象层级,在前视图框中选择墙体的所有竖边,在"编辑几何体"卷展栏中选中"分割"复选框,单击"切片平面"按钮,在前视图中会显示剪切线,将剪切线移动到墙体底部,再在"移动工具"按钮 ✛ 处单击鼠标右键,弹出"移动变换输入"对话框,输入 Y 值为 80,然后再单击"切片"按钮,制作出踢脚线,如图 7.3.14 所示。

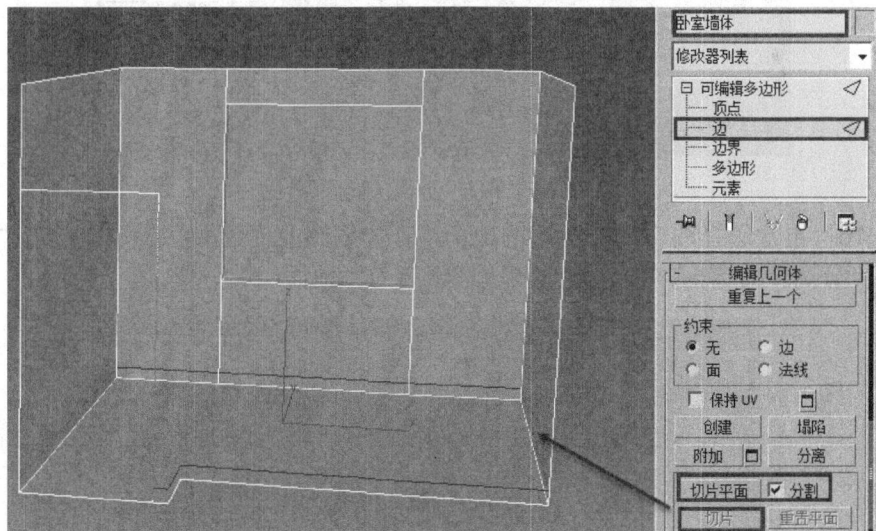

图 7.3.14 切割平面

步骤 14 按快捷键 F 将视图切换到前视图,再按快捷键 4,在前视图中选择上一步制作的踢脚线,单击"挤出"按钮,选择"挤出多边形"选项,将踢脚线向内挤出 15 个单位,如图 7.3.15 所示。

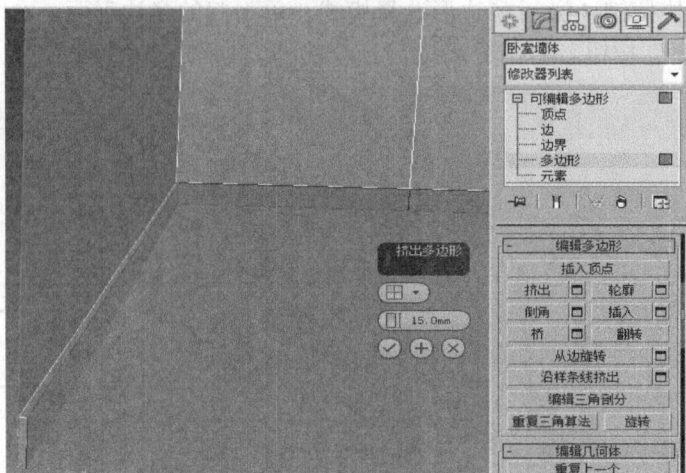

图 7.3.15　挤出踢脚线

步骤 15　按快捷键 4 进入多边形子对象层级，选择图 7.3.16 所示的天花板，在"编辑几何体"卷展栏中单击"分离"按钮，弹出"分离"对话框，将分离的多边形分离为"天花板"。

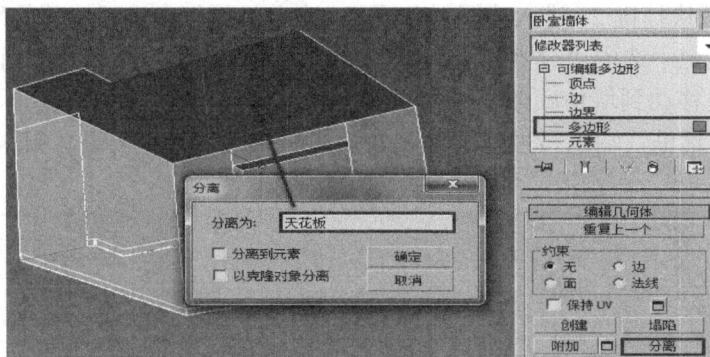

图 7.3.16　分离天花板

步骤 16　再次选择图 7.3.17 所示的地面，在"编辑几何体"卷展栏中单击"分离"按钮，弹出"分离"对话框，将分离的多边形分离为"地面"。

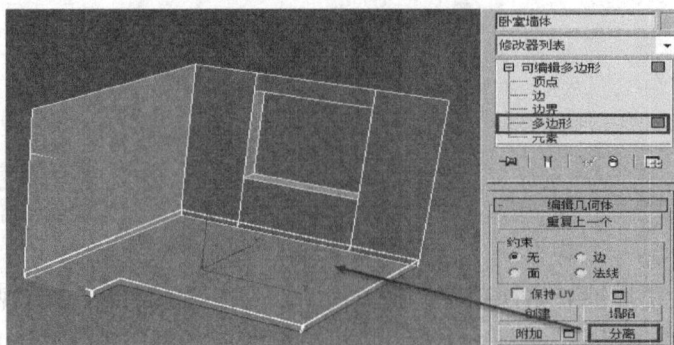

图 7.3.17　分离地面

步骤 17 选择窗户，按 Ctrl + V 快捷键克隆一个窗框，如图 7.3.18 所示。

步骤 18 按 Alt + Q 快捷键，将窗框孤立出来，按快捷键 2，进入边子对象层级，框选窗户的四条边，单击"切角"右侧的小按钮，在弹出的对话框中，设置切角量为 30，制作窗框的宽度，如图 7.3.19 所示。

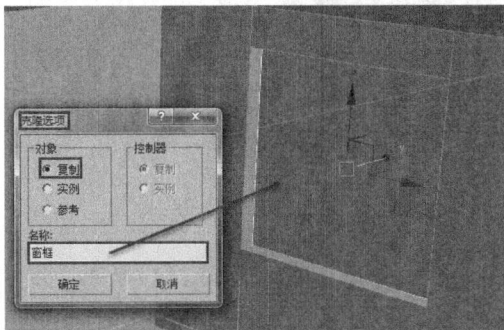

图 7.3.18 复制窗框

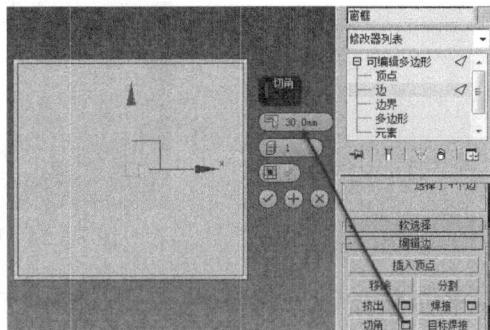

图 7.3.19 使用切角制作窗框的宽度

步骤 19 框选窗框的上下边，在"编辑边"卷展栏中单击"连接"右侧的小按钮，设置连接的边数为 2，如图 7.3.20 所示。

步骤 20 再单击"切角"按钮，在生成的两条连接线处切出 20 mm 的边，如图 7.3.21 所示。

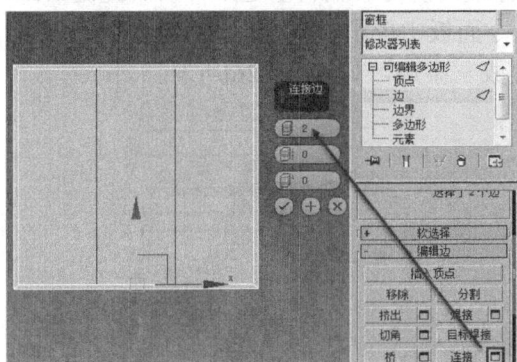

图 7.3.20 连接窗框中间框架

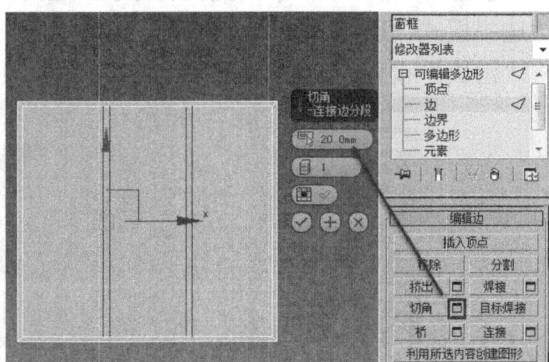

图 7.3.21 切角生成框架宽度

步骤 21 按快捷键 4，进入多边形子对象层级，选择窗框中间的 3 个多边形面，按 Delete 键删除这 3 个面，如图 7.3.22 所示。

步骤 22 框选窗框所有的面，单击"挤出"按钮，将窗框挤出 60 mm 的厚度，如图 7.3.23 所示。

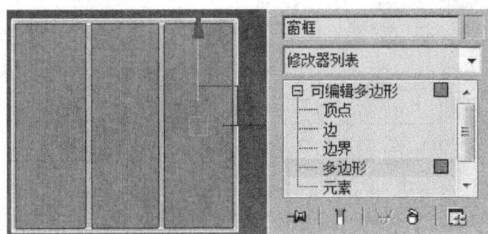

图 7.3.22 删除窗框多余面

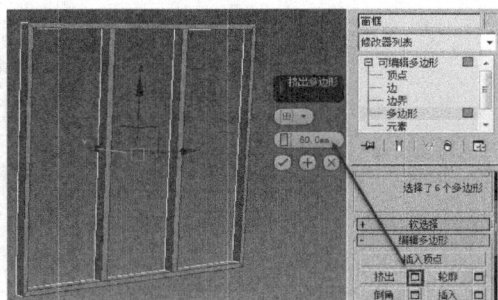

图 7.3.23 挤出窗框厚度

步骤 23　卧室框架如图 7.3.24 所示。

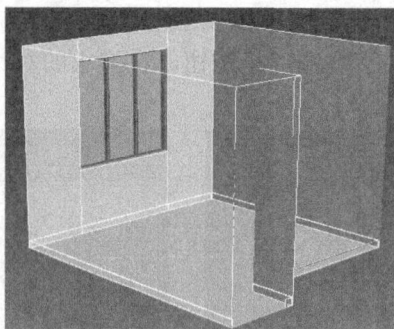

图 7.3.24　卧室框架效果图

第二部分　创建室内家具及陈设模型

1) 制作床的三维模型

步骤 1　在顶视图中床的线条位置创建一个长方体，设置长度为 1560 mm，宽度为 1900 mm，高度为 300 mm，命名为"床"，如图 7.3.25 所示。

步骤 2　按 Alt + Q 快捷键将床孤立显示，将床转换为可编辑多边形，按快捷键 2 激活边选择模式，选择床的两个边，在"编辑边"命令面板中单击"连接"，将连接边设置为 1，将"滑块"设置为 90，单击"确定"，在床顶生成一条边，如图 7.3.26 所示。

图 7.3.25　创建床体

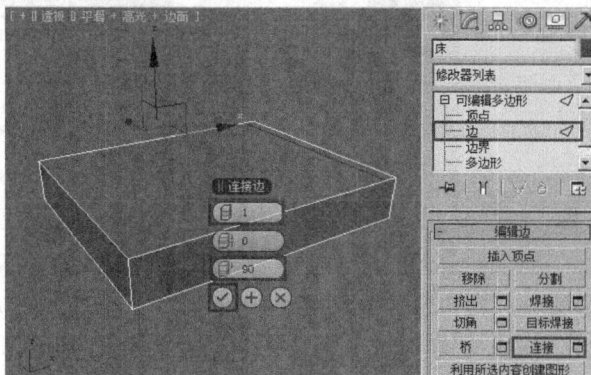

图 7.3.26　生成床头线

步骤 3　按快捷键 4 激活多边形选择模式，选择生成的床头面，单击"挤出"，将挤出多边形高度设为 600 mm，如图 7.3.27 所示。

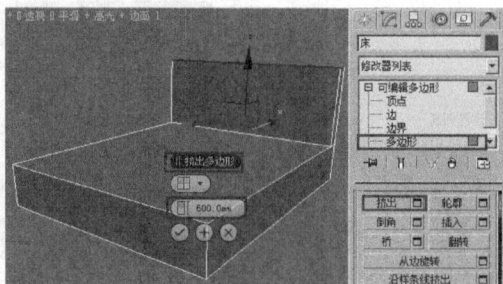

图 7.3.27　挤出床头

步骤 4 连接床头边生成两条线，在前视图中通过调整床头顶点调整床头弧度，如图 7.3.28 所示。

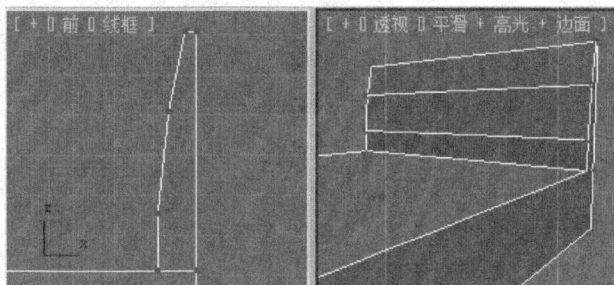

图 7.3.28 修改床头形状

步骤 5 在床上方创建一个切角长方体，命名为"床垫"，设置长度为 1500 mm，宽度为 1800 mm，高度为 120 mm，圆角为 10 mm，长度分段为 6，宽度分段为 6，高度分段为 1，圆角分段为 3，如图 7.3.29 所示。

步骤 6 将床垫转换为可编辑多边形，按快捷键 1 激活顶点选择模式，选择床垫上层相隔的 9 个顶点，向下移动产生床垫松软的效果，如图 7.3.30 所示。

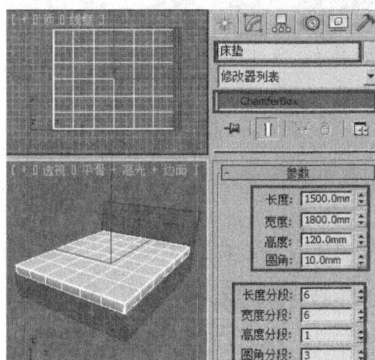

图 7.3.29 创建床垫

图 7.3.30 修改床垫顶面的起伏状

步骤 7 单击"捕捉开关"按钮 激活捕捉方式，在顶视图中创建一个平面，命名为"被子"，如图 7.3.31 所示。

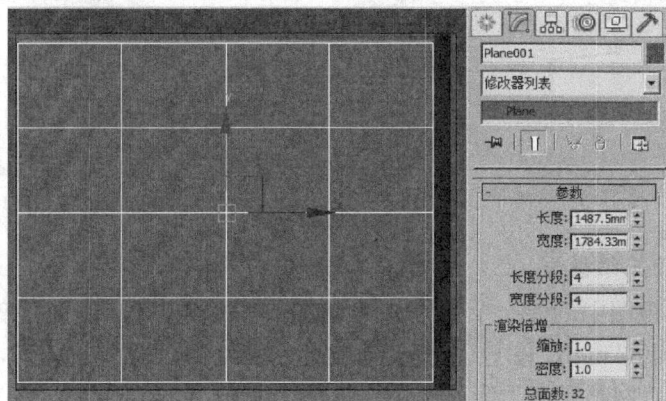

图 7.3.31 创建被子

步骤 8   在顶点模式下，将被子边缘的顶点调整到床沿边下，如图 7.3.32 所示。

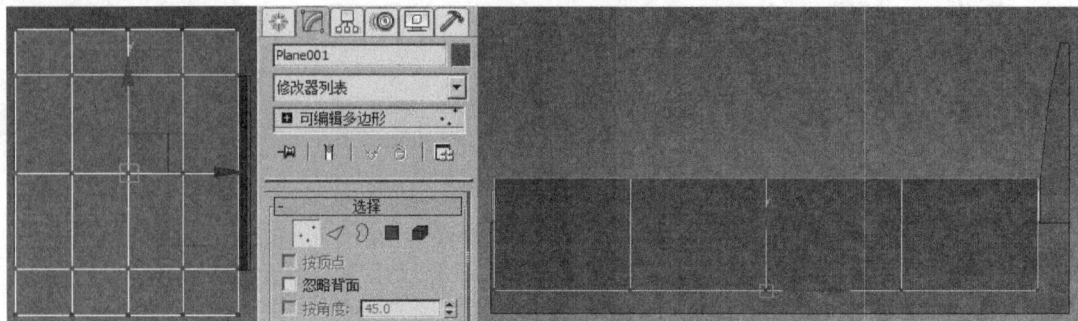

图 7.3.32   调整被子边缘的顶点

步骤 9   选择被子顶边的面，将其挤出一定的高度，如图 7.3.33 所示。

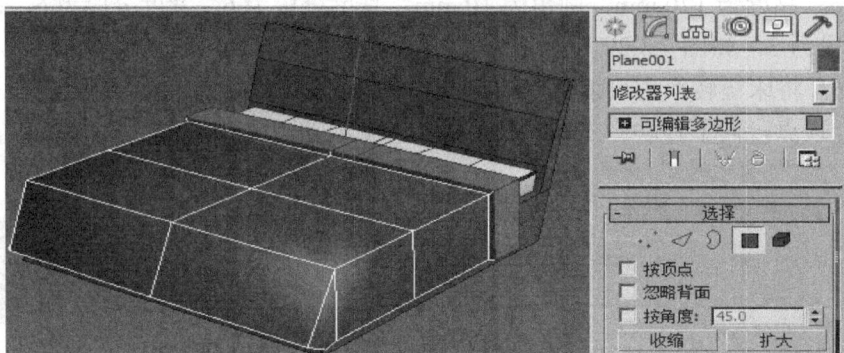

图 7.3.33   挤出被子边缘

步骤 10   对被子执行涡轮平滑的修改命令，再将被子转换为可编辑多边形，调整被子的顶点，使被子能平整地铺在床垫上，如图 7.3.34 所示。

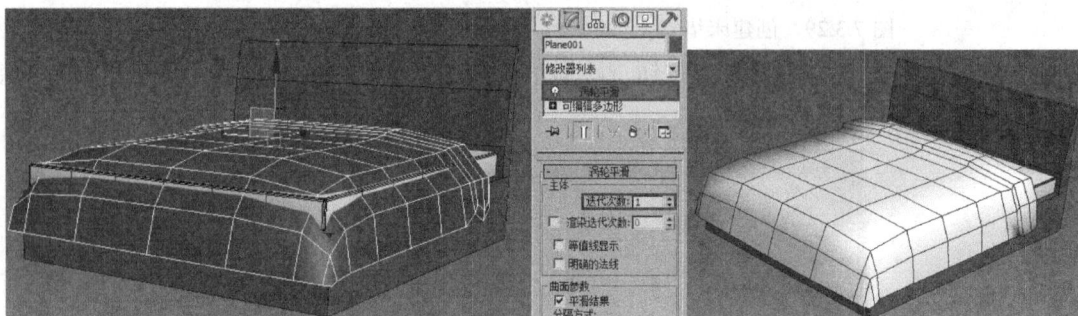

图 7.3.34   涡轮平滑被子

2) 制作枕头的三维模型

步骤 1   在顶视图中创建一个长方体，命名为"枕头 01"，设置长度为 600 mm，宽度为 350 mm，高度为 80 mm，长度分段为 2，宽度分段为 2，高度分段为 2，如图 7.3.35 所示。

步骤 2   执行"网格平滑"修改命令，选择枕头 01 的 4 个顶点，设置权重为 30，将枕头的 4 个角平滑处理，如图 7.3.36 所示。

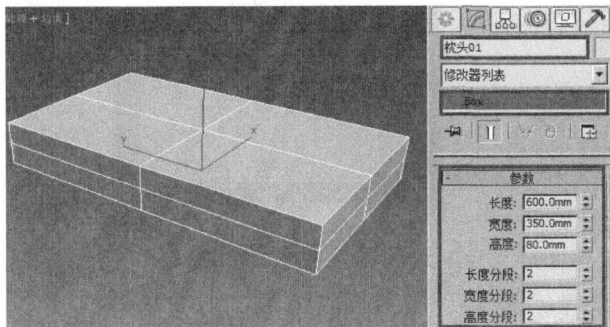

图 7.3.35 创建枕头

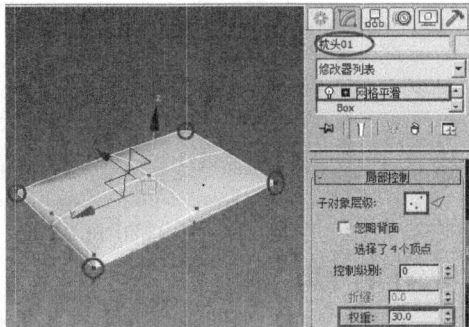

图 7.3.36 网格平滑枕头模型

步骤 3 选择枕头 01 中间四个部分的所有顶点，使用"缩放"工具 ⬚ 向内收缩，制作枕头松软的效果，如图 7.3.37 所示。渲染后床的整体效果如图 7.3.38 所示。

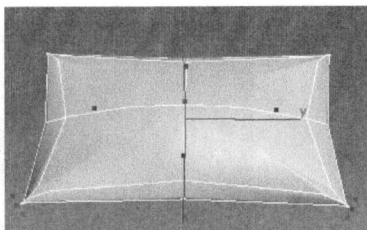

图 7.3.37 制作枕头

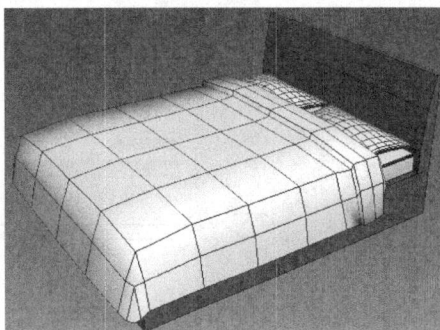

图 7.3.38 床的整体效果

3) 制作电视模型

步骤 1 在右视图中，创建一个切角长方体，命名为"电视机"，设置长度为 500 mm，宽度为 890 mm，高度为 50 mm，圆角为 15 mm，圆角分段为 3，如图 7.3.39 所示。

步骤 2 将长方体转换为"可编辑多边形"，选择"多边形"级别，在"透视图"中选择长方体的面，使用"插入"命令，设置插入数量为 30 mm，如图 7.3.40 所示。

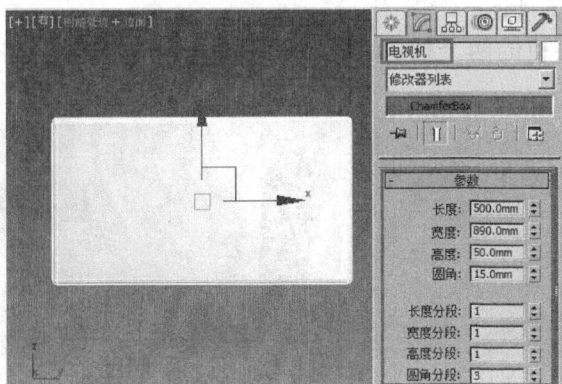

图 7.3.39 创建电视机

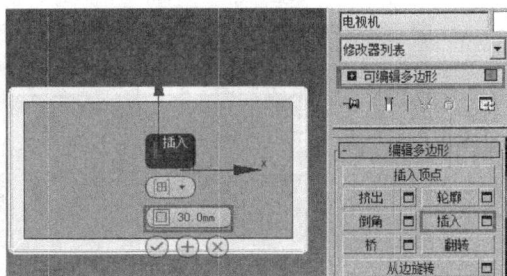

图 7.3.40 形成电视机屏幕

步骤 3 使用"挤出"命令，设置挤出数量为 −20 mm，如图 7.3.41 所示，完成电视模型创建，最终效果如图 7.3.42 所示。

图 7.3.41 向内挤出屏幕深度

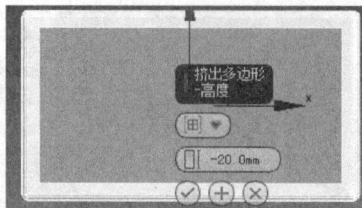

图 7.3.42 电视机最终效果图

4) 制作床头柜

步骤 1 在左视图中创建一个长方体，命名为"床头柜"，设置长度和宽度均为 380 mm，高度为 350 mm，如图 7.3.43 所示。

步骤 2 将"床头柜"转换为可编辑多边形，选择"多边形"级别，在"透视图"中选择床头柜的顶面，向上挤出 10 mm，再使用"缩放"工具  将顶面放大，再向上挤出 10 mm，如图 7.3.44 所示。

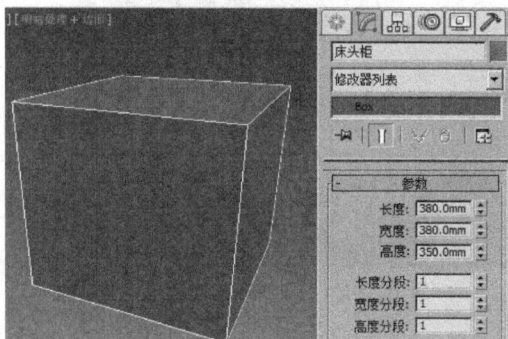

图 7.3.43 创建床头柜

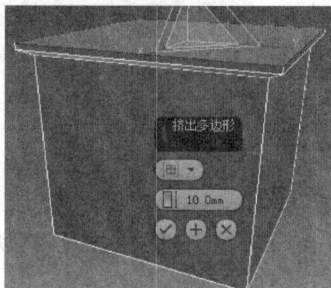

图 7.3.44 挤出床头柜顶面

步骤 3 选择"边"级别，同时选择床头柜前面的两侧边，连接产生一条边，将边向上滑 15 个单位，如图 7.3.45 所示。

步骤 4 选择"多边形"级别床头柜前面的两个面，选择"插入"生成两个面，在"顶点"级别调整床头柜抽屉的顶点，如图 7.3.46 所示。

步骤 5 选择"多边形"级别，将床头柜的两个抽屉面先向内挤 –6 mm，再向外挤出 5 mm，缩小抽屉面，如图 7.3.47 所示。

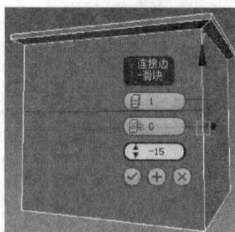

图 7.3.45 产生床头柜抽屉面板

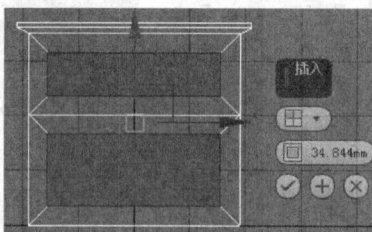

图 7.3.46 形成抽屉面

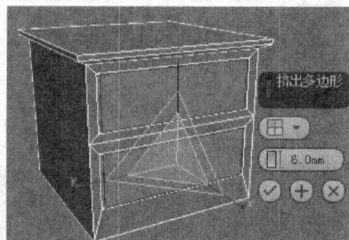

图 7.3.47 挤出抽屉面

步骤 6 将插入抽屉面缩小成抽屉拉手的大小，向外挤出 10 个单位，再缩小 10 个单位，形成抽屉拉手的形状，如图 7.3.48 所示。

步骤 7 实例复制"床头柜"到床头的另一边，如图 7.3.49 所示。

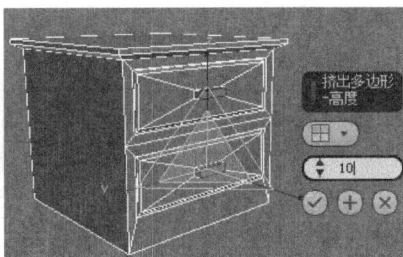

图 7.3.48 制作抽屉拉手

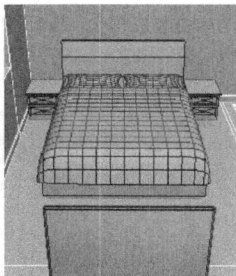

图 7.3.49 复制床头柜

5) 制作衣柜

步骤 1 在顶视图参照 CAD 图线条，点击"捕捉"按钮 ![3] 激活捕捉开关，创建一个长方体，命名为"衣柜"，设置长度为 620 mm，宽度为 2400 mm，高度为 2690 mm，如图 7.3.50 所示。

步骤 2 将衣柜转换为可编辑多边形，选择"边"级别，单击选择柜门位置的两条边，分别在柜门顶处生成 1 条连接边，如图 7.3.51 所示，在柜门底处生成 1 条连接边，如图 7.3.52 所示。

步骤 3 选择衣柜前面的 3 条边，生成竖向的 2 条连接边，如图 7.3.53 所示。

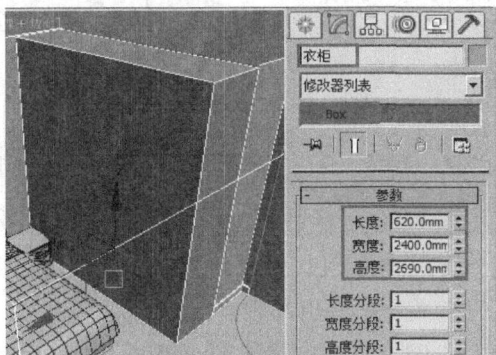

图 7.3.50 创建衣柜

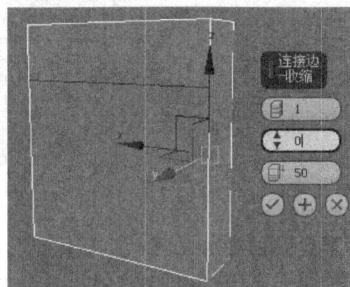

图 7.3.51 产生柜顶连接边

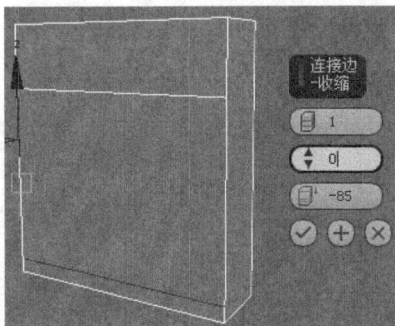

图 7.3.52 产生柜底连接边

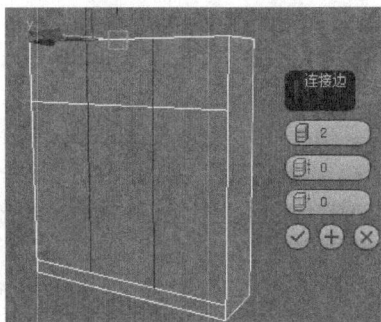

图 7.3.53 产生柜门

步骤 4 选择"多边形"级别，同时选择柜顶的 3 个面，向外挤出 10 mm，如图 7.3.54 所示。

步骤 5 选择"边"级别，同时选择柜顶中间的 2 条竖边，向外拉出 6 个单位的切角，产生柜门间的切线，如图 7.3.55 所示。

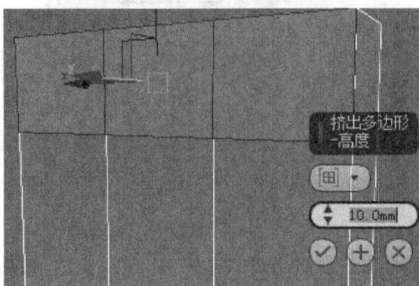

图 7.3.54   挤出柜顶门

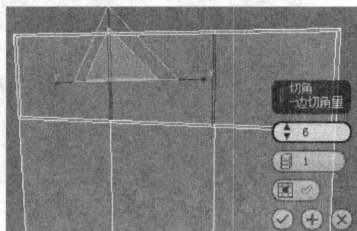

图 7.3.55   产生柜顶门的切角

步骤 6   选择柜门的中间多边形面，向后挤出 −30 mm，做出推拉门的效果，如图 7.3.56 所示。

步骤 7   选择"多边形"级别，同时选择衣柜门的 3 个多边形面，插入多边形，形成柜门，如图 7.3.57 所示。

步骤 8   渲染衣柜后的最终效果如图 7.3.58 所示。

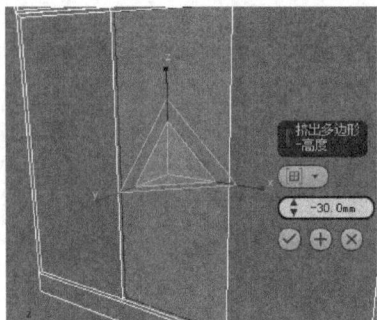

图 7.3.56   制作衣柜推拉门

图 7.3.57   制作柜门

图 7.3.58   衣柜效果图

6) 制作台灯模型

步骤 1   在顶视图中的床头柜位置创建一个圆，设置圆的半径为 100 mm，如图 7.3.59 所示。

步骤 2   将圆转换为可编辑样条线，选择"样条线"级别，再选择"轮廓"命令，设置轮廓数量为 3 mm，如图 7.3.60 所示。

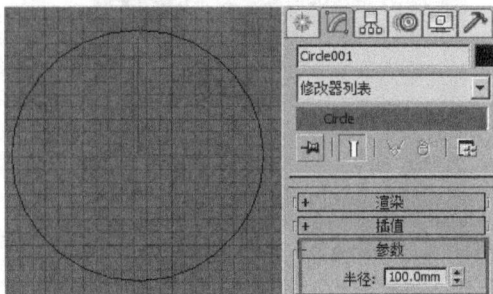

图 7.3.59   创建圆

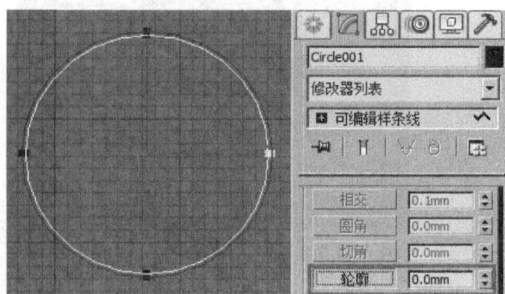

图 7.3.60   轮廓化圆产生圆环

步骤 3   在命令面板修改器列表中选择"挤出"修改器，设置挤出数量为 120 mm，如

图 7.3.61 所示。

步骤 4 在前视图中创建一个圆柱体,命名为"灯柱",设置半径为 14 mm,高度为 220 mm,如图 7.3.62 所示。

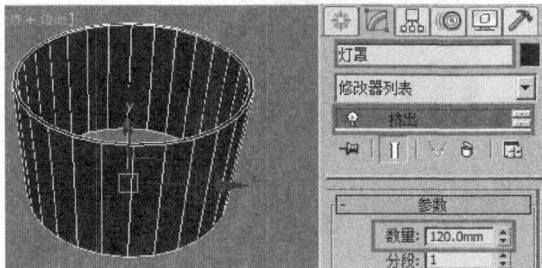

图 7.3.61 制作灯罩

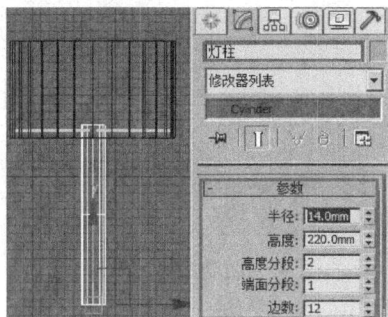

图 7.3.62 创建灯柱

步骤 5 复制灯柱,命名为"灯座",设置半径为 80 mm,高度为 12 mm,放置在灯柱下方,如图 7.3.63 所示。

步骤 6 创建一个球体,命名为"灯泡",设置半径为 25 mm,放置在灯柱上,如图 7.3.64 所示。

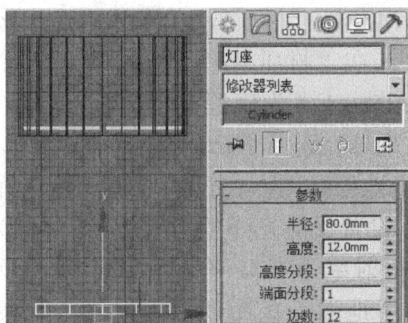

图 7.3.63 创建灯座

图 7.3.64 创建灯泡

步骤 7 给灯泡执行 FFD(圆柱体)修改命令,将球体调整成灯泡的形状,如图 7.3.65 所示。

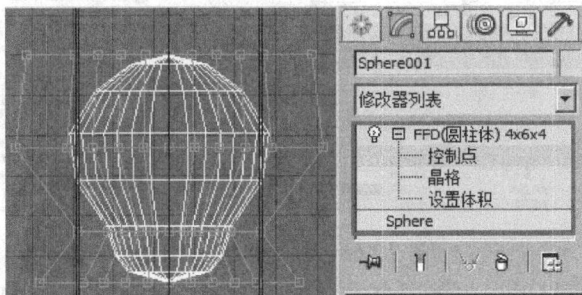

图 7.3.65 修改灯泡的形状

步骤 8 将台灯组合,复制到另一个床头柜上,如图 7.3.66 所示。

步骤 9 创建一个圆柱体,命名为"顶灯",设置半径为 300 mm,高度为 150 mm,放置在卧室顶上方，如图 7.3.67 所示。

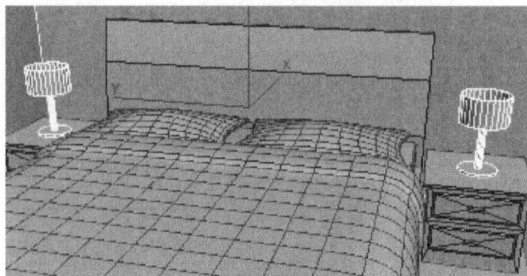

图 7.3.66   复制台灯

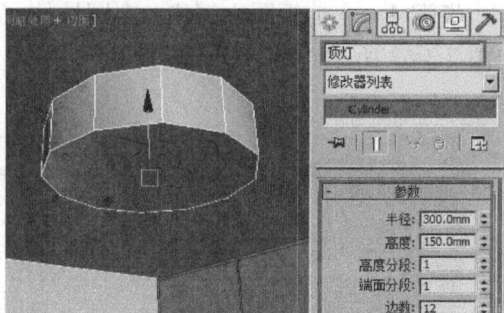

图 7.3.67   制作顶灯

第三部分   为场景模型赋予材质

步骤 1   在赋予场景模型材质之前，先要切换渲染器为 V-Ray 渲染器。执行"渲染"→"渲染设置"命令，打开"渲染设置"对话框，设置"指定渲染器"的"产品级"为"V-Ray Adv 3.00.03"。切换渲染器后，首先选中 3ds Max 2014 场景中需要赋予贴图的模型，为其添加贴图。按下材质编辑器的快捷键 M，打开材质编辑器窗口，选中一个材质球，单击"标准"按钮，在"材质/贴图浏览器"中单击"VRayMtl 标准材质"，单击"确定"按钮。在"材质编辑器"窗口中，单击"进入漫反射通道"，在"材质/贴图浏览器"窗口中双击选择"位图"，为模型找到一张目标文件夹中的可用贴图，或者为模型自定义设置并赋予材质。

步骤 2   设置木地板材质。选择一个空白的材质球，选择"VrayMtl"标准材质，在"材质编辑器"漫反射通道中双击"位图"并选择一张地板贴图，在反射通道颜色选择器中设置颜色为"红色：119，绿色：119，蓝色：119"，设置反射光泽度为 0.8，细分值为 8，选中"菲涅耳反射"复选框并打开锁，设置菲涅耳折射率为 1.7，在"BRDF-双向反射分布功能"中设置类型为"Phong"，将设置的材质赋予地面。在命令面板修改器列表中选择"UVW 贴图"，为材质添加 UVW 坐标，并设置参数，选择地板，为其赋予材质，如图 7.3.68 所示。

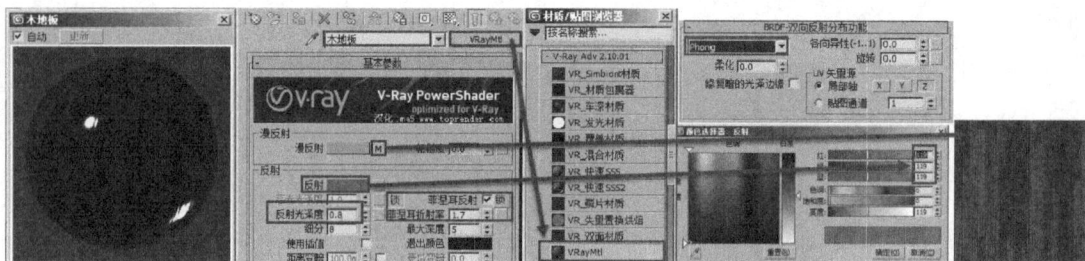

图 7.3.68   设置木地板材质

步骤 3   设置木纹材质。选择一个空白的材质球，选择"VRayMtl"标准材质，在材质编辑器漫反射通道中双击"位图"并选择一张木纹贴图，在反射通道颜色选择器中设置颜色为"红色：119，绿色：119，蓝色：119"，设置反射光泽度为 0.8，细分值为 8，选中"菲涅耳反射"复选框并打开锁，设置菲涅耳折射率为 1.7，在"BRDF-双向反射分布功能"中设置类型为"Phong",将设置的材质赋予地面。在命令面板修改器列表中选择"UVW 贴图",为材质添加 UVW 坐标,并设置参数,选择踢脚线和衣柜并为其赋予材质,如图 7.3.69 所示。

图 7.3.69 设置木纹材质

步骤 4 设置布纹材质。选择一个空白的材质球,在"材质编辑器"漫反射通道中双击"位图"并选择一张布纹贴图,在命令面板修改器列表中选择"UVW 贴图",为材质添加 UVW 坐标,并设置参数,选择被子、枕头和床垫并为其赋予材质,如图 7.3.70 所示。

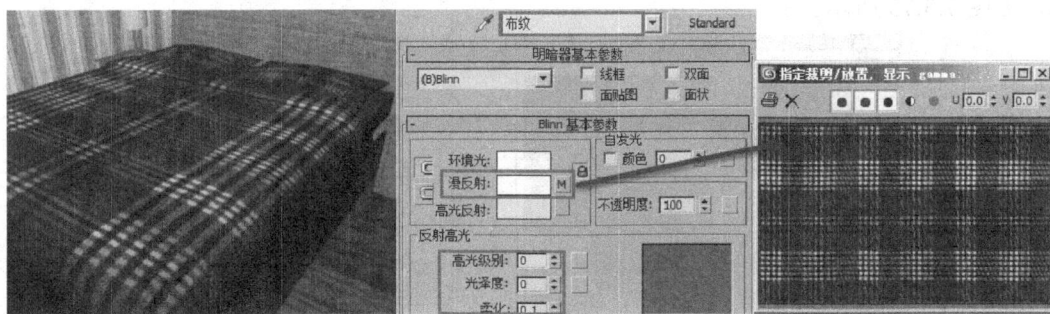

图 7.3.70 设置布纹材质

步骤 5 设置墙面和吊顶材质。选择一个空白的材质球,选择"VRayMtl"标准材质。在漫反射颜色器中设置红色为 252、绿色为 247、蓝色为 218,在反射颜色选择器中设置红、绿、蓝均为 5,设置高光光泽度为 0.15,反射光泽度为 0.5,细分值为 15,选择墙面和吊顶模型并为其赋予材质,如图 7.3.71 所示。

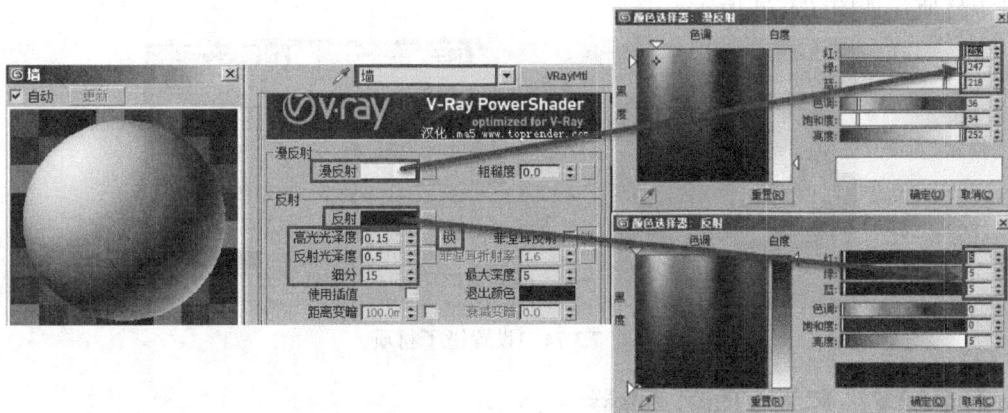

图 7.3.71 设置墙面材质

步骤 6　设置金属材质。选择一个空白的材质球，选择"VRayMtl"标准材质。在漫反射和反射颜色器中设置红色为 85、绿色为 85、蓝色为 85，设置反射光泽度为 0.85，选择台灯灯座及窗框模型并为其赋予材质，如图 7.3.72 所示。

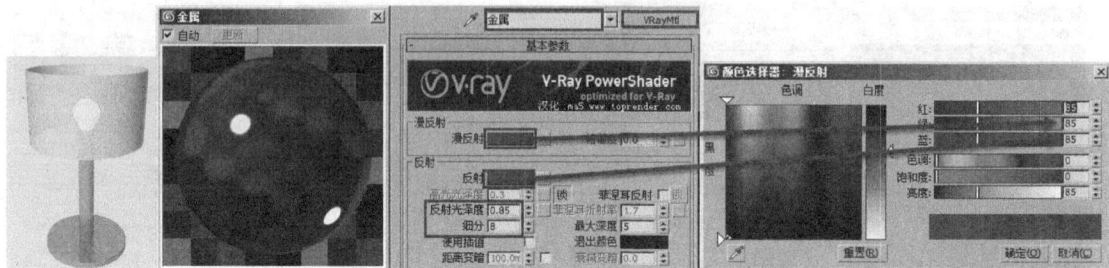

图 7.3.72　设置金属材质

步骤 7　设置玻璃材质。选择一个空白的材质球，选择"VRayMtl"标准材质。将漫反射和折射的颜色器设置为"白色"，在反射颜色器中设置红色为 85、绿色为 85、蓝色为 85，设置反射光泽度为 0.85，折射率为 1.7，光泽度为 0.85，选择窗户的玻璃模型并为其赋予材质，如图 7.3.73 所示。

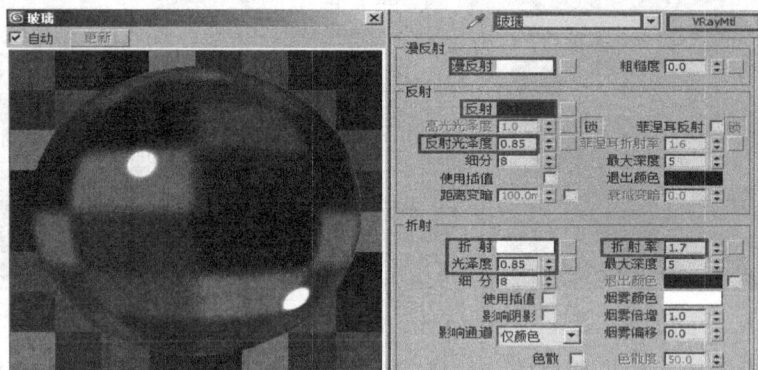

图 7.3.73　设置玻璃材质

步骤 8　设置镜子材质。选择一个空白的材质球，选择"VRayMtl"标准材质。将漫反射和反射的颜色器设置为"白色"，设置反射光泽度为 0.9，选择衣柜中间的柜门模型并为其赋予材质，如图 7.3.74 所示。

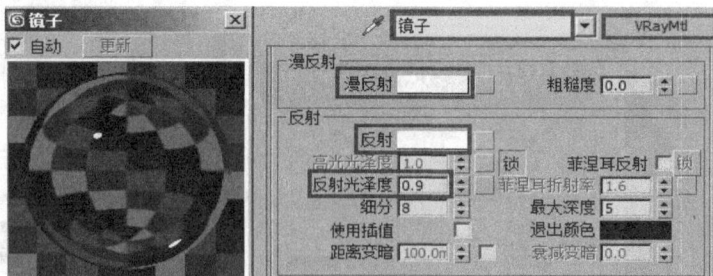

图 7.3.74　设置镜子材质

第四部分　配置 VRay 渲染器

步骤 1　在创建灯光之前，首先要配置 VRay 渲染器测试渲染的基本参数。按 F10 键，打开"渲染设置"对话框。在"公用参数"卷展栏中，单击"锁定图像纵横比"按钮。在"输出大小"选项组中，选择"自定义"，设置宽度为 500，高度为 375。单击"渲染设置"窗口的"V-Ray_基项"选项卡，打开"V-Ray 全局开关"卷展栏，取消对"过滤贴图"和"光泽效果"复选框的选择。

步骤 2 单击"V-Ray:: 图像采样器(抗锯齿)"卷展栏，将"图像采样器"类型改为"固定"，关闭"抗锯齿过滤器"，在"V-Ray:: 颜色映射"卷展栏的类型中选择"VR_线性倍增"。

步骤 3 单击"V-Ray:: 间接照明(全局照明)"卷展栏，选中"开启"复选框。在"首次反弹"中选择"发光贴图"，在"二次反弹"中选择"灯光缓存"。将"V-Ray:: 发光贴图"卷展栏中的"当前预置"设置为"自定义"，在"基本参数"下的最小采样比中输入 –5，最大采样比中输入 –4，半球细分中输入 20，选中"显示计算过程"复选框。

步骤 4 单击"V-Ray:: 灯光缓存"卷展栏，在"计算参数"中修改细分值为 100，选中"显示计算状态"复选框单击"V_R 设置"选项卡，在"V-Ray:: 系统"卷展栏的"VRay 日志"选项组中取消选择"显示信息窗口"，如图 7.3.75 所示。

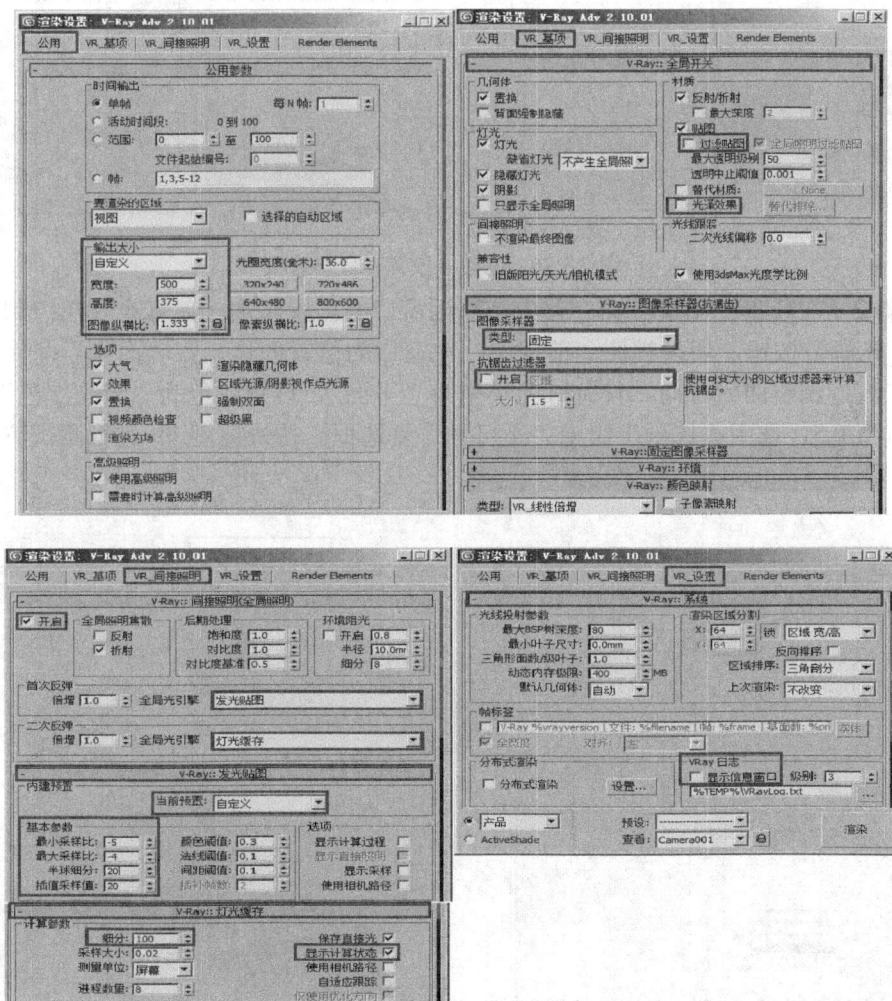

图 7.3.75 配置 V-Ray 渲染器

第五部分　创建摄影机和灯光

步骤 1　在控制面板中单击摄影机图标，在"对象类型"中单击"目标"按钮，在顶视图中创建一台摄影机。将透视图切换为摄影机视图，结合左视图、前视图，调整摄影机高度。在主工具栏中选择过滤器，过滤摄影机，选中摄影机，在控制面板"目标摄影机"参数中调整镜头为 24 mm，勾选"手动剪切"，设置近距剪切为 2090，远距剪切为 5412，如图 7.3.76 所示。

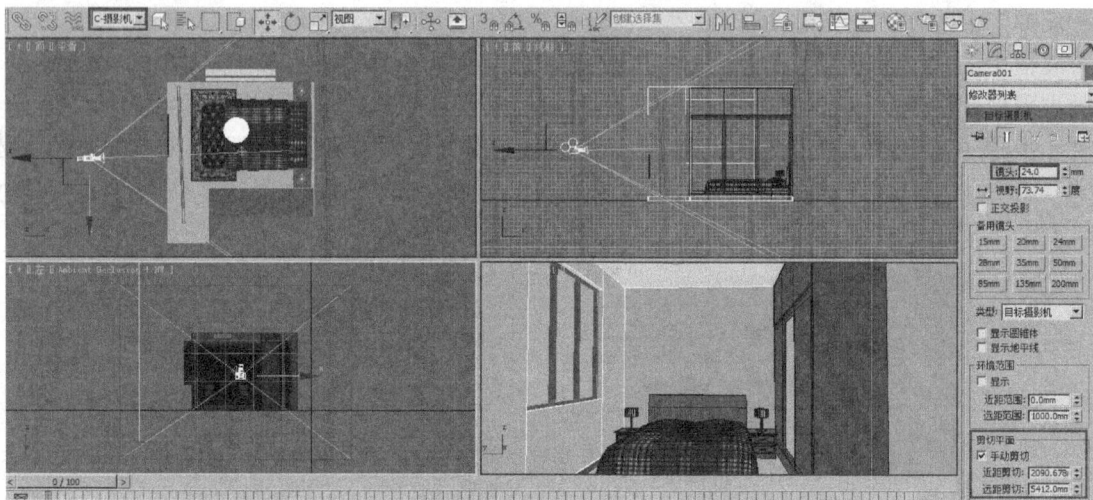

图 7.3.76　创建并设置目标摄影机

步骤 2　在场景中创建灯光。首先在靠近窗口的位置添加一盏灯光。在控制面板中单击"VR_光源"按钮，切换视图到前视图，在窗口的位置创建一盏"面光"并使用"选择并旋转工具"调整面光方向。设置灯光类型为"平面"，设置颜色为"天光冷色"，设置灯光倍增值为 0.5，选中"选项"组中"不可见"复选框。按快捷键 F9 进行测试渲染，如图 7.3.77 所示。

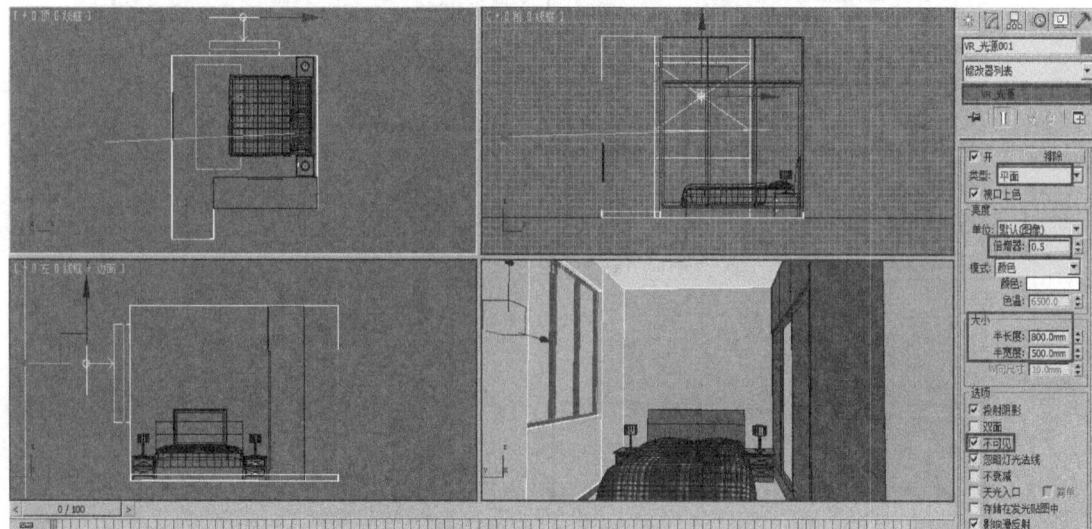

图 7.3.77 创建窗外光源

步骤 3 在场景中创建一盏"目标平行光",切换视图到顶视图,在控制面板中单击灯光按钮,在顶视图场景中创建一盏"目标平行光"模拟天光,进入"修改"面板,在"常规参数"中选择"阴影"复选框,在阴影类型下拉列表中选择"VRayShadow",在"强度/颜色/衰减"卷展栏中设置天光颜色,并将灯光倍增值改为 4.0。在"平行光参数"卷展栏中调节聚光区大小,测试渲染效果如图 7.3.78 所示。

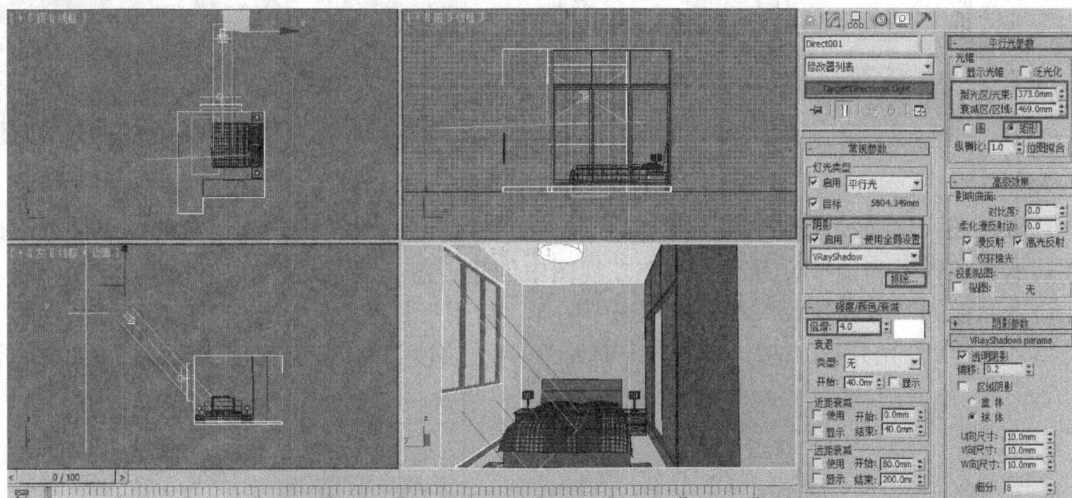

图 7.3.78 创建目标平行光模拟日光

步骤 4　为场景中的台灯添加光源，切换视图为顶视图，在控制面板中单击灯光按钮，在下拉列表中选择"Vray"，然后选择"VR_光源"，进入"修改"面板，在"参数"卷展栏"类型"中选择"球体"，将灯光倍增值设置为 2，设置颜色为暖色(RGB：255，255，129)，模拟室内的暖色光，在"选项"栏中选中"不可见"复选框，取消"影响反射"，在顶视图台灯灯罩的中间创建一盏"VR_光源"并切换视图调整位置，查看灯光放置的位置是否正确。以"实例"的方式复制灯光到另一个台灯模型中，测试渲染效果如图 7.3.79 所示。

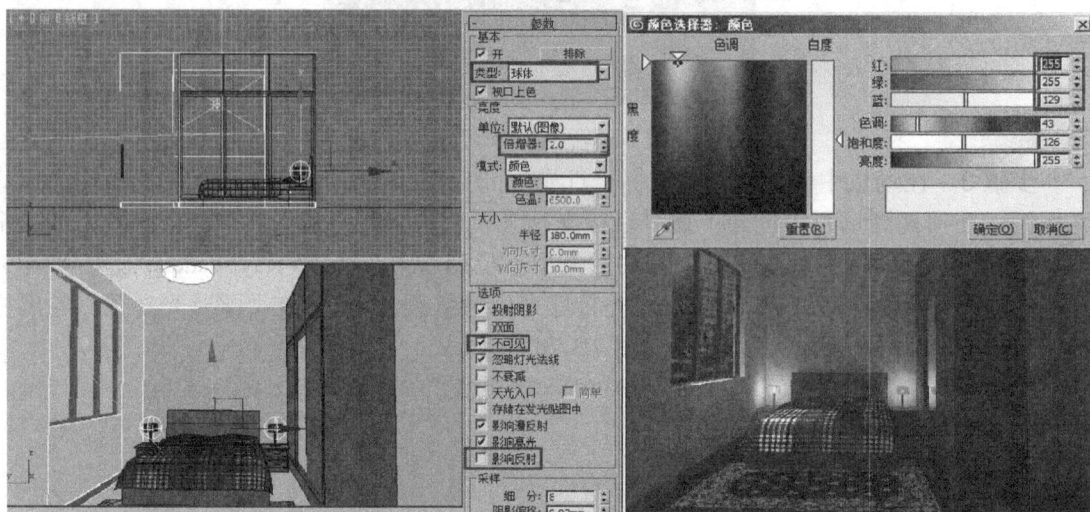

图 7.3.79　创建台灯光源

步骤 5　切换视图到顶视图，创建出一盏目标灯光并将其拖动到吊灯的中央位置，切换其他视图查看和调节位置关系。在左视图中创建一盏光度学目标灯光并调整灯光位置。在命令面板的"常规参数"卷展栏下选中阴影"启用"复选框，选择"VRayShadow"阴影类型，设置"灯光分布(类型)"为"统一球形"，灯光强度为 2 lm，测试效果如图 7.3.80 所示。

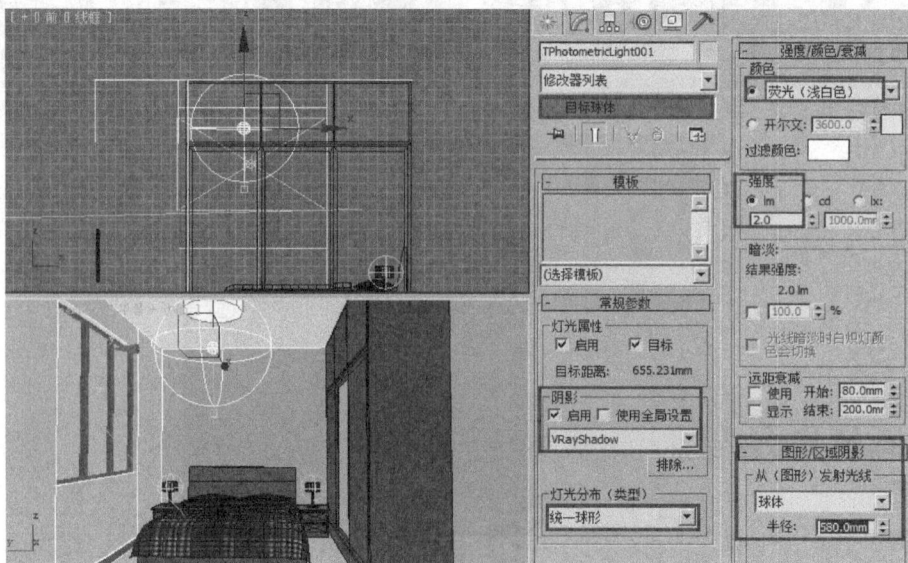

图 7.3.80　创建顶灯光源

第六部分　渲染输出设置和渲染效果

步骤 1　按快捷键 C 将透视图切换为摄影机视图。按快捷键 F10 打开"渲染设置"窗口，将"公用参数"卷展栏中的"输出大小"设置为"自定义"，然后设置需要输出的图像尺寸。在设置之前单击"图像纵横比"右侧的锁状图标，设置宽度为 3000，如图 7.3.81 所示。

步骤 2　单击"渲染设置"中的"VR_基项"，在"VR_基项"的"V-Ray::全局开关"卷展栏中查看"过滤贴图"和"光泽效果"是否选中，取消"不渲染最终图像"的选项，在"V-Ray::图像采样器(抗锯齿)"卷展栏中选择类型为"自适应 DMC"，开启"抗锯齿过滤器"，在类型中选择"Catmull-Rom"，如图 7.3.82 所示。

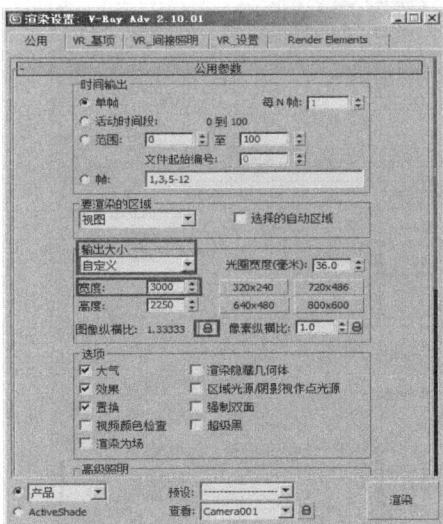

图 7.3.81　设置渲染设置"公用参数"

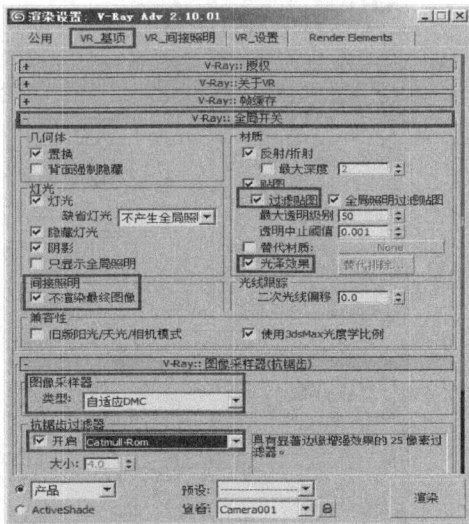

图 7.3.82　设置"VR_基项"的"全局开关"

步骤 3　点击"VR_间接照明"选项卡，查看"间接照明"是否开启。设置首次反弹为"发光贴图"，二次反弹为"灯光缓存"。打开"V-Ray::发光贴图"卷展栏，在"内建预置"栏中将"当前预置"改为"高"。选中"显示计算过程"和"显示直接照明"复选框，设置"半球细分"为 20，如图 7.3.83 所示。

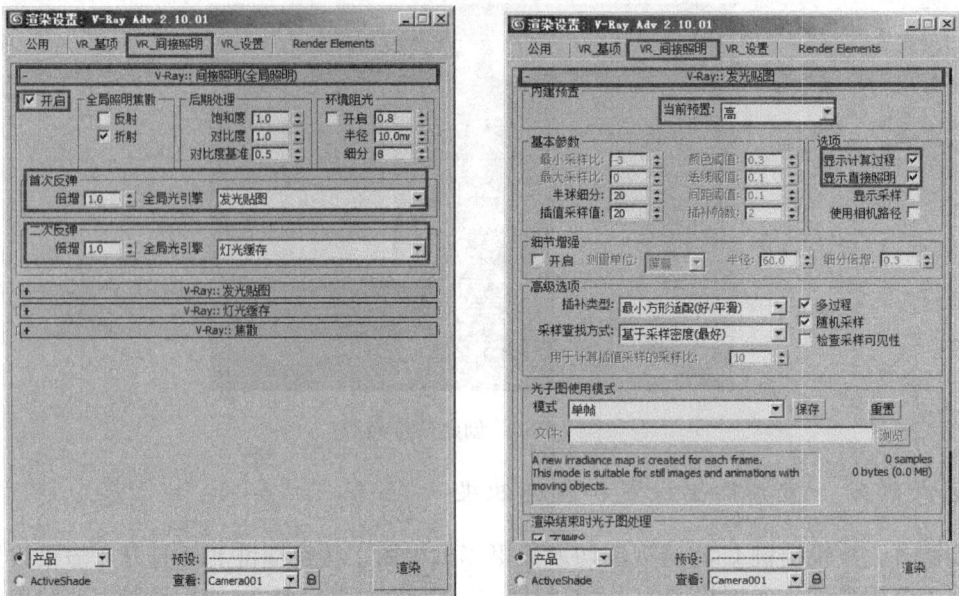

图 7.3.83　设置"VR_间接照明"参数

步骤 4　在"V-Ray::灯光缓存"卷展栏中将"计算参数"里的细分值设为 1000，选中"保存直接光"和"显示计算状态"复选框。点击"VR_设置"选项卡，在"V-Ray::DMC 采样器"卷展栏下将自适应数量改为 0.75，噪波阈值改为 0.001，最少采样改为 20，如图 7.3.84 所示。

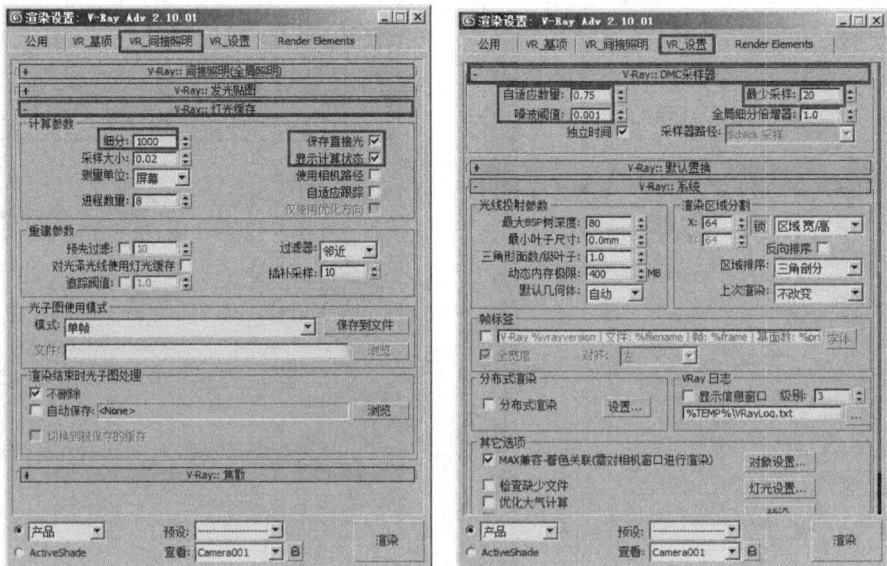

图 7.3.84　设置"灯光缓存"参数

步骤 5　在渲染窗口中单击"保存"图标，选择保存目标文件夹，修改文件名为"卧室效果图"，保存图像为"Targa 图像文件"，在"Targa 图像控制"窗口中设置每像素位数为 32，取消对"压缩"复选框的选择，单击"确定"按钮，保存图像，完成图像输出如图 7.3.85 所示。

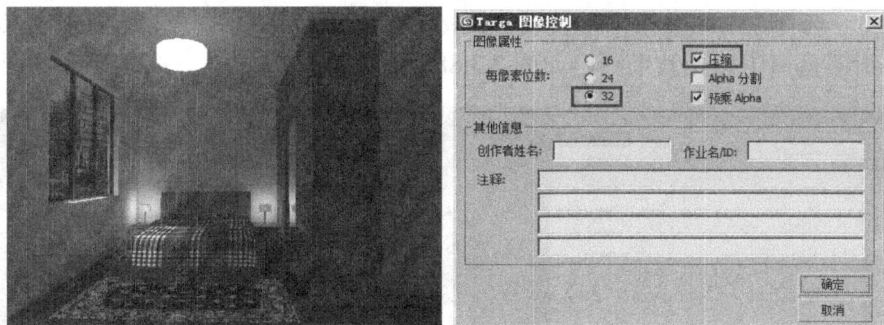

图 7.3.85 卧室效果图

第七部分　卧室效果图后期处理

注：为了便于效果图的后期处理和调整，通常会输出一张彩色通道图。需要注意的是，输出的彩色通道图必须与之前输出的效果图大小一致，在输出彩色通道图之前，最好先将效果图的 max 格式文件复制一份，以避免不必要的错误出现。

步骤 1　利用脚本输出彩色通道图。复制一份 max 效果图文件并打开，在菜单栏中单击选择"MAXScript"，单击"运行脚本"，在目标文件夹中找到"材质通道程序.mse"脚本文件，选择并打开脚本文件，在弹出的对话框中单击"是"按钮，单击"渲染"，得到一张彩色通道图，如图 7.3.86 所示。

图 7.3.86 渲染彩色通道图

步骤 2　效果图渲染完成输出之后，需要进行后期处理，使效果图更加丰富生动。首先打开 Photoshop 软件，执行"文件"→"打开"命令，在目标文件中选择输出的效果图"卧室.tga"，再次打开之前渲染输出好的分色通道图，如图 7.3.87 所示。

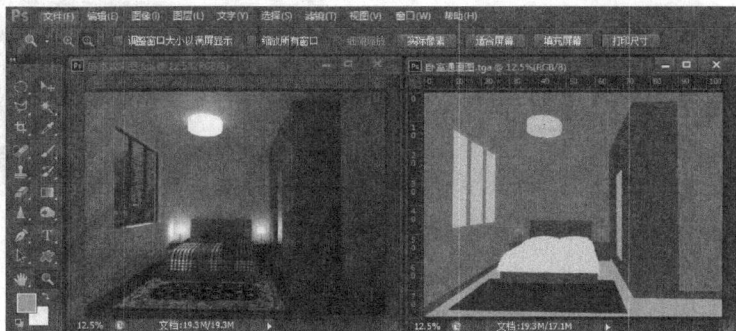

图 7.3.87 在 Photoshop 打开两个效果图

步骤 3　选择输出的效果图，使用快捷键 Ctrl + J 复制图层，然后使用快捷键 Ctrl + M 在曲线编辑器窗口中调亮效果图，如图 7.3.88 所示。

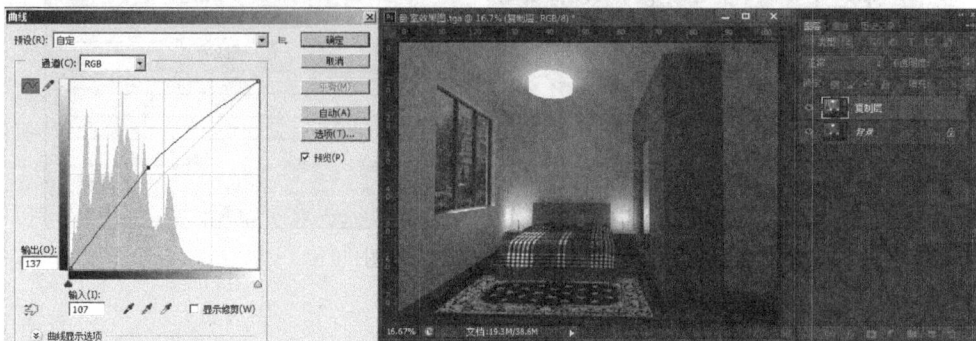

图 7.3.88　调亮效果图

步骤 4　选择卧室分色通道图，利用快捷键 Ctrl + A 进行全选，然后用快捷键 Ctrl + C 复制，最后选择卧室效果图，用快捷键 Ctrl + V 粘贴，如图 7.3.89 所示。

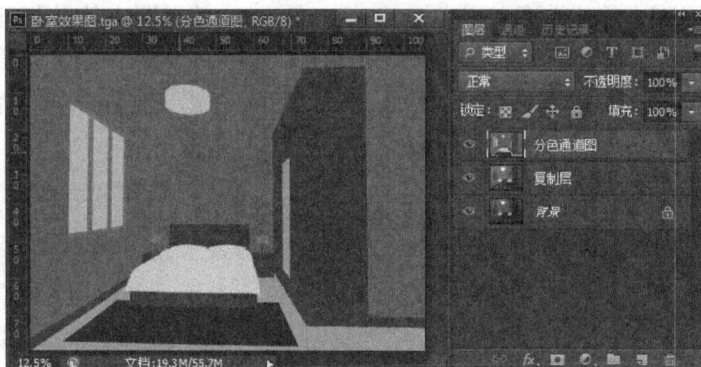

图 7.3.89　复制分色通道图

步骤 5　选择"分色通道图"图层，在"选择色彩范围"中选中天花板和墙体部分，隐藏图层并选择"复制层"，用快捷键 Ctrl + J 复制图层，并将其命名为"墙体"图层，使用"色阶"和"曲线"命令，调整墙体的对比度，如图 7.3.90 所示。

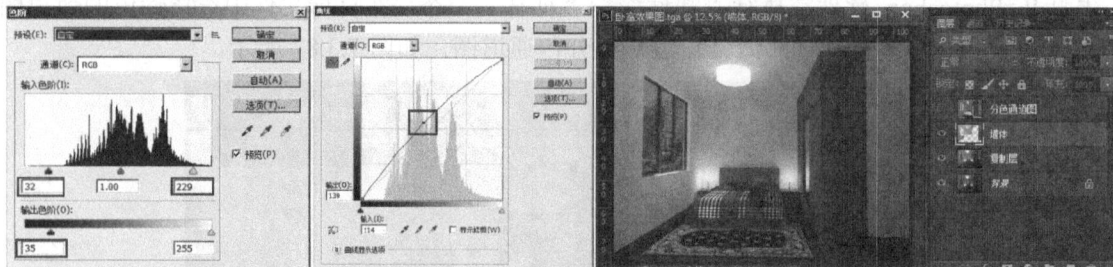

图 7.3.90　调整墙体对比度

步骤 6　将各图层合并成一个图层，在菜单栏的"滤镜"中找到"锐化"，选择"USM 锐化"，在"USM 锐化"对话框中调整数值，完成对图像的最终处理，最终效果如图 7.3.91 所示。

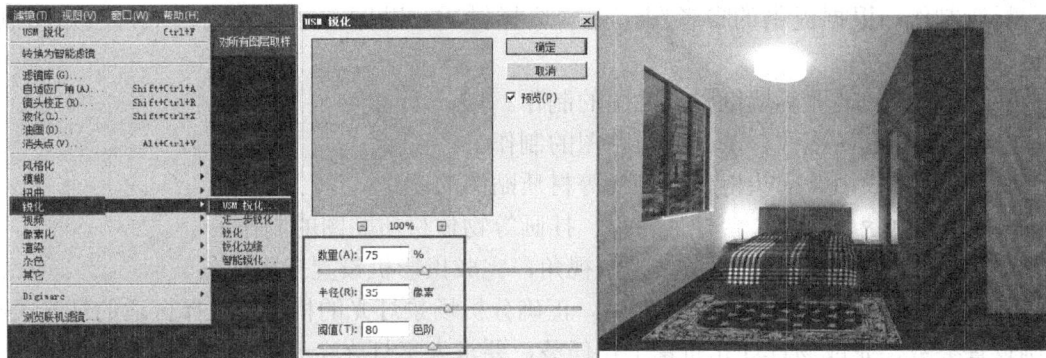

图 7.3.91 锐化效果图

★★★ **拓展案例** 卧室三维效果图制作

1) 项目背景

舒天装饰是一家装饰设计公司，最近接到一个为某客户的住房进行室内装潢设计的订单，客户给出了想要的装饰风格，如图 7.3.92 所示，公司决定根据客户需求，初步设计制作卧室的三维效果图，并在此基础上与客户沟通完善装修方案。

图 7.3.92 卧室三维效果图

2) 项目步骤

根据项目要求，完成三维模型的设计制作。

根据项目要求，完成材质贴图的设计制作。

根据项目要求，设置摄影机，完成灯光效果的制作。

根据项目要求，完成效果图的渲染。

提交效果图(尺寸为 1024×768)及源文件(归档 zip 文件)到指定文件夹。

3) 制作内容

模型制作：结合提供的场景源文件，根据提供的参考图，正确选择建模方法，完成以下三维模型建立的任务：墙体、地面、吊顶模型的制作；衣柜、电视机、装饰挂画、筒灯、顶灯等模型的制作；调入床、植物、地毯、门、装饰物模型并调整到合适的比例。

材质制作：根据提供的参考图，正确选择材质和贴图方法，完成以下材质贴图制作任务：

(1) 木地板、地面、墙纸材质贴图的制作。

(2) 床、被套、抱枕、茶具材质贴图的制作。

(3) 筒灯、衣柜、床头柜、踢脚线等材质贴图的制作。

(4) 置换地毯、顶灯、台灯、植物、挂画等物体材质贴图的制作。

摄影机设置：根据所给参考效果图视角，完成摄影机设置工作任务。

灯光设置：根据提供的图纸、照片，正确分析场景灯光的构成，选择合适的灯光类型，正确设置参数，完成场景灯光布置工作任务，要求人工灯光全开。

渲染输出：参考提供的图纸照片效果，通过渲染测试，设置正确的渲染参数，在规定时间内完成完成三维效果图的渲染和输出。提交效果图(尺寸为 1024 × 768)及源文件(归档 zip 文件)。

7.3 实验

7.4　校园虚拟漫游

【项目描述】

某学校想要制作校门和一栋教学楼的三维模型的虚拟漫游交互，如图 7.4.1 所示。

7.4 校园虚拟漫游

图 7.4.1　校园虚拟漫游

【项目要求】

1) 三维模型的设计制作

根据参考效果图完成校门、教学楼的模型制作，如图 7.4.2 所示。

图 7.4.2　校门及教学楼效果图

2) 材质贴图的设计制作

校门、教学楼等材质贴图的制作；其他场景物体材质贴图的制作。

3) 第一人称虚拟漫游

在 Unity3D 软件中创建工程，导入校园建筑模型，添加灯光，设置主摄影机，创建地形，设计手动漫游交互系统。

4) 打包并生成可执行文件

将校园虚拟漫游打包成 Unitypackage，并生成 exe 可执行文件。

【制作过程】

第一部分　校碑场景建模

在校碑实物图中，主要物体有石碑、旗座、石球，如图 7.4.3 所示。

图 7.4.3　校碑实物图

1) 石碑三维建模

步骤 1　创建一个长 400 mm，宽 5100 mm，高 8400 mm 的长方体，命名为“碑座”，颜色设置为黑色，如图 7.4.4 所示。

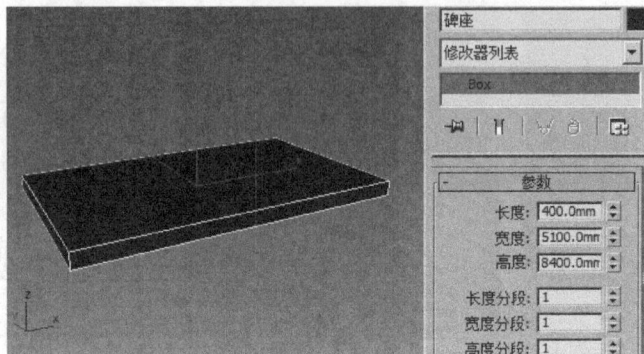

图 7.4.4   创建石碑底座

步骤 2   创建一个长 3500 mm，宽 8000 mm，高 400 mm 的长方体，命名为"碑正面"，颜色设置为深红色，如图 7.4.5 所示，选择"旋转"工具 ⟳ 并将石碑旋转 60°，如图 7.4.6 所示。

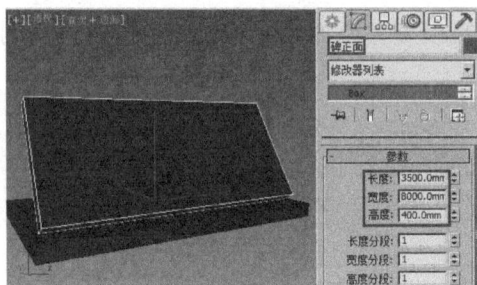

图 7.4.5   创建石碑

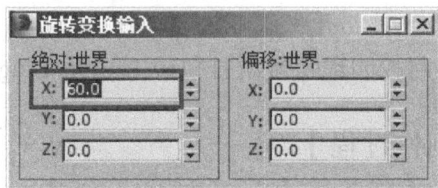

图 7.4.6   设置旋转角度

步骤 3   选择"碑正面"长方体，单击"镜像"工具 ⋈，在弹出的"镜像"对话框中，选择镜像轴"Y"，在"克隆当前选择"组中选择"实例"，单击"确定"按钮，复制"碑背面"长方体，如图 7.4.7 所示。

步骤 4   创建一个长 1200 mm，宽 2300 mm，高 8400 mm 的长方体，命名为"旗座"，放置在碑座后面，如图 7.4.8 所示。

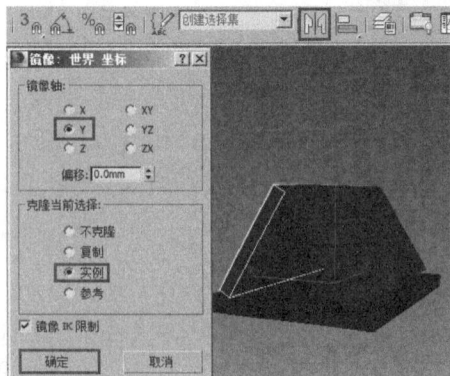

图 7.4.7   复制碑背面

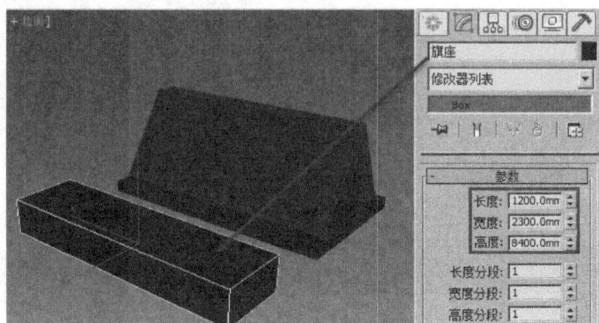

图 7.4.8   创建旗座

步骤 5   创建一个半径为 50 mm，高度为 10000 mm 的圆柱体，命名为"旗杆 01"，设置其高度分段为 1，端面分段为 1，边数为 3，放置在旗座上面，再按住 Shift 键移动复制两个"旗杆 01"，如图 7.4.9 所示。

　　步骤 6　创建一个长度为 1500 mm，宽度为 2000 mm 的平面，命名为"蓝色旗帜"，设置其长度分段数为 10，宽度分段数为 10，将旗帜对齐到"旗杆 01"上端，如图 7.4.10 所示。

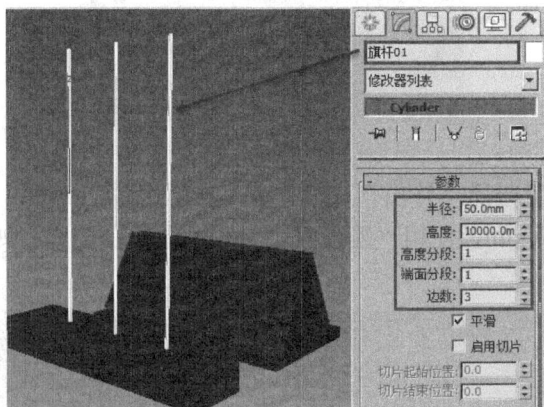

图 7.4.9　创建并复制旗杆

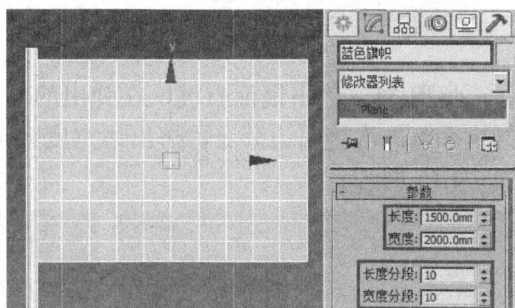

图 7.4.10　创建蓝色旗帜

　　步骤 7　将蓝色旗帜平面转换为可编辑多边形，将旗帜形状调整成一个平行四边形，再执行"噪波"命令，设置噪波的强度 X、Y、Z 都为 100 mm，再执行"网格平滑"命令，如图 7.4.11 所示。

　　步骤 8　按 Shift 键移动复制另外两面旗帜，分别设置为红色和浅绿色，如图 7.4.12 所示。

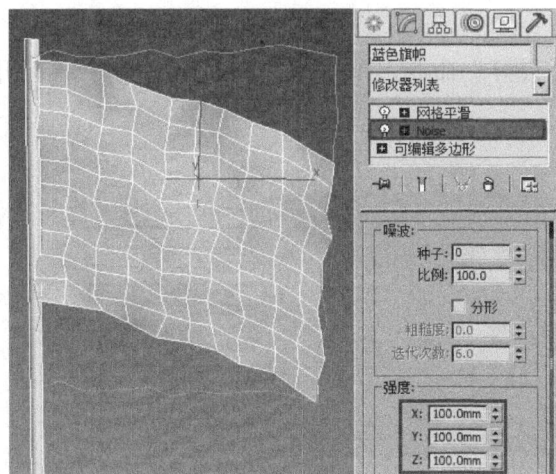

图 7.4.11　调整并修改旗帜飘飘的形状

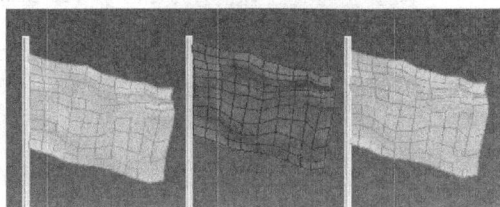

图 7.4.12　复制另外两面旗帜

　　步骤 9　创建一个半径为 250 mm，分段数为 8 的球体，命名为"石球 01"，颜色设置为灰色，如图 7.4.13 所示。

　　步骤 10　将"石球 01"转换为可编辑多边形，按数字键 4 激活多边形模式，在前视图中框选球体底部的面，按 Del 键删除底面，再按数字键 2 激活边模式，单击球体底部边，再单击"循环"按钮，选择球体底部所有的边，如图 7.4.14 所示。

图 7.4.13 创建石球 01

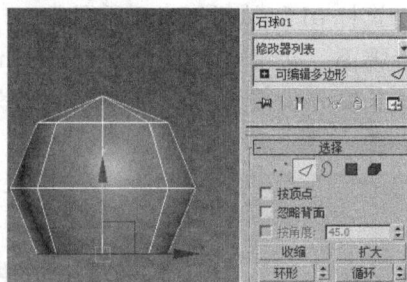

图 7.4.14 删除石球底部的面

步骤 11 单击鼠标右键，在弹出的菜单中选择"挤出"命令，挤出边宽度为 70 mm，再执行第二次挤出边命令，挤出边宽度为 −70 mm，使用"缩放"工具  将底边扩大，如图 7.4.15 所示。

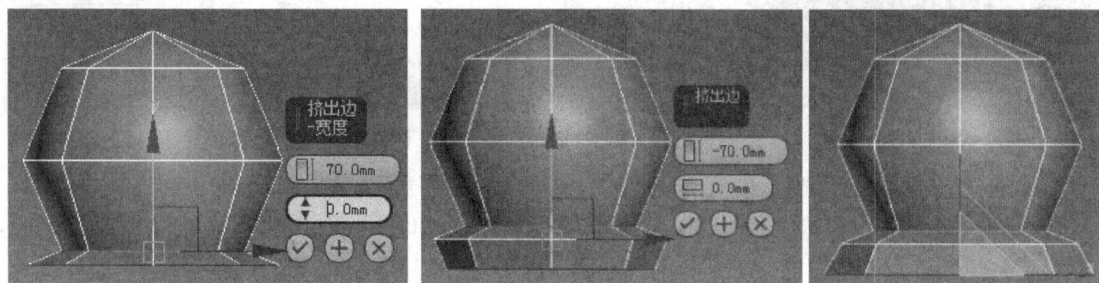

图 7.4.15 制作石球模型

步骤 12 按住 Shift 键移动"石球 01"，实例复制五个石球，如图 7.4.16 所示。

2) 碑体 UVW 展开

步骤 1 选择碑正面模型，执行"UVW 展开"命令，单击"打开 UV 编辑器"，打开 UV 编辑器对话框，如图 7.4.17 所示。

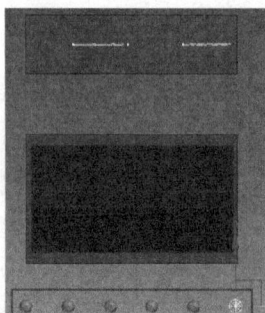

图 7.4.16 复制五个石球

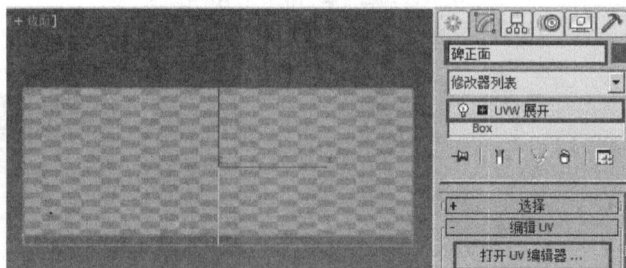

图 7.4.17 编辑碑正面模型的 UV 贴图

步骤 2 在 UV 编辑器对话框中，选择"选项"→"首选项"命令，在"展开选项"对话框中设置渲染宽度为 512，渲染高度为 256，勾选"影响中心平铺"选项，单击"确定"按钮，如图 7.4.18 所示。

步骤 3 按数字键 3 激活面选择模式，框选场景中碑正面模型的所有面，选择"贴图"→"展平贴图"命令，如图 7.4.19 所示。

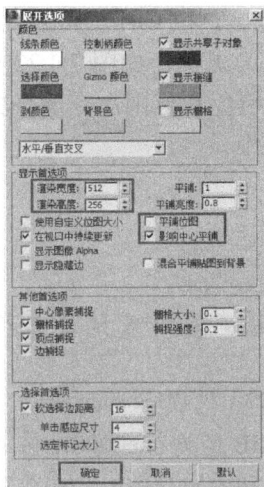

图 7.4.18　设置 UVW 编辑器的展开选项　　　　　　图 7.4.19　展开石碑的所有面

　　步骤 4　选择碑正面的一个面，单击"自由形式模式"按钮 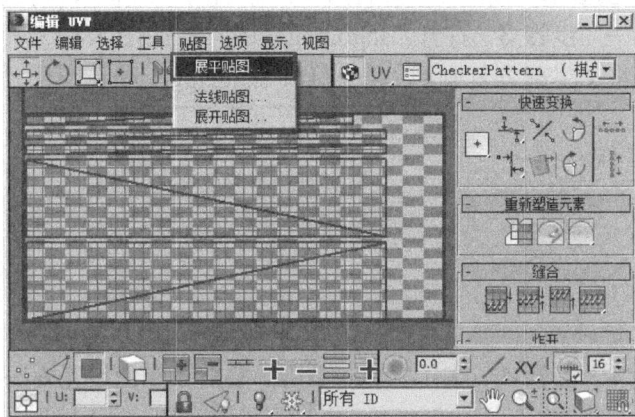，将碑正面的面扩大到整个棋盘格范围，其余所有面放置到棋盘格顶端位置，使用"水平对齐到轴工具"和"垂直对齐到轴工具"，将各顶点对齐，如图 7.4.20 所示。

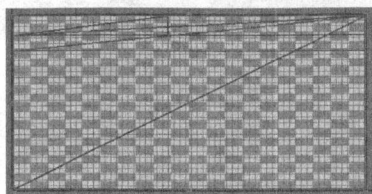

图 7.4.20　UVW 展开结果

　　步骤 5　在"编辑 UVW"对话框中，选择"工具"→"渲染 UVW 模板"命令，设置渲染宽度为 512，高度为 256，单击"渲染 UV 模板"按钮，将渲染贴图保存为"石碑 UV 线框.jpg"文件，如图 7.4.21 所示。

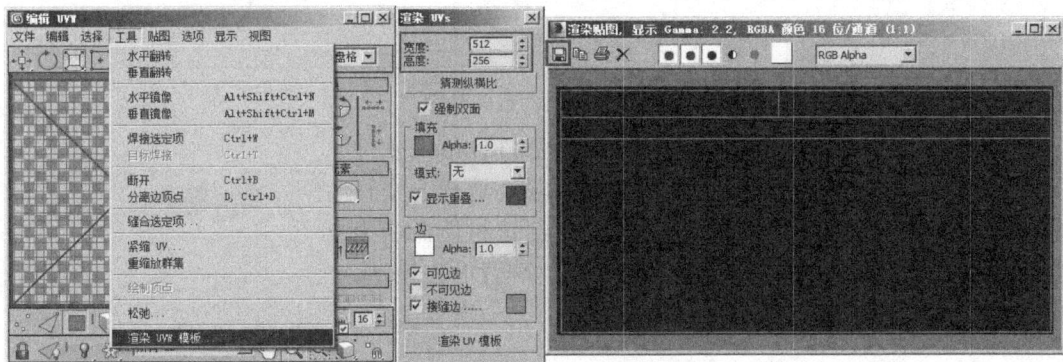

图 7.4.21　渲染石碑 UV 线框图

3) **校碑贴图绘制**

　　步骤 1　选择碑正面模型，执行"UVW 展开"命令，单击"打开 UV 编辑器"

　　步骤 2　在 Photoshop 软件中，打开"石碑 UV 线框.jpg"，执行"选择"→"色彩范围"

命令，在背景中用吸管单击白色区域，将绿色线条定义为选区，按 Ctrl + Shift + I 快捷键反选选区，创建一个新的图层，命名为"线框"，将选区填充为黑色，如图 7.4.22 所示。

步骤 3　打开"logo.png"图片，如图 7.4.23 所示，使用色彩范围命令选择文字区域，将文字部分复制到"石碑 UV 线框.jpg"的新图层"校名"中。

图 7.4.22　创建线框图层　　　　　　　图 7.4.23　校名 logo.png 图片

步骤 4　选择"背景"图层，将前景颜色设置为深红色(RGB 值为 #ae0000)，按 Alt + Delete 键将背景填充为深红色。将文字放置在图片正中间，添加描边和内发光效果，如图 7.4.24 所示。

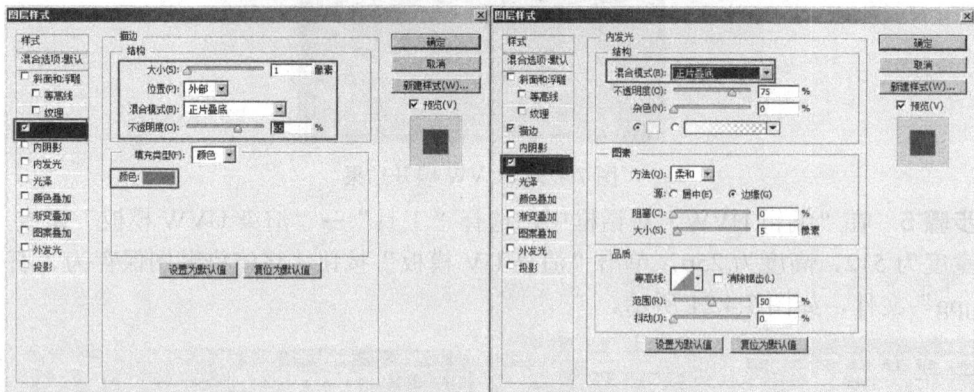

图 7.4.24　石碑贴图

步骤 5　将图片保存为"石碑.psd"，返回 3ds max 软件的"石碑.max"文档，按 M 键打开材质编辑器，选择一个材质球，将"石碑.psd"作为漫反射贴图，并给该材质命名为"石碑材质"，赋给场景中的"碑正面"和"碑背面"模型，如图 7.4.25 所示。

图 7.4.25　赋材质的校碑

第二部分　实验楼三维建模

1) 实验楼三维建模

对规则型的实验楼建筑进行三维建模，如图 7.4.26 所示。

图 7.4.26 实验楼实物图

步骤 1 创建一个长度为 10 000 mm, 宽度为 30 000 mm, 高度为 18 000 mm 的长方体, 命名为"实验楼 01", 设置长度分段数为 3, 宽度分段数为 21, 高度分段数为 6, 如图 7.4.27 所示。

步骤 2 单击鼠标右键选择"转换为可编辑多边形", 按数字键 4 激活多边形选择模式, 框选长方体底部所有的面, 按 Delete 键删除长方体底面, 如图 7.4.28 所示。

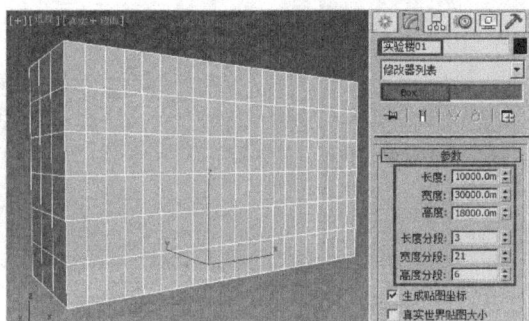

图 7.4.27 创建建筑主体

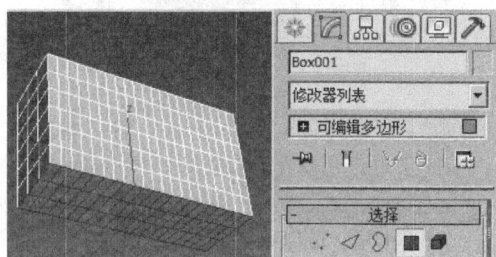

图 7.4.28 删除长方体底部

步骤 3 按快捷键 T 切换到顶视图, 按数字键 2 激活边选择模式, 框选建筑顶部所有的线条, 再按 Alt 键取消图 7.4.29 所示的白色区域的线条, 按 Ctrl + Backspace 快捷键删除所有红色线条。

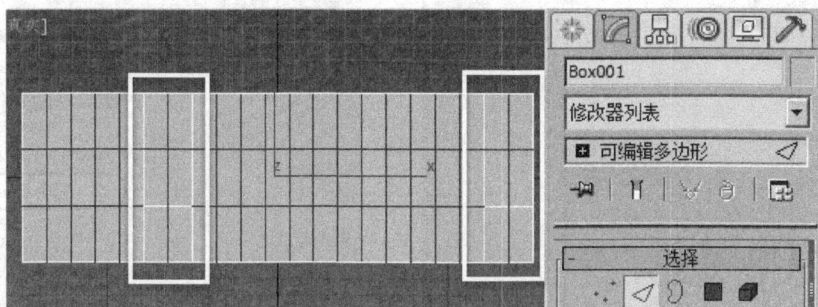

图 7.4.29 删除顶部多余线条

步骤 4 建筑正面有两处突出部分, 单击选择图 7.4.30 中的某条线段, 再按 Ctrl 键多选建筑边缘的某条线段, 再单击右侧命令面板中的"循环"按钮, 将连续的线段选中, 然后按 Ctrl + Backspace 快捷键删除选中的红线, 如图 7.4.30 所示。

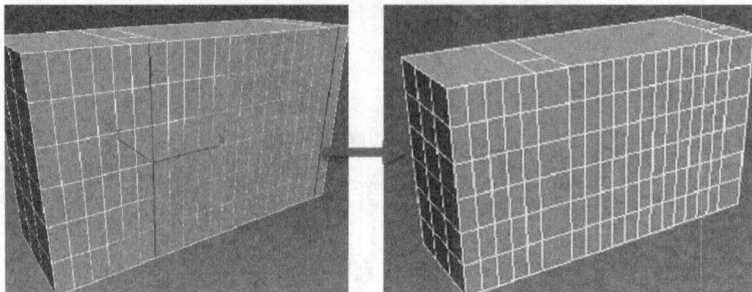

图 7.4.30　删除中间红线

步骤 5　按快捷键 4 激活多边形选择模式，按 Ctrl 键选择图 7.4.30 所示的多个面，单击鼠标右键选择"挤出"命令，按局部法线挤出 800 mm，如图 7.4.31 所示。

步骤 6　按快捷键 1 激活顶点选择模式，按快捷键 L 切换到左视图，框选图 7.4.32 所示的红色顶点，调整顶点使其角度变成直角。

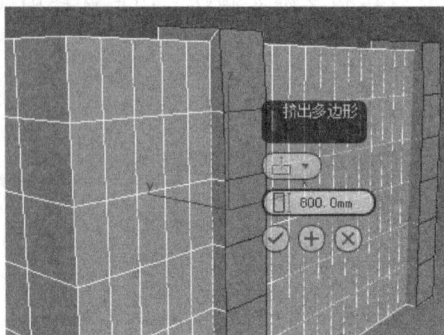

图 7.4.31　挤出建筑突出的部分

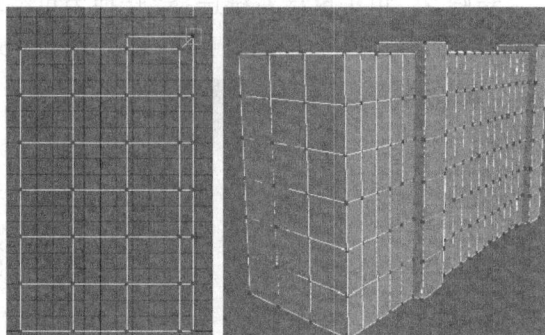

图 7.4.32　调整突出部分的角点为直角

步骤 7　选择被挤出的两个顶面，向上拖曳一定高度，再执行"挤出"命令，按多边形挤出 400 mm，如图 7.4.33 所示。

步骤 8　按快捷键 F 切换到前视图，框选被挤出部分的所有侧面，按局部法线挤出 300 mm，如图 7.4.34 所示。

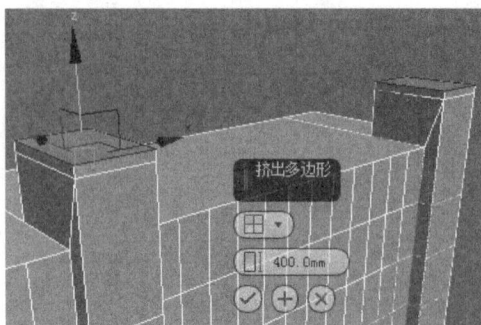

图 7.4.33　将顶部突出部分挤出

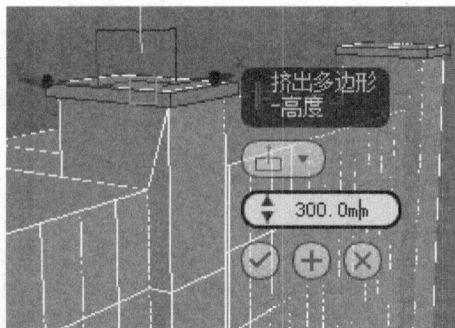

图 7.4.34　顶部按局部法线挤出

步骤 9　在前视图中，框选上端和下端的所有竖线，使用"连接"命令生成一条连接线，制作出建筑顶部的隔热层和地基部分，如图 7.4.35 所示。

步骤 10　按 L 键切换到左视图，框选两侧的线条，将多余线条删除，如图 7.4.36 所示。

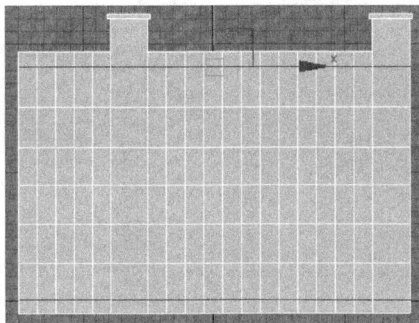

图 7.4.35　制作顶部隔热层和地基　　　　　图 7.4.36　删除侧墙体多余线

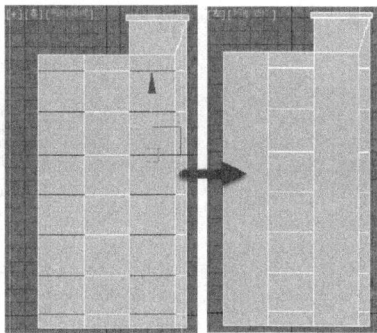

步骤 11　翻转到建筑背面，选择图 7.4.37 中所示的红色线段，按 Ctrl + Backspace 快捷键删除线条，如图 7.4.37 所示。

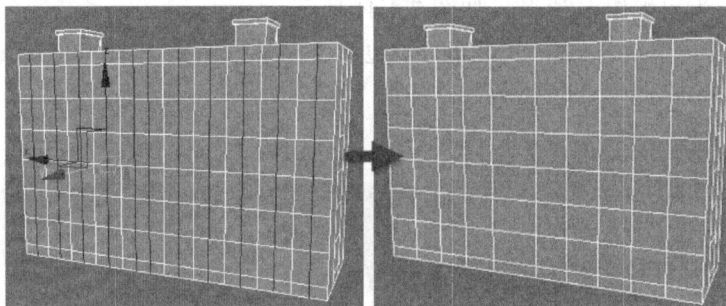

图 7.4.37　删除建筑背面多余线条

步骤 12　按 L 键切换到左视图，框选图 7.4.38 中的红色线条，在右侧命令面板的"编辑边"中单击"利用所选内容创建图形"按钮，将创建的线性图形命名为"侧墙白线"，如图 7.4.38 所示。

步骤 13　按相同的方法选择建筑前后墙面对应的红色线条，单击"利用所选内容创建图形"按钮，将线条命名为"主墙白线"，如图 7.4.39 所示。

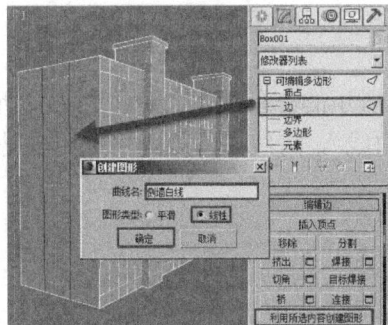

图 7.4.38　创建侧墙白线　　　　　　　　图 7.4.39　创建主墙白线

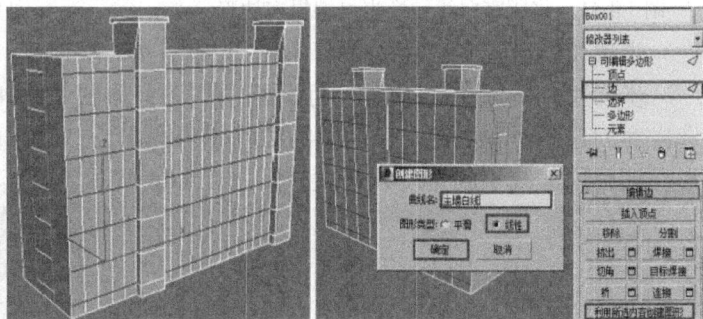

步骤 14　选择侧墙白线，在右侧面板勾选"在视口中启用"，设置渲染线条为长 500 mm、宽 300 mm 的矩形显示模式，如图 7.4.40 所示。

步骤 15　按相同的方法设置主墙白线的渲染线条为长 200 mm、宽 400 mm 的矩形显示模式，如图 7.4.40 所示。

图 7.4.40   设置白线在视口中显示模式

步骤 16   单击"按名称选择"按钮 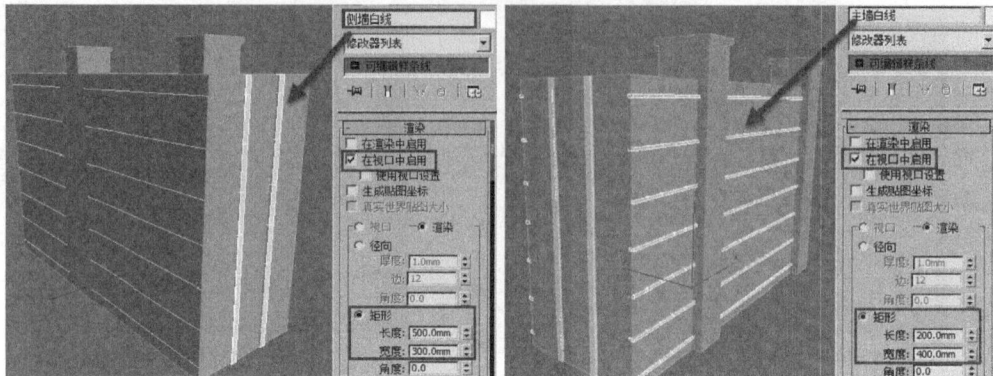，在弹出的对话框中选择侧墙白线和主墙白线，将这些线条转换为可编辑多边形，如图 7.4.41 所示。

步骤 17   选择建筑背面中间部分的多边形，向外按组挤出 10 000 mm，制作出建筑物的中厅部分，并删除图中红色面部分，如图 7.4.42 所示。

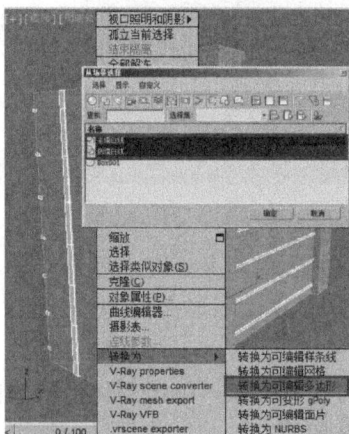

图 7.4.41   将所有白线转换为可编辑多边形

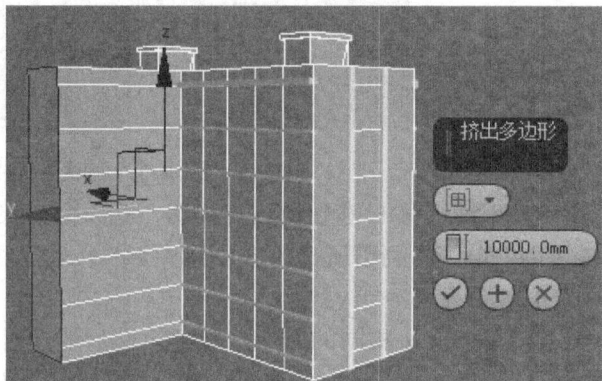

图 7.4.42   挤出建筑中厅

步骤 18   删除建筑底部所有的面，如图 7.4.43 所示。

步骤 19   选择被挤出的中厅背面的线条，如图 7.4.44 所示的红色线条，单击"利用所选内容创建图形"按钮，将创建的线性图形命名为"中厅白线"，将线条转换为可编辑多边形，调整顶部线条的宽度和高度，如图 7.4.44 所示。

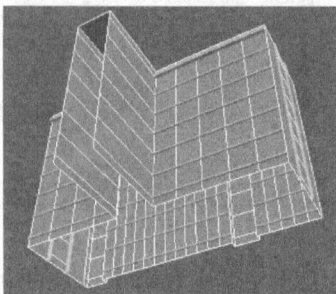

图 7.4.43   删除底部所有的面

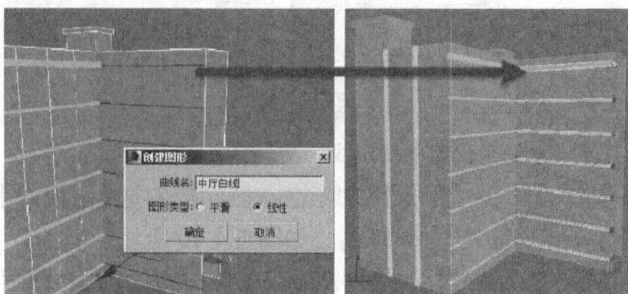

图 7.4.44   制作中厅背面墙体白线

2) 实验楼贴图绘制

步骤 1 打开 Photoshop 软件，打开玻璃幕墙、大门、窗户和卷闸门四张图片素材，如图 7.4.45 所示。

图 7.4.45 玻璃幕墙、大门、窗户和卷闸门图片素材

步骤 2 在 Photoshop 软件中新建一个 1024×1024 像素的文档，命名为"实验楼贴图"，将以上 4 张图片复制到相应图层中，并放置在合适的位置，如图 7.4.46 所示。

新建"灰色"图层，框选图中区域填充为灰色，如图 7.4.47 所示。

图 7.4.46 整合图片

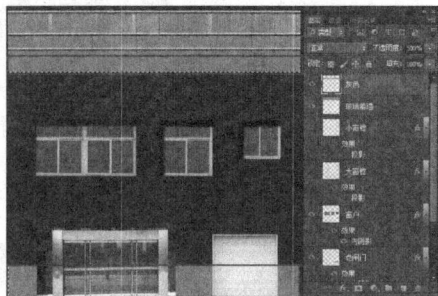

图 7.4.47 创建灰色区域图层

步骤 3 创建"大窗檐"和"小窗檐"图层，填充为白色，并设置投影，如图 7.4.48 所示。

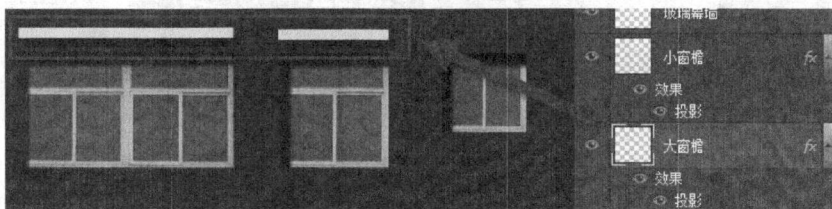

图 7.4.48 创建窗檐图层

步骤 4 选择窗户、卷闸门和大门图层，添加"内阴影"效果，如图 7.4.49 所示。

图 7.4.49 窗户、卷闸门和大门添加内阴影效果

3) UVW 贴图展开

步骤 1 将贴图保存为 PSD 文档，打开 3ds max 软件的"实验楼.max"源文件，按 M 快捷键打开材质编辑器，为一个未使用过的材质球设置漫反射贴图为"实验楼.psd"，如图 7.4.50 所示。

图 7.4.50　给建筑赋材质

步骤 2 使用"UVW 展开"对建筑主体进行 UV 拆分，打开 UV 编辑器，如图 7.4.51 所示。

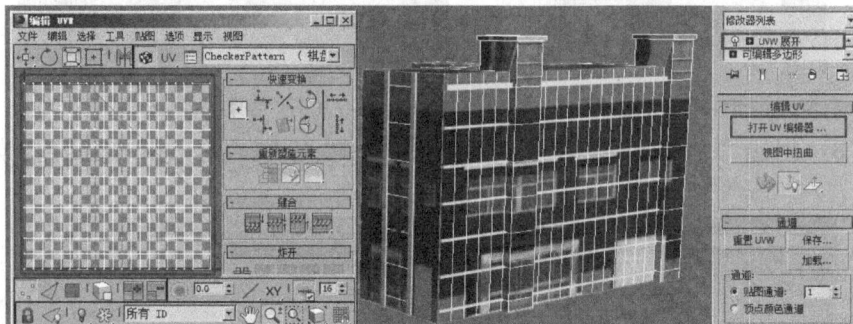

图 7.4.51　打开 UV 编辑器

步骤 3 按快捷键 3 激活 UV 中的面选择模式，在场景中单击建筑主体一个窗户的面，选择"编辑 UVW"窗口菜单中的"贴图"→"展开贴图"命令，将红色网格面在小窗图范围内进行调整，使其在建筑模型中比例适中，如图 7.4.52 所示。

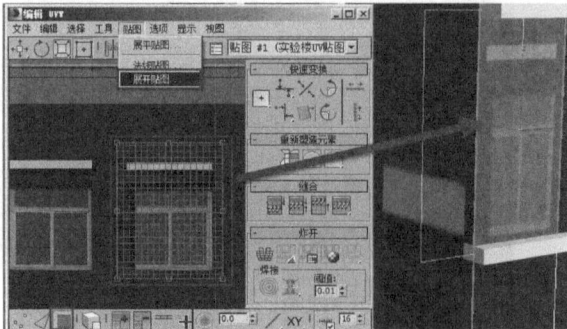

图 7.4.52　编辑小窗户的 UV

步骤 4 按相同的方法编辑大窗户的 UV 面使其与建筑模型相适应，如图 7.4.53 所示。

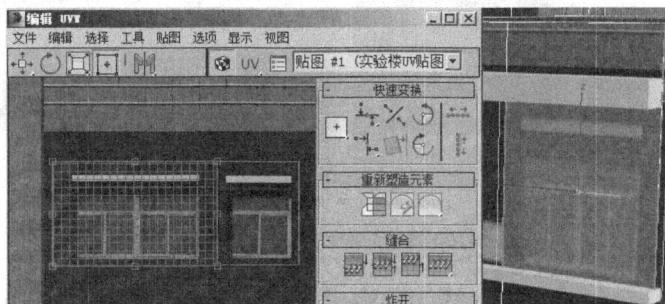

图 7.4.53 编辑大窗户的 UV

步骤 5 按相同的方法编辑单窗户的 UV 面使其与建筑模型相适应，如图 7.4.54 所示。

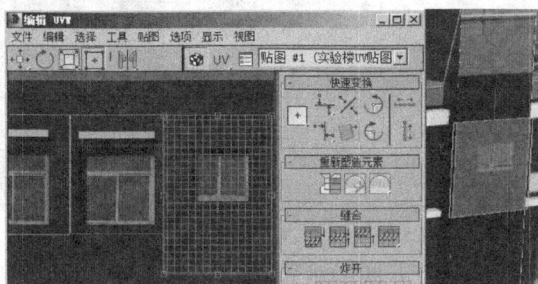

图 7.4.54 编辑单窗户的 UV

步骤 6 按相同的方法编辑大楼侧面两个卷闸门的 UV 面使其与建筑模型相适应，如图 7.4.55 所示。

图 7.4.55 编辑卷闸门的 UV

步骤 7 按相同的方法编辑大楼正门的 UV 面使其与建筑模型相适应，如图 7.4.56 所示。

图 7.4.56 编辑大楼正门的 UV

步骤 8 编辑大楼中厅正面玻璃幕墙的 UV 面使其与建筑模型相适应，如图 7.4.57 所示。

步骤 9 编辑大楼顶面的 UV 面使其与建筑模型相适应，如图 7.4.58 所示。

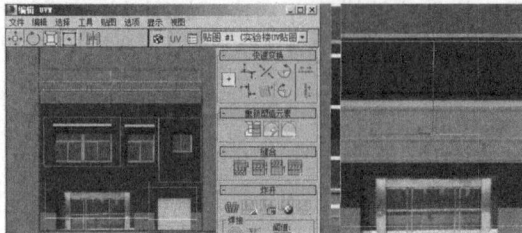

图 7.4.57　编辑玻璃幕墙的 UV　　　　　　　　图 7.4.58　编辑大楼顶面的 UV

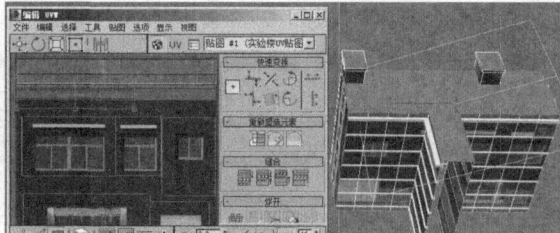

步骤 10　复制卷闸门的 UV 贴图，选择大楼模型的其他位置卷闸门所在的面，单击鼠标右键选择"粘贴"选项，将大楼的两个侧门和大楼南面一楼的卷闸门的贴图应用到 UV 线框，如图 7.4.59 所示。

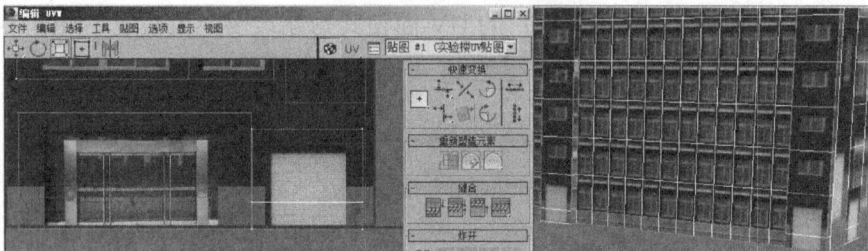

图 7.4.59　粘贴大楼其他卷闸门的 UV 面

步骤 11　以相同方法分别对大楼的单窗户和大窗户以及小窗户、玻璃幕墙的 UV 面进行粘贴，完成大楼整个建筑的 UV 贴图展开，如图 7.4.60 所示。

(a) 实验楼西南角效果图　　　　(b) 实验楼东北角效果图　　　(c) 实验楼西北角效果图

图 7.4.60　将大楼各面全部展开

步骤 12　大楼各面在编辑 UVW 对话框中的最终展开状态如图 7.4.61 所示。

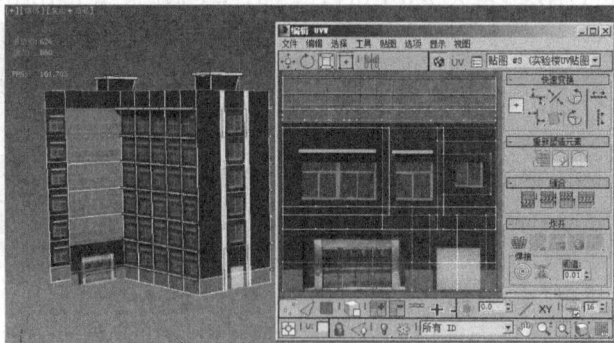

图 7.4.61　大楼 UV 展开的最终状态

步骤 13 创建文本"实验楼",执行"倒角"修改命令,将三维文字对齐到大楼正门位置,如图 7.4.62 所示。

步骤 14 按 F9 键渲染大楼效果图,如图 7.4.63 所示,将模型导出为 FBX 格式并将文件归档到 zip 格式。

图 7.4.62 创建实验楼文字 图 7.4.63 实验楼最终效果图

第三部分 校园虚拟漫游交互设计

1) 创建游戏工程与界面

步骤 1 新建项目。选择"File(文件)"→"New Project…(新项目)"命令,在弹出的"Unity-Project Wizard(Unity 项目向导)"对话框中,单击"Create New Project(创建新项目)"选项卡。

步骤 2 为了操作方便,将默认的工作界面调整成如图 7.4.64 所示的界面。

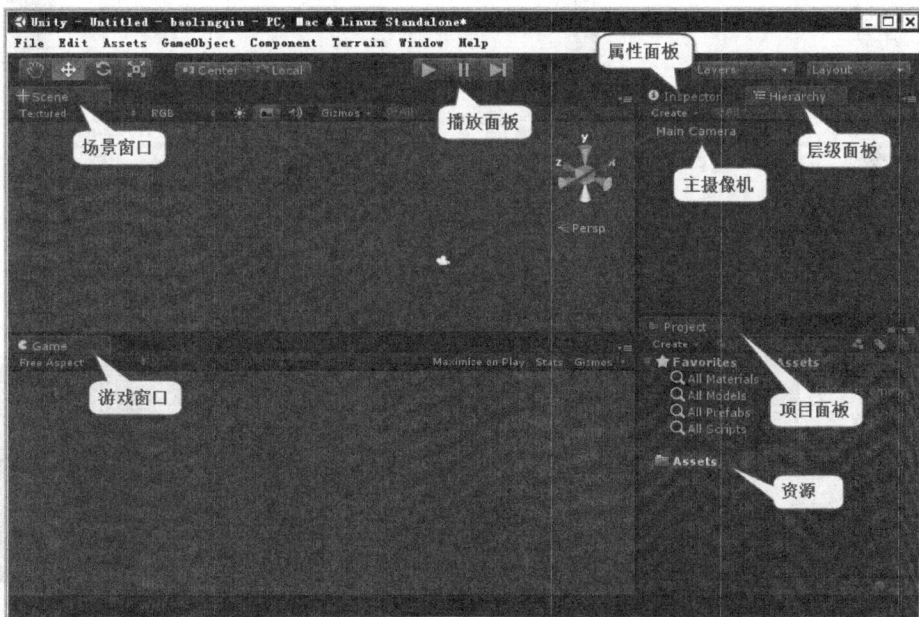

图 7.4.64 调整 Unity 工作界面

注: 调整窗口的技巧是按住相应选项卡不松开,将窗口拖放到所需的位置后再松开。

2) 调用校园模型

步骤 1 在 3ds max 中打开"school.max"文件,如图 7.4.65 所示。

图 7.4.65　学校三维模型

步骤 2　将 max 文件导出为 FBX 格式，如图 7.4.66 所示。

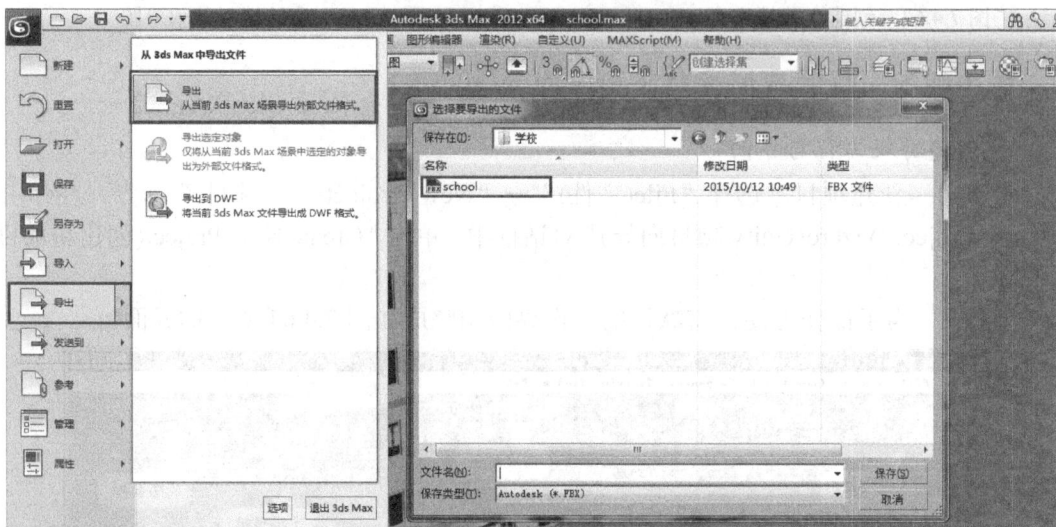

图 7.4.66　导出 FBX 文件

步骤 3　把学校的 3D 模型和相关贴图素材导入到 Unity 资源库中，如图 7.4.67 所示。

图 7.4.67　保存 FBX 文件到 Unity 资源库

3) 添加灯光与设置主摄影机

步骤 1　选择"Game Object(游戏物体)"→"Create Other(创建其他)"→"Directional Light(平行光)"命令，在场景中创建一盏平行光(类似太阳光)，在属性面板调整其旋转角度，如图 7.4.68 所示。

图 7.4.68 创建灯光

步骤 2 先选择"Main Camera"(主摄影机),调整场景的视角,再选择"GameObject" "Align With View(将主摄影机对齐到场景)"菜单命令,如图 7.4.69 所示。

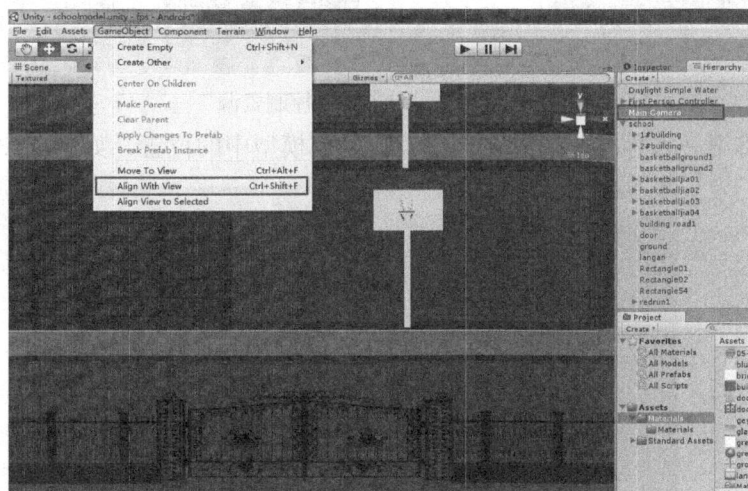

图 7.4.69 调整主摄影机

4) 创建地形

选择"File(文件)"→"New Project…(新项目)"命令,以学校模型为参考创建地形, 如图 7.4.70 所示。

图 7.4.70 创建地形

第四部分 制作手动漫游

步骤 1 导入角色控制资源,如图 7.4.71 所示。

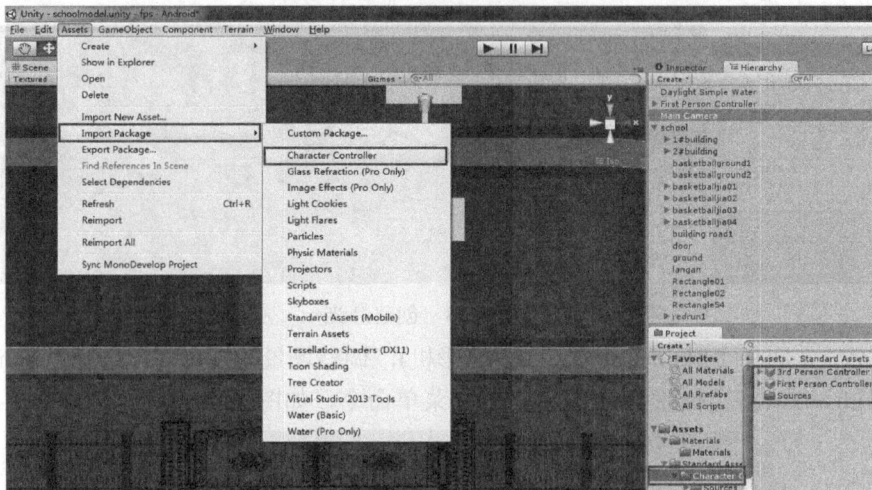

图 7.4.71　导入角色控制资源

步骤 2　将第一人称导入场景，调整其在学校模型中的位置，如图 7.4.72 所示。

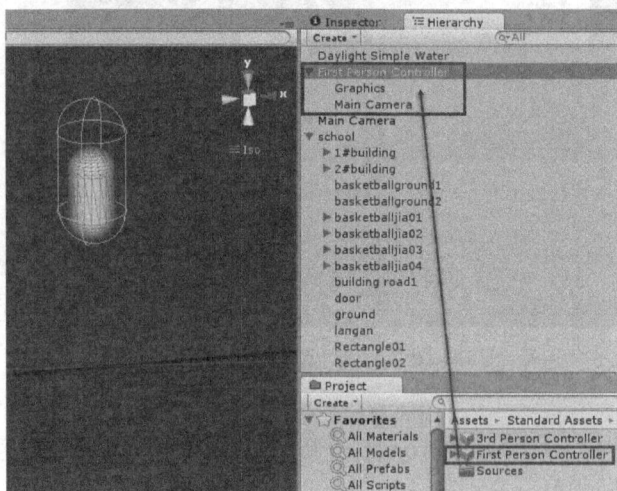

图 7.4.72　导入第一人称到场景

步骤 3　保存场景文件为"school.unity"。

步骤 4　添加按钮。在游戏窗口下方添加五个按钮，分别为退出、手动漫游、播放、暂停、停止，注意按钮位置及像素大小的设置要求。将该脚本命名为"restart.js"，赋给层级面板的地板物体，如图 7.4.73 所示。restart.js 脚本内容如下：

```
function OnGUI(){if(GUI.Button(Rect(10,300,60,30),"退出")){
        Application.Quit(); }
    if(GUI.Button(Rect(100,300,80,30),"手动漫游")){
    Application.LoadLevel("school"); }
    if(GUI.Button(Rect(200,300,60,30),"播放")) audio.Play();
    if(GUI.Button(Rect(300,300,60,30),"暂停")) audio.Pause();
    if(GUI.Button(Rect(400,300,60,30),"停止"))   audio.Stop();}
```

图 7.4.73 添加按钮

步骤 5 添加声音。将"音乐.mp3"文件拖曳到资源库的声音(新建文件夹)文件夹中，并将该声音文件拖曳到地板上，播放游戏时即可听到音乐响起。

步骤 6 添加天空盒子。选择"Edit(编辑)"→"Render Settings(渲染设置)"命令，点击属性面板中的"skybox Material(天空盒材质)"后的小按钮，在弹出的对话框中选择"Sunny"材质，场景背景中会出现蓝天白云的效果图，如图 7.4.74 所示。

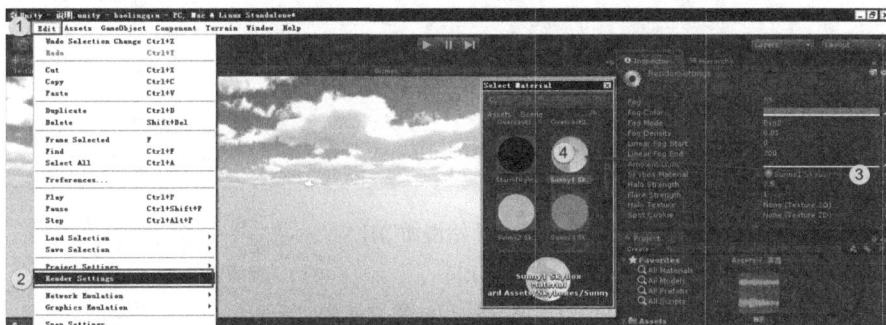

图 7.4.74 添加天空盒子

步骤 7 添加新场景。再新建一个场景，命名为"first.unity"，在 Photoshop 中绘制一张 640×480 像素的图片文件，将游戏控制键说明文字输入到图片中，将该图片拖放到资源库中待用，如图 7.4.75 所示。

图 7.4.75 初始控制说明界面

步骤 8 在 Hierarchy 层级面板中选择"Create(创建)"→"GUI Texture(GUI 纹理)"命

令，创建"初始界面"，如图 7.4.76 所示。

设置"初始界面"Texture 纹理图片为"说明.jpg"图片文件，调整其位置，如图 7.4.77 所示。

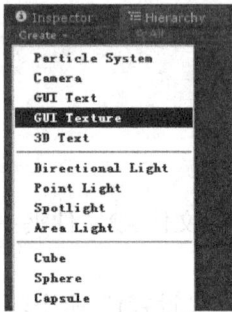

图 7.4.76　创建"初始界面"　　　　　　　　　图 7.4.77　给"初始界面"赋图片

步骤 9　添加新场景按钮。在"初始界面"场景创建一个新的脚本——start.js，其内容如下：

```
#pragma strict
function OnGUI(){
    if(GUI.Button(Rect(180,450,60,30),"退出")){
    Application.Quit();    }
    if(GUI.Button(Rect(280,450,60,30),"开始漫游")){
    Application.LoadLevel("schoolmodel");}}
```

将该"start.js"脚本赋给 Main Camera，如图 7.4.78 所示。

步骤 10　游戏的发布。由于该项目由两个场景文件组成：school.unity 和 first.unity，所以发布时，要将 first.unity 文件放在第 1 位，这样演示的时候才会从 first.unity 场景开始，如图 7.4.79 所示。

图 7.4.78　说明按钮脚本的实现　　　　　　　　图 7.4.79　发布及运行

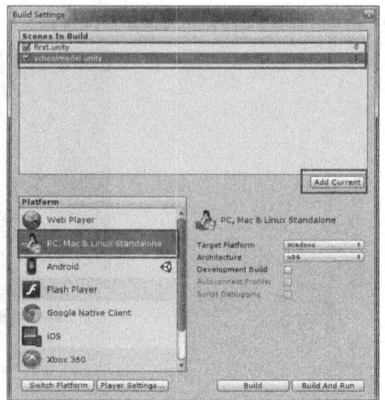

硬件环境：计算机、三星 Gear VR 眼镜、三星 S6 手机。

软件环境：Unity3D、VR 素材资源库 Photoshop、3ds max、Excel、Visual Studio 等。

VR 项目需求分析：

找到"资源包/海底清理 VR 项目"目录下的"海洋清理.apk"文件，将该文件拷贝到三星 S6 手机中安装并运行，将三星 S6 手机插入三星 Gear VR 眼镜中，使用三星 Gear VR 眼镜运行本任务中的 VR 项目，仔细观察 VR 项目中的场景、所有素材及交互。

1) 模型部分

(1) 在 3ds max 中制作"鱼"的 3D 模型(依据"海洋清理_鱼.fbx")。

(2) 将在 3ds max 中制作的"海洋清理_鱼.fbx"文件导入到 VR 项目中。

2) 设计部分

注："资源包\GearVRSDK\Common\Scripts"路径下包含四个脚本文件，除这四个脚本可用于支持项目开发外，其他的脚本都用于场景效果的展示。

(1) 进入场景，等待一段时间后会出现文本框一，以打字机效果显示文字"随着人类科技的不断进步，工业的不断发展，海洋污染日益严重，每年因此造成的海洋生物死亡不计其数。"，如图 7.4.80 所示。使用准心瞄准"确定"按钮，会触发准心进度条，待准心进度条读取完毕，文本框消失。

图 7.4.80　文本框一交互设计

注 1：视角前下方需要完成洋流效果，用到的物体有褐色箱子、木棍、栅栏。

注 2：视频周围有白色絮状漂浮物效果，白色絮状漂浮物效果使用的图片为"\Texture\piaofuwu"。

注 3：视角前方左右两侧有气泡上浮效果，气泡效果使用的图片为"\Texture\paopao"。

注 4：视角上方有垃圾物体汇集区域，每个物体都会随机上下浮动且自由旋转。

注 5：需要完成场景中海龟的游动效果。

(2) 一段时间后会出现文本框二，以打字机效果显示文字"受海洋污染影响的海洋生物种类十分广泛，例如鱼类、鲸类、乌龟等，海洋垃圾对它们的危害是致命性的。据统计，在北大西洋，有 30%的鱼类都会食入大量的塑料垃圾。"。使用准心瞄准"确定"按钮，会触发准心进度条，等准心进度条读取完毕，文本框二消失。文本框二消失的同时，视角前方会有 6 条死鱼从海底至海面向上漂浮(持续循环)。具体效果如图 7.4.81 所示。

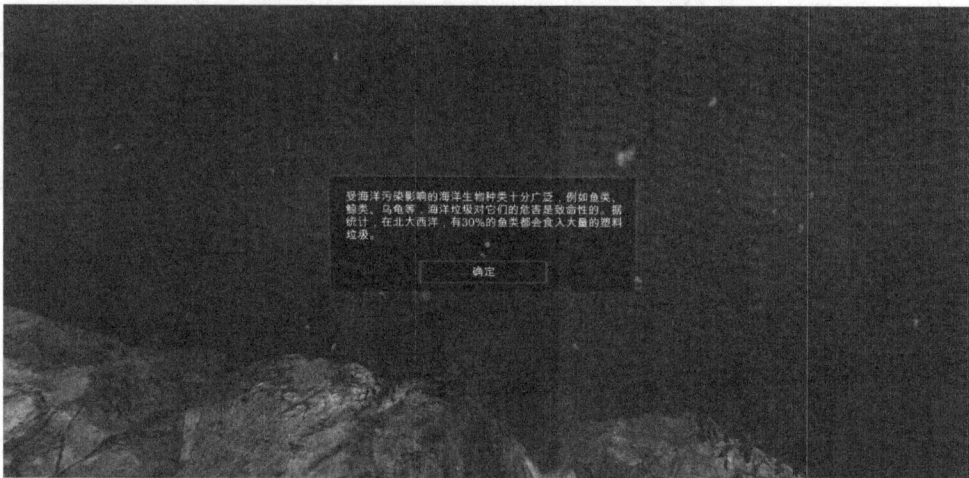

图 7.4.81　文本框二交互设计

(3) 一段时间之后会出现文本框三，以打字机效果显示文字"请大家关注海洋污染，一起动手让我们的海洋环境变得更美丽！"。使用准心瞄准"开始清理"按钮，会触发准心进度条，待准心进度条读取完毕，文本框三消失。文本框三消失的同时，视角上方垃圾物体汇集区域中出现红色指示箭头，指向特定的垃圾物体，对该垃圾物体可以进行准心交互。具体效果如图 7.4.82 所示。

注 1：红色指示箭头会有反复拉伸回缩的效果，红色指示箭头使用的图片为"\Texture\jiantou"。

注 2：在文本框三消失前("开始清理"按钮准心交互前)，视角上方垃圾物体汇集区域内所有物体均不可以进行准心交互。

图 7.4.82　文本框三交互设计

(4) 3 秒之后会出现文本框四，以打字机效果显示文字"前方有垃圾向我漂来，快向右移开！"。使用准心瞄准"确定"按钮，会触发准心进度条，待准心进度条读取完毕，文本框消失。文本框四消失的同时，前方栅栏垃圾向镜头快速漂过来，同时镜头向右方移动，躲避垃圾的撞击。

注：当出现文本框四时，步骤(3)中出现的红色指示箭头消失，此时可交互的特定垃圾物体(可能是第一个垃圾物体或第二个垃圾物体，具体看出现文本框四前第一个垃圾物体是

否已交互完毕)不再可以交互。当文本框四消失后，之前消失的红色提示箭头出现，可交互的特定垃圾物体恢复可交互状态，具体效果如图 7.4.83 所示。

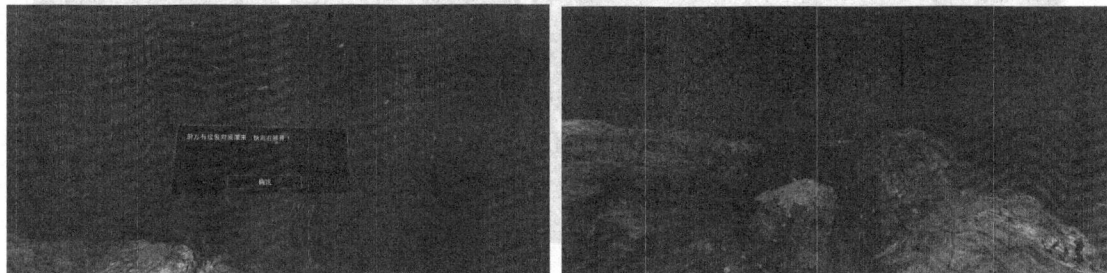

图 7.4.83　文本框四交互设计

(5) 视角上方垃圾物体汇集区域中出现红色指示箭头，指向特定的垃圾物体，准心瞄准该垃圾物体，会触发准心进度条，待准心进度条读取完毕后，该垃圾物体消失。同时出现新的红色指示箭头，指向另一个特定的垃圾物体，准心瞄准该垃圾物体，会触发准心进度条，待准心进度条读取完毕后，该垃圾物体消失，同时出现新的红色指示箭头，指向第三个特定的垃圾物体，准心瞄准该垃圾物体，会触发准心进度条，待准心进度条读取完毕后，该垃圾物体消失，该垃圾物体消失的同时，视角上方有垃圾物体汇集区域里的所有垃圾、洋流效果(含洋流效果里的物体)、向上漂浮的死鱼全部消失，一段时间之后会出现文本框五，以打字机效果显示文字"终于清理干净了，海洋又恢复了它美丽的面貌！"。使用准心瞄准"确定"按钮，会触发准心进度条，待准心进度条读取完毕，文本框五消失。

　　注：三个垃圾物体必须按照红色指示箭头依次交互，只有当第一个垃圾物体准心交互结束后，才会出现新的指示箭头指向下一个垃圾物体，该垃圾物体才可进行准心交互，否则该物体不可以进行交互。具体效果如图 7.4.84 所示。

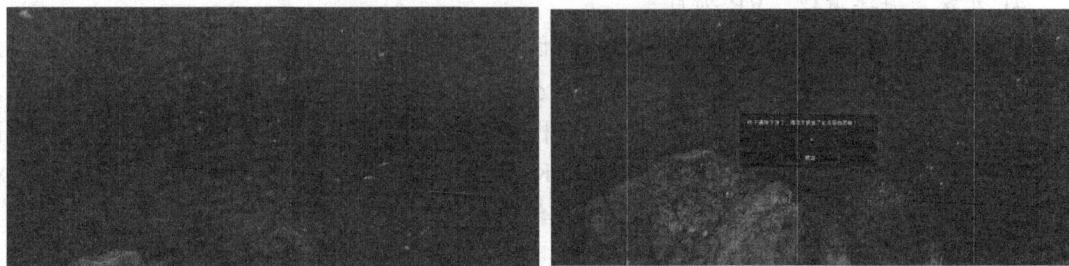

图 7.4.84　文本框四交互设计

(6) 文字、音效及特效的使用。动作的持续时间及时间间隔请参照提供的"海洋清理.apk"文件的运行效果。

　　3) 制作指定模型

用建模软件 3ds max 打开"\模型制作"目录下的"海洋清理_鱼.fbx"的场景素材，参考"海洋清理.apk"文件运行效果和"\模型制作\三视图"目录下的"海洋清理_鱼顶视图、海洋清理_鱼正视图、海洋清理_鱼侧视图"文件(.jpg)，如图 7.4.85 所示。

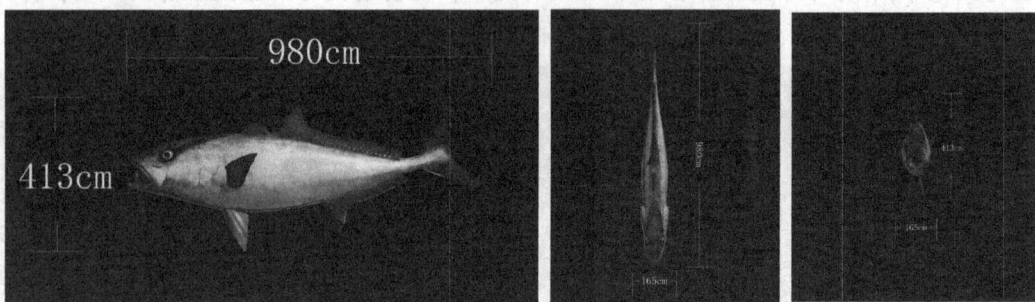

图 7.4.85　鱼的三视图

按以下要求制作"海洋清理_鱼"模型：

(1) 完成三视图体现的模型效果。

(2) 达到"海洋清理.apk"文件运行时显示的鱼的效果。

(3) 模型面数不得大于 15 000 面。

(4) 模型比例正确。

(5) 模型布线合理。

(6) 模型 UV 展开图划分合理。

将制作完成的模型保存成"海洋清理_鱼.fbx"文件。打开"\任务二\模型制作\贴图"目录下的贴图文件，参考所提供的贴图文件，将鱼的模型进行 UV 展开，为贴图做准备。

对上述制作完成的模型进行贴图操作，保存"海洋清理_鱼贴图.fbx"文件。

注：保存的已贴图 FBX 文件内必须直接包含贴图，FBX 文件不需要再引用任何指定位置的贴图文件。

4) 开发"海洋清理"VR 项目

观察"海洋清理.apk"文件的运行效果(场景、所有素材及交互的效果)、"VR 项目需求分析"的结果(以"海洋清理.apk"文件运行效果中的场景、所有素材及交互的效果为主，其他内容为辅)。使用 Unity3D 软件新建工程、创建场景、导入素材(相关素材资源包中已提供)、添加调整素材、完成功能、导出 APK 文件到三星 S6 手机并运行，将三星 S6 手机插入三星 Gear VR 眼镜中，最终完成"海洋清理.apk"文件的运行效果。

(1) 创建项目：使用 Unity3D 创建项目。

(2) 导入素材：将"VR 素材资源库"中的"VRResources.unitypackage"导入到项目中，同时将已经制作好的"海洋清理_鱼.fbx"导入到项目中。

(3) 添加调整素材：按照项目要求选择场景、添加素材(模型、声音、文字等)到场景中。利用素材进行场景的搭建，对素材进行位置调整等操作，使其符合项目要求，达到"海洋清理.apk"文件的运行效果。

(4) 完成功能：利用 Unity3D 完成各种功能，如准心对焦交互、Gear 触摸板控制移动等。

(5) 导出 APK 文件并运行：将完成的项目打包成 APK 文件，导入到三星 S6 手机和三星 Gear VR 眼镜运行，根据运行效果，调整素材和代码，完成项目要求。

　　注：将"证书文件"目录下的所有证书文件全部存放到项目中的"Assets\Plugins\Android\Assets"目录下，然后再打包 APK 文件。

　　将打包完成的 APK 文件导出到三星 S6 手机并运行，将三星 S6 手机插入三星 Gear VR 眼镜中，最终完成"海洋清理.apk"文件的运行效果。

7.4 实验

参 考 文 献

[1]　麓山文化. 3ds Max 2012 + VRay + Photoshop 室外效果图制作经典 208 例[M]. 北京：机械工业出版社，2012.

[2]　张春庆，李晓辉. 3ds Max 室内外效果图制作：3ds Max + V-Ray 效果图设计解决策略[M]. 北京：中国建材工业出版社，2013.

[3]　吴振峰，李辉熠，邹北骥. 计算机多媒体技术[M]. 长沙：湖南大学出版社，2015.

[4]　谌宝业，史春霞，张敬. 三维角色设计与制作[M]. 北京：清华大学出版社，2017.

[5]　尹磊. 3ds Max/VRay 小户型家装效果图设计与表现技法[M]. 北京：人民邮电出版社，2014.